HYPOTHÈSE EXTRATERRESTRE

Déjà paru chez le même éditeur,
du même auteur

O.V.N.I., un pilote de ligne parle

ISBN : 2-85-707-618-5

Jean-Gabriel GRESLÉ

HYPOTHÈSE EXTRATERRESTRE

GUY TRÉDANIEL ÉDITEUR
76, rue Claude-Bernard
75005 PARIS

PROLOGUE

L'hypothèse extraterrestre s'impose aujourd'hui pour expliquer les nombreux rapports d'observation d'objets inconnus dans notre environnement immédiat. Elle ne s'impose pas par défaut, comme on a pu longtemps le prétendre, et seulement par l'insuffisance des thèses naturalistes, psychologiques ou sociales ; elle possède par elle-même une cohérence remarquable. La plupart des objections qui lui étaient opposées apparaissent avec le recul du temps comme spécieuses, déficientes et parfois malhonnêtes, dans la mesure où elles présentaient les auteurs qui osaient envisager cette hypothèse comme des croyants superstitieux ou des imbéciles. Il semble que certains contempteurs connus se contentaient d'appliquer des décisions politiques précises de dénigrement des témoins. Il est maintenant établi que de telles mesures avaient été prises au plus haut niveau par les Etats-Unis, après les conclusions du Robertson Panel, en 1953. D'autres avaient une connaissance trop restreinte du sujet et pensaient de bonne foi que les affirmations péremptoires de l'US Air Force et des responsables du « Projet Blue-Book » étaient sincères et donnaient une image correcte de la réalité. L'intérêt historique des querelles entre groupes rivaux d'étude du phénomène ovni est surtout anecdotique, cet aspect du sujet ne sera pas abordé.

Pour passionnante qu'elle soit, l'hypothèse d'une présence « extraterrestre » proche de l'humanité pose de nombreux problèmes qui seront l'objet de notre étude. Sans entrer dans le détail, il est évident que la signification exacte du mot « extraterrestre » sera difficile à cerner. Le fait que nous n'ayons pour l'instant aucun exemple précis d'entité de ce type à étudier entraîne évidemment quelques difficultés. Loin de faciliter les choses, nos souvenirs de science-fiction et notre imagination risquent de nous faire concevoir des êtres très différents de nous, comme par exemple les « martiens » de H. G. Wells. Curieusement, les témoignages actuellement disponibles suggèrent un nombre limité de types distincts, dont certains sont d'apparence quasi-humaine. Par ailleurs, les limites d'un contact avec un psychisme trop différent du nôtre sont presque impossibles à déterminer. Finalement, nous devrons prévoir une résistance instinctive à toute étude qui risque de remettre en cause les certitudes valorisantes que nous avons sur notre primauté dans l'ordre des êtres vivants. Une conception trop exclusivement humaniste de l'histoire, ou des croyances religieuses fortes, risquent de provoquer le rejet de certaines théories que nous seront amenés à envisager. Il faut aussi compter avec l'habitude. Nous avons l'habitude d'être seuls, dans un double isolement : celui de notre petite planète tournant dans un système solaire qui semble bien désert, et celui de nos consciences incapables de communiquer avec celles de nos semblables dans la plupart des domaines qui nous tiennent à coeur.

Comment vaincre le réflexe qui consiste à rejeter l'inconnu, l'inhabituel ? Comment répondre à l'incrédule de bonne foi qui demande : si les « soucoupes volantes » existent, comment se fait-il que je n'en ai jamais vu ? Si les « extraterrestres » sont là, tout près de nous, comment se fait-il qu'ils ne se montrent pas ? Ces objections et bien d'autres sont une partie intégrante du problème qui nous occupe. Nous essaierons de montrer qu'elles ne constituent pas des obstacles majeurs à la probable réalité d'une présence inconnue, déjà ancienne, très largement énigmatique mais très proche de nous. Nous essaierons de comprendre la nature, les raisons et autant que possible la forme des rares contacts entre certains humains et ces entités venues de très loin.

Reste à justifier l'étude que nous allons entreprendre. Y aurait-il urgence ? Ne pourrions-nous pas sagement attendre que nos hypothétiques visiteurs se manifestent ?...Le plus tard possible. Il semble bien, que cette attitude prudente soit assez répandue chez les hommes politiques ainsi que chez certains scientifiques. Pourquoi prendre en effet le risque d'inquiéter le public ? Est-il tellement important de savoir ?

Un petit nombre de personnes paraît n'avoir jamais abordé le problème de cette façon. Pour certains responsables politiques sans aucun doute, mais aussi pour des pilotes ou pour des officiers, la question fondamentale était celle du danger potentiel que représentaient les incursions, réelles ou imaginées, de ce qui ressemblait à des véhicules non-autorisés dans l'espace aérien. Vues sous cet angle, les exigences scientifiques de méthode, de prudence et de rigueur, étaient tout à fait secondaires. D'une façon générale, l'action est fondée sur des évaluations de risque et rarement sur des certitudes. Dirigé par un radar d'interception vers un objet aérien non-identifié, un pilote de chasse ne va pas entreprendre une étude socio-psychologique ou demander au SEPRA* si une rentrée atmosphérique d'un objet spatial, d'origine russe de préférence, est en cours. Il va considérer l'intrus comme un véhicule réel et potentiellement dangereux. Si la forme apparente de l'engin ne correspond à aucun type d'avion connu, si sa proximité provoque des anomalies instrumentales, ou si, après une phase de vol stationnaire par exemple, l'aéronef inconnu accélère, passe en supersonique et finalement échappe à un intercepteur moderne utilisant la postcombustion, le pilote ne se laissera certainement pas facilement convaincre de l'inexistence des ovnis.

Si l'un de vos amis présente des troubles psychologiques graves après avoir rencontré un objet lumineux posé dans un champ, si l'étude de son emploi du temps indique une amnésie de plusieurs heures et que des témoignages recoupent son observation; si vous apprenez par ailleurs que de semblables mésaventures se multiplient dans la région, vous hésiterez avant de traiter votre ami de menteur. Si vous êtes prudent, vous éviterez de sortir seul et si vous êtes d'un tempérament aventureux vous vous équiperez de caméscopes et d'appareils photographiques. Si vous pensez que « l'hypothèse extraterrestre » ne devrait jamais être envisagée avant que toutes les autres possibilités aient été éliminées, vous avez tout à fait raison. Le problème des enlèvements n'est en aucune manière résolu. Il reste pour l'instant une énigme et la réalité des faits que les témoins pensent avoir vécus n'est pas directement établie. Toutefois, la situation est pratiquement identique à celle qui se présentait au début de l'histoire moderne des disques volants observés par des membres des forces armées américaines en 1947 : les responsables de la sécurité des Etats-Unis avaient-ils le droit de négliger des rapports qui pouvaient signaler les prémices d'une invasion ? La réponse était non. Devons nous rejeter des rapports qui semblent décrire une opération secrète de grande ampleur comprenant des examens médicaux précis et un conditionnement psychologique des victimes ? La réponse est toujours non. Si l'on accepte la possibilité que l'hypothèse extraterrestre soit fondée, la situation devient franchement inquiétante ; si on la rejette nous sommes alors en présence d'une psychose

* Service d'Expertise des Phénomènes de Rentrée Atmosphériques. Dépend du Centre National d'Etudes Spatiales.

grave, inexplicable, peut-être épidémique, et les meilleurs spécialistes devraient de toute urgence l'étudier. En tout cas, la plus élémentaire prudence nous pousse à essayer de comprendre ce qui se passe.

CHAPITRE 1

LES DONNÉES DU PROBLÈME

Devant l'inconnu, la première réaction de l'esprit humain est de rechercher dans ses souvenirs quelque chose qui ressemble un tant soit peu à ce qu'il ne réussit pas à identifier d'emblée. La ressemblance est parfois lointaine, mais notre capacité d'abstraction, c'est-à-dire d'élimination de certains éléments, réussit la plupart du temps à créer une image simplifiée qui peut alors se comparer à un schéma connu. Le concept général de « chien », très abstrait par rapport aux chiens que nous connaissons ou aux races que nous sommes capables d'identifier avec précision, permet généralement de classer dans une catégorie unique les plus invraisemblables corniauds.

Notre capacité d'abstraire ne permet pas toujours de résoudre le problème de l'identification d'un objet. Il arrive, rarement, que l'objet reste complètement énigmatique, mais le plus souvent, notre besoin de savoir nous pousse à confondre de façon abusive des choses très différentes. C'est ainsi qu'une fleur tropicale inconnue deviendra « une sorte de bégonia » et un lanceur de missiles mobile un « gros camion ». Remarquons au passage que dans les exemples choisis, dans le second surtout, l'identification erronée évite toute inquiétude et toute réaction de panique. Pourtant, la fleur tropicale est peut-être dangereuse et les têtes des fusées portées par le « gros camion » sont probablement radioactives.

Une identification incorrecte n'implique en aucune manière une hallucination ou l'inexistence de l'objet perçu. Les observations que nous venons d'imaginer sont parfaitement exploitables. Une description détaillée et quelques précisions sur l'endroit où la fleur poussait, pourraient permettre à un botaniste une identification précise; des techniciens de l'armée ou un officier de renseignement auraient vite fait de comprendre la fonction exacte du « gros camion ». Le rapport avec les ovnis est évident : l'interrogation des témoins permet presque toujours d'obtenir une foule de détails intéressants. Le seul fait que cette procédure n'ait pas été utilisée systématiquement montre à l'évidence que les autorités compétentes, la FAA* dans le cas d'une observation en vol par un équipage civil, n'étaient pas intéressées par le fait que des aéronefs inconnus évoluaient sans plan de vol dans l'espace aérien contrôlé des Etats-Unis. Je peux personnellement témoigner de ce fait. Après avoir observé dans la région de Détroit en Juillet 1984, un engin inconnu qui avait doublé notre Boeing 747 à très grande vitesse, le contrôleur qui suivait notre vol nous avait demandé une confirmation visuelle de ce qu'il voyait sur l'écran de son radar. Pour ne pas encombrer la fréquence j'avais été bref. J'ai donc fait savoir à la FAA dès mon retour à Los Angeles que je me tenais à la disposition des autorités afin de leur fournir, si nécessaire, toute précision supplémentaire. J'attends toujours.

Ces quelques remarques concernent un ensemble important de données : les témoignages relatant des observations d'objets, de structures lumineuses ou de véhicules aériens inconnus, et impossibles à identifier. Pour des civils n'ayant pas accès à d'éventuelles épaves, ou à d'autres formes de traces matérielles, analyses de débris ou de résidus par exemple, ces compte-rendus représentent une source d'informations irremplaçable. Il en existe d'autres dont nous allons essayer d'établir la liste, non exhaustive.

Chroniques anciennes. Nombre d'entre elles ont fait l'objet d'études plus ou moins sérieuses qui, pour la plupart, suggèrent une présence ancienne sur notre globe d'initiateurs, de dieux, d'anges ou d'êtres hybrides plus ou moins monstrueux. Il est pratiquement impossible de faire la part entre le mythe, fabriqué bien souvent dans un but éducatif, et ce qui pourrait être une chronique historique. Les premiers livres de la Bible par exemple, que Flavius Joseph nous présente comme ayant été rédigés par Moïse, nous offrent l'image d'un Dieu parfois très humain au plus mauvais sens du terme : inflexible, vindicatif et jaloux. Faut-il pour autant conclure que le Dieu qui planta le jardin d'Eden, qui parlait avec Adam ou Caïn, qui marchandait avec Abraham, à un juste près, la destruction de Sodome et Gomorrhe n'était pas vraiment le Dieu tout puissant et

* Federal Aviation Authority, l'équivalent américain du Secrétariat Général à l'Aviation Civile.

éternel que conçoivent les monothéistes mais plus simplement une entité d'origine inconnue ? Je laisse à d'autres la responsabilité d'une telle conclusion. Toutefois, la Bible est aussi une chronique historique, confirmée en partie par des découvertes archéologiques. La nature de certains « anges », ceux par exemple que Lot invite à se laver les pieds et abrite dans sa demeure après les avoir nourris de pain non levé, est beaucoup plus ambiguë.

Qui étaient donc ces Nephilim qui vivaient sur la Terre à l'époque où « .., les fils de Dieu trouvèrent que les filles des hommes leur convenaient et ils prirent pour femme toutes celles qui leur plurent. » ?

Qui était vraiment ce Yahvé Sabaot dont parle le prophète Isaïe dans son oracle sur Babylone?

> Ecoutez ! Un grondement sur les montagnes,
> comme une foule immense
> Ecoutez ! La rumeur des royaumes, des nations coalisées,
> C'est Yahvé Sabaot qui passe en revue l'armée pour la bataille.
> Ils arrivent d'un pays lointain, des confins du ciel,
> Yahvé et les instruments de sa colère pour ravager toute la terre.

Il faudra bien entendu considérer comme élément de l'hypothèse extraterrestre toutes les chroniques anciennes, légendaires ou non, qui mentionnent des êtres surhumains ou des dieux. La mythologie grecque, la Bhagavata purana, et certaines traditions gnostiques devraient en faire partie, ainsi que plusieurs traditions orales parvenues jusqu'à nous. Mais en fait, nous n'en sommes qu'au stade du recensement des données et ce qui précède n'est noté qu'à titre d'exemple.

Pour le lecteur que cet aspect du problème intéresse tout particulièrement, le livre de Paul Misraki, écrivant sous le pseudonyme de Thomas : Les Extraterrestres, édité à Paris chez Plon en 1962, constituerait une excellente introduction.

Publications et journaux jusqu'en 1946

Leur étude est indispensable car ils permettent de découvrir que des astronomes et des officiers de marine ont observé de bien curieux bolides, changeant de direction, passant sous les nuages et se déplaçant à faibles vitesses. Il est facile de suivre dans les journaux de 1896 et 1897 le détail d'une vague d'observation de « vaisseaux aériens » munis de puissantes lumières; de trouver dans un journal du Kansas, le *Yates Center Farmers Advocate* la description de l'enlèvement d'un boeuf à bord d'un de ces engins par des créatures inconnues.

L'assemblage de nombreuses coupures de presse permet d'acquérir la conviction que l'observation d'objets inconnus dans le ciel et sur terre n'est pas une mode récente ou une abberration produite par un excès de télévision ou de mauvaises lectures. C'est un phénomène qui, au XIXe siècle et avant la seconde guerre mondiale, procédait déjà par vagues importantes d'observations groupées, suivies par des périodes de calme.

Témoignages postérieurs à 1946

Pour les observations antérieures aux années 80, des ouvrages devenus pratiquement des classiques du sujet qui nous occupe, représentent certainement la source documentaire la plus sûre. Les cas les plus intéressants y ont été analysés, critiqués, évalués. Puisque de toute façon nous ne cherchons pas à démontrer la réalité d'un phénomène, mais plutôt à comprendre sa nature, ces livres sont très largement suffisants. Or, d'une manière générale, que montrent-t-ils ?

Dès le mois de Juin 1947, de nombreux témoins observent aux Etats-Unis des véhicules aériens dont la forme générale est celle de disques portant le plus souvent une coupole. Ces engins sont capables de performances très supérieures à celles des avions militaires en service à cette époque. Leurs mouvements présentent des particularités curieuses et constantes comme par exemple des descentes qui rappellent la chute d'une feuille morte et des oscillations autour de leur axe de symétrie qui pourraient suggérer un défaut de stabilité en vol stationnaire. Les « disques volants » se déplacent généralement en silence, isolés ou en formations dépassant rarement la dizaine. Ils sont capables d'accélérations foudroyantes et de changements de directions dans un mouchoir de poche.

Après quelques hésitations, l'US Air Force adopte en 1953, sur le conseil d'un comité d'étude réuni officiellement à l'instigation de la CIA sous la présidence du Dr Robertson, une politique de secret et de dénégation à tout prix de la réalité du phénomène. La raison donnée officiellement est un risque de voir les télécommunications militaires se trouver saturées par des rapports concernant des « soucoupes volantes » en cas de conflit armé. Curieusement, il semble ne venir à l'esprit de personne que ces rapports pourraient concerner des armes secrètes bien réelles, mises en oeuvre justement par les ennemis des Etats-Unis. Mais de toute évidence, les explications sont destinées à calmer une population qui commence à prendre conscience de l'existence de rapports nombreux et cohérents d'observations d'objets volants inconnus dans l'espace aérien des Etats-Unis ; elles ne concernent pas les forces armées ou les agences de renseignement.

Dans le reste du monde, le phénomène se manifeste aussi, mais avec une certaine discrétion. La France participe à la vague de 1952 et plus encore à celle de 1954. Journaux et livres en témoignent. Il est facile d'en retrouver des exemples dans les ouvrages d'Aimé Michel, de Jimmy Guieu ou de Jacques et Janine Vallée.

Mais les USA restent particulièrement hantés par des visites aériennes qui manifestent depuis 1947 une sélectivité pour les centres de recherche nucléaire, les zones d'essais de fusées comme White Sands et les terrains d'expérimentation d'avions militaires. Il faudra attendre de nombreuses années pour comprendre l'ampleur du problème posé aux responsables américains par les incursions d'engins pudiquement baptisés Unidentified Flying Objects c'est-à-dire « objets volants non-identifiés ».

Une intensification de la fréquence des visites, un changement de leur nature qui se manifeste par des observations rapprochées ou des « démonstrations » de grande ampleur, comme dans la nuit du 2 au 3 Août 1965 pendant laquelle des dizaines de milliers de personnes observent entre le Dakota du sud et le Texas un véritable carrousel de lumières, vont enfin amener une réaction des représentants au Congrès. Gerald Ford, alors député, demande une enquête officielle, ce qui provoque un début de panique au sein des forces armées et du complexe industriel et financier. Au lieu du procès officiel de l'US Air Force, un simulacre d'étude scientifique indépendante se déroule de 1967 à 1969, sous la direction d'un ancien du Manhattan Project, le Dr Condon. Les conclusions de cette mascarade sont connues d'avance et son absence complète de valeur scientifique est proclamée par des physiciens comme le Dr James E. Mc Donald de l'université d'Arizona ou Stanton Friedman.

A ce point de notre étude il serait hors de propos de tenter un historique du sujet, puisqu'après tout, la thèse dont nous allons exposer les grandes lignes n'en est qu'au stade du recensement des éléments. Une bibliographie non limitative pourrait comprendre, au point où nous en sommes, une bonne centaine de titres.

Publications scientifiques

Elles sont très rares à s'intéresser directement à la nature du phénomène « ovni ». La méthodologie ou les affirmations des thèses dites « sérieuses » qui étudient ce sujet sont parfois plus surprenantes encore que les théories qu'elles cherchent à combattre. Nous aurons l'occasion d'en évoquer quelques unes. Il existe toutefois un grand nombre d'observations d'anomalies, effectuées sur la Lune par des astronomes professionnels qui peuvent être considérées, sous réserve, comme des éléments du problème.

Un document publié par la NASA en 1968 décrit en détail de nombreuses curiosités observées depuis 1540 à la surface de notre satellite par divers astronomes. Concentrées dans la région du cratère Aristarque et la vallée de Schröter, ces anomalies peuvent fort bien ne rien indiquer de plus étonnant que des phénomènes naturels inconnus ou même un reste de volcanisme. Nous porterons, sous réserve, ce document à notre dossier en notant qu'il ne permet pas de tirer de conclusions formelles. Simplement, la possibilité que certains de ces évènements aient une origine artificielle existe.

Nous remarquerons aussi que des journaux scientifiques comme l'*Astronomie, les Annales de physique et de chimie* (7 septembre 1820), le *Journal of Natural History and Philosophy and Chemistry* (10 août 1809), *Nature* et bien d'autres décrivent au XIXe siècle des objets d'apparence artificielle évoluant dans l'espace. Le Verrier, consacra une part importante de son activité scientifique à étudier de tels incidents.

Documents officiels

Les documents que nous serons amenés à étudier sont pour la plupart à la disposition du public et une autorité en garantit l'authenticité. Il pourra s'agir d'extraits du Journal Officiel, de publications militaires américaines ou bien encore de textes de Lois. L'authenticité n'est pas toujours un gage de véracité. Le fameux texte du 18 novembre 1952 intitulé : BRIEFING DOCUMENT/ OPERATION MAJECTIC 12 bien que muni de tous les tampons nécessaires (TOP SECRET/MAJIC - EYES ONLY) peut fort bien être un faux ou un montage destiné à discréditer les chercheurs imprudents.

Nous utiliserons de larges extraits du « Rapport Condon » pour conforter l'Hypothèse Extraterrestre, ce qui peut paraître surprenant dans la mesure où les conclusions de ce rapport sont généralement considérées comme négatives. Il contient pourtant en annexe des analyses très intéressantes qui contredisent sans le moindre doute les affirmations de son responsable sur l'innocuité des ovnis et le manque d'intérêt scientifique de leur étude.

Des documents militaires déclassifiés ou tombés dans le domaine public seront présentés avec une grande prudence car certains d'entre eux peuvent être des leurres destinés à tromper ou à rassurer le public.

Il est en tout cas une catégorie de documents dont l'authenticité est indiscutable : les textes législatifs. Certains d'entre eux, à usage militaire par exemple comme JANAP 146E, mentionnent expressément les ovnis dans la même liste d'observations que des avions ou des sous-marins. Ils seront présentés comme des preuves indiscutables de l'existence de ces engins... au moins pour les législateurs. Dans la mesure où JANAP 146E fait référence à des textes de loi plus anciens réprimant l'espionnage comme le **Canadian Official Secret Act** (1939) ou le **US Communication Act** (1934), nous serons bien obligés de considérer que l'armée prenait très au sérieux le problème au moment de la promulgation de ces textes. Des règlements pris en application des décisions législatives que nous venons d'évoquer, comme **l'Air Force Letter 200-5** du 29 avril 1952, ou l'**Air Force Regulation 200-2**, sont bien évidemment une partie intégrante des éléments du problème, de même que l'Air Force Regulation 80-17A du 8 novembre 1966, qui classe les activités des ovnis sous le titre de « Recherche et développement » (appendice B). Tous ces textes officiels seront étudiés et certains d'entre eux donnés in-extenso tant leur importance est grande. Nous pouvons d'ores et déjà nous demander quel crédit il est permis d'accorder à des études prétendues scientifiques et objectives qui omettent de prendre en compte les documents authentiques que nous venons de signaler.

L'attitude officielle

Depuis 1947, l'attitude officielle des autorités américaines, puis avec un certain décalage de ses homologues canadiens et anglais, est une source continuelle d'étonnement. Les contradictions, les hésitations et les mensonges flagrants peuvent, dans une certaine mesure s'expliquer par la guerre froide et les nécessités du secret entourant par exemple les moyens sophistiqués de détection et d'interception des télécommunications internationales dont disposaient les Etats-Unis. Mais il est tout aussi patent que dans un tel climat de tension et même de guerre ouverte comme en Corée, toutes les informations concernant ce qui pouvait être un vecteur ennemi d'ogives nucléaires étaient d'une importance vitale. Dans la mesure où les véhicules observés semblaient utiliser une technologie inconnue, la collecte et l'étude de toutes les informations les concernant avaient une importance stratégique énorme. Or, dès 1953, à la suite des recommandations du Robertson Panel, des moyens sont pris pour empêcher les témoins de transmettre des rapports. Cette décision surprenante, encore en vigueur quarante ans plus tard, fut très fermement appliquée. Elle avait pour résultat prévisible de tarir les sources civiles de renseignement les plus importantes, comme celles représentées par les contrôleurs de la navigation aérienne, les pilotes de ligne, les ingénieurs de la météorologie, ou les services de police locaux. Des documents que nous présenterons attestent que le FBI lui-même fut écarté dès 1947 de la collecte des informations concernant les disques volants.

Comme il est hors de question d'imaginer que les responsables militaires américains aient pu sombrer simultanément dans la folie, il faut bien envisager l'hypothèse suivante : le président et ses conseillers les plus proches avaient accès à une source d'informations d'une telle qualité qu'ils pouvaient faire l'impasse sur la plupart des témoignages. Cette hypothèse est d'autant moins douteuse que des documents obtenus par des associations de chercheurs, comme le CAUS, Citizens Against UFO Secrecy *, montrent à l'évidence que les forces armées, singulièrement les bases stratégiques abritant des missiles balistiques, les installations de recherche nucléaires, les zones d'essais de prototypes ou de fusées continuèrent à recevoir la visite d'engins suspects, ne correspondant à aucune technologie connue, dans les années qui suivirent la mise en oeuvre de cette étonnante politique de désinformation.

S'il n'est pratiquement pas possible d'infirmer les conclusions qui précèdent, ou de rejeter l'hypothèse d'une source d'information secrète, il serait prématuré d'aller plus avant dans notre raisonnement. Certes, des documents bien connus comme le rapport du Général Twining, chef de l'Air Materiel Command, à son supérieur hiérarchique, semblent aller dans ce sens. Toutefois ils n'apportent pas la preuve absolue qu'un des « disques volants » dont l'aspect et

---

* Association créée après la modification des lois régissant la déclassification des documents secrets, suite à la mauvaise volonté des autorités militaires à chaque fois que les informations recherchées concernent les OVNI.

les performances sont décrits avec tant de précision, ait été à cette époque entre les mains des spécialistes de l'Army Air Force. Les conclusions des experts consultés avant la rédaction du rapport sont cependant assez lumineuses :

OPINION DE L'AIR MATERIEL COMMAND CONCERNANT LES DISQUES VOLANTS*

à : Général Commandant l'Army Air Force
attention : Brigadier Général G. Schulgen
code : AC/AS2

date: 23 septembre 1947

1. Suite à la demande de AC/AS2, vous trouverez ci-dessous les conclusions officielles de ce commandement concernant les soi-disant « Disques Volants ». Cette opinion est fondée sur des données provenant de rapports d'interrogation fournis par AC/AS2 et des études préliminaires effectuées par le personnel de T-2 et du Laboratoire d'Aéronautique, Division d'Ingénierie T-3. Cette opinion est le résultat d'une conférence rassemblant du personnel de l'Air Institute of Technology, du Service de Renseignement T-2, du bureau du chef de la Division d'Ingénierie et de ses laboratoires d'études : avionique, groupes moto-propulseurs et hélices.

2. L'opinion (des services consultés) est que :

a. Le phénomène décrit est réel, il n'est ni fictif, ni le produit d'hallucinations.

b. Il existe des objets dont la forme approximative est celle d'un disque, et dont les dimensions sont telles qu'ils paraissent être aussi grands que des avions de fabrication humaine.

c. Il est possible que certains rapports aient eu pour origine des phénomènes naturels tels que des météores.

d. Les performances décrites, telles que des taux de montée extrêmes, une grande maniabilité (particulièrement autour de l'axe de roulis), et des actions qui doivent être considérées comme évasives quand ils sont vus ou contactés par un avion ou un radar ami, accréditent la possibilité que ces engins soient contrôlés manuellement ou par télécommande.

e. La description apparente commune des objets est la suivante :

(1) Surface métallique ou réfléchissante,

(2) Absence de traînée de condensation, excepté dans un nombre réduit de cas où l'objet manoeuvrait semble-t-il à hautes performances,

---

* Voir pp. 234 et 235 la copie de ce document tel qu'il est reproduit dans le rapport Condon (pp. 894 et 895)

(3) Forme elliptique ou circulaire, partie inférieure plate, partie supérieure comportant un dôme,

(4) Plusieurs rapports décrivent des vols de trois à neuf objets en formation bien tenue,

(5) Normalement, aucun son n'est associé, sauf dans trois cas où une sorte de rugissement substanciel fut noté,

(6) Les vitesses en palier dépassent en général 300 noeuds (550 kmh)

....

3. Il est recommandé que :

a. Le Quartier Général de l'Army Air Force publie une directive assignant une priorité, un niveau de classification, et un nom de code en vue d'une étude détaillée de ce sujet et qu'elle comporte la préparation de dossiers complets, comprenant tous les éléments pertinents disponibles, qui seront mis à la disposition de l'Armée, la Marine, la Commission de l'Energie Atomique, la Commission Inter-armes de Recherche et de Développement, le groupe de conseillers scientifiques de l'Air Force, la NACA, et les projets RAND et NEPA*, pour commentaires et recommandations, un rapport préliminaire devant être fourni dans les 15 jours suivant la réception des informations et par la suite un rapport détaillé tous les 30 jours au fur et à mesure du développement de l'investigation.

4. En l'attente d'une directive spécifique, l'Air Materiel Command continuera l'enquête dans les limites de ses moyens actuels afin de mieux définir la nature du phénomène. Tout « Elément d'information détaillée essentiel », sera formulé immédiatement et transmis par la voie habituelle.

Nathan F. TWINING
Lieutenant General USA

Après la publication de ce document, en janvier 1969, en annexe R du fameux rapport Condon, la politique de dénégation pure et simple de l'existence du phénomène aurait due, en toute logique, être abandonnée. Il n'en a rien été, et c'est d'autant plus absurde que d'autres informations contenues dans ce livre confirmaient que les autorités militaires le prenaient très au sérieux. C'est en particulier le cas des textes législatifs répressifs, punissant la divulgation d'information concernant les ovnis. On les trouve sous le titre explicite :

Regulations Governing UFO Reports, pages 529 et suivantes.

L'acceptation générale du Rapport Condon comme un document affirmant que les objets volants inconnus observés par de nombreu-

---

* Nuclear Energy for Propulsion of Aircrafts, projet de réalisation d'un moteur d'aviation utilisant l'énergie atomique, en 1947 !!!

ses personnes n'avaient aucune réalité donne une mesure du mélange de crédulité soulagée et de paresse dont avait fait preuve le public américain et la plupart des journalistes. Cette attitude très particulière nous amène à nous pencher sur un autre aspect du problème.

Réactions humaines devant l'inconnu

Ces réactions sont en général d'une variété et d'une profondeur surprenantes. Il est très difficile de les cerner car certaines d'entre elles ne se produisent pratiquement jamais, en dehors de contacts rapprochés et traumatisants avec les phénomènes inconnus que nous nous proposons d'étudier. Elles ressemblent parfois aux syndromes que présentent les victimes d'attentat, de viol, ou de détournements d'avions... avec presque toujours quelque chose de plus. Un autre phénomène psychologique frappe plus particulièrement des personnes n'ayant apparemment jamais eu de contact personnel avec le moindre ovni. C'est une forme atténuée d'amnésie sélective qui amène ceux qui en souffrent à « oublier » sans raison apparente et très vite des événements qui pourraient suggérer un contact avec des entités d'origine non-humaine. Il n'est nul besoin que les faits entraînant cette réaction de rejet soient concrets, la lecture d'un livre peut suffire.

Souvent, une peur panique s'ajoute à cette amnésie et la renforce. Certes, les réactions irrationnelles à l'évocation de certains sujets sont assez courantes et n'épargnent pas grand monde. Le déclenchement des « crises » peut provenir de causes variées dont chacun aura des exemples en mémoire. Une remarque concernant un défaut physique, réel ou imaginaire, une critique injuste, une mise en cause brutale de certaines convictions, religieuses ou non, provoquent parfois des colères ou des dépressions. Toutefois, nous ne connaissons aucun cas d'amnésie induite par des remarques désagréables ! Dans le cas qui nous intéresse, les amnésies sont au contraire profondes et durables; elles s'accompagnent de blocages psychologiques ou émotionnels qui résistent à la régression hypnotique la mieux menée.

Si les phénomènes évoqués sont d'origine pathologique, ils semblent présenter depuis les années 60 les caractéristiques d'une épidémie qu'il ne serait pas inutile d'étudier. S'ils sont artificiellement produits par des agences extérieures aux victimes, il serait peut-être à propos de s'en inquiéter. Pour l'instant, la situation qui semble se développer ressemble étrangement à celle que nous évoquions précédemment : un grand nombre de témoignages concordants concernant des enlèvements en série et des troubles psychologiques associés ne provoquent aucune réaction de la part des autorités. Normalement, le directeur des services de santé fédéraux, le Surgeon General, devrait être en mesure de donner son avis, après tant d'années écoulées, si le syndrome observé relevait de la médecine. Or, rien de tel ne se produit. Les responsables se taisent.

Dans la mesure où certains enlèvements sont accompagnés d'éléments concrets, quand par exemple les victimes présentent des traces de traumatisme ou des cicatrices, il serait logique de penser que des plaintes pour enlèvement et séquestration pourraient avoir été déposées. Dans le passé, plusieurs témoins de rencontres rapprochées avec des véhicules d'origine inconnue ont souffert de brûlures graves et de troubles physiologiques nécessitant des arrêts de travail et des hospitalisations coûteuses. En toute logique, le FBI aurait dû intervenir et faire connaître ses conclusions, au moins si elles étaient rassurantes. Ces carences inexplicables, qui sont autant de faits établis, font évidemment partie du dossier, même si leur interprétation reste à déterminer.

Eléments matériels

Ceux dont peuvent disposer les chercheurs amateurs sont malheureusement rares. Ils consistent essentiellement en quelques photos, quelques cassettes vidéo, des éléments de films de ciné-mitrailleuses d'avions de chasse dont quelques images ont pu être analysées, et un très petit nombre d'échantillons métalliques d'origine incertaine.

C'est vraiment peu ! Il faudrait toutefois y ajouter un nombre non négligeable de traces suspectes relevées dans la nature : cercles d'herbe brûlée, traces profondes qui peuvent avoir été produites par l'équivalent de trains d'atterrissage, végétation altérée comme par des micro-ondes pulsées de forte intensité, branches d'arbre brisées à la verticale de marques sur le sol, effets électro-magnétiques intenses laissant parfois une rémanence dans la tôle des voitures. Le SEPRA, à la suite d'une observation rapprochée à Trans-en-Provence, a mis à profit son expertise pour étudier de très près les effets sur la végétation et dans le sol sur une profondeur de 80 centimètres, du système de propulsion d'un véhicule d'origine inconnue.

Une catégorie de traces matérielles pourrait prendre une importance accrue dans l'avenir : les traumatismes dont souffrent de nombreuses victimes d'enlèvements. Actuellement, ils ne peuvent pour ainsi dire jamais être pris en considération car ils sont attribués par les proches et par les patients eux-mêmes à des causes ordinaires au moment où ils sont remarqués. Ce n'est que beaucoup plus tard, après une régression hypnotique par exemple, que les uns et les autres pourront, rarement, effectuer un rapprochement. Dans quelques cas, les parents interrogés par un enquêteur des années plus tard se souviendront d'une abondante hémorragie nasale ou de l'apparition d'une cicatrice sur la jambe de leur enfant, sans savoir qu'une « explication » possible vient d'être découverte.Il semblerait que dans deux cas des artéfacts matériels aient été récupérés... pour être ensuite égarés ou détruits. Le bruit court qu'un minuscule implant métallique aurait été expulsé par la narine d'une patiente à la suite d'une sorte de sinusite violente. L'objet aurait été perdu ou volé par la suite. Dans un autre exemple, la jambe d'une fillette étant considérablement enflée, sans que l'enfant ne ressente la moindre douleur, son père aurait réussit à en extraire une longue aiguille de couleur brune qu'il aurait gardée quelque temps sur une étagère avant de la jeter. Des années plus tard, la petite devenue grande se serait souvenu sous hypnose avoir été « piquée » par une entité grise de taille modeste.

Dans la recherche des éléments matériels, les chercheurs civils sont très désavantagés par rapport à leurs homologues militaires. Ils n'ont pas accès aux laboratoires d'analyse les plus performants, et quand ils ont la naïveté de confier leurs échantillons à des chercheurs de haut niveau, ceux-ci travaillent la plupart du temps, aux Etats-Unis, pour la défense nationale. Nous verrons pages 167 et suivantes combien le Docteur Olavo Fontès, correspondant d'une organisation civile d'étude des ovnis, APRO, s'inquiétait des risques courus par ses échantillons métalliques, récupérés après l'explosion d'un engin inconnu au-dessus de la plage d'Ubatuba au Brésil. La réalité confirma ses craintes. Certains des débris furent soi-disant détruits en cours d'analyse, d'autres furent perdus. Il ne peut jamais faire publiquement la preuve de leur teneur exceptionnellement élevée en magnésium pur. Les photos et les films subissent le même sort avec une grande régularité. Quand ils sont rendus à leurs propriétaires, ce qui est rare, les clichés ou les longueurs de film les plus intéressants manquent. Dans certains cas, des indices truqués sont discrètement semés sur la scène d'une observation. Malheur au chercheur qui s'y laisse prendre : il sera ridiculisé quand le coupable passera aux aveux. Il aura été la victime d'une « innocente » plaisanterie.

Nous voyons par ces quelques exemples combien les éléments matériels sont rares. S'il semble possible que des services très spécialisés aient pu disposer depuis 1947 d'une abondance relative d'artéfacts à étudier, nous n'avons pas cette chance, et devrons pour l'essentiel nous contenter de témoignages à ce sujet.

Les données du problème que nous abordons représentent une masse considérable d'informations en tout genre à laquelle il faudrait ajouter par principe tout ce que nous savons sur nous-même. En effet non seulement les témoignages mais aussi nos raisonnements et nos conclusions sont déformés par les croyances, les concepts et la forme même de notre psychisme. Nous verrons que les scientifiques ne sont pas à l'abri de ces anomalies. Même si dans le domaine étroit de leur spécialité ils font en général preuve de rigueur et d'impartialité, ils ont, comme chacun d'entre nous, des préférences irrationnelles, des phobies et des préjugés. Ceux qui concernent les « ovnis » sont souvent très forts.

Bien qu'elles présentent surtout un intérêt historique, nous allons examiner dans le chapitre suivant des thèses qui rejettent implicitement « l'hypothèse extraterrestre ». Le fait que l'honnêteté de certains de leurs promoteurs, comme le Dr Donald Menzel, puisse être mise en doute ou que d'autres comme Philip Klass, ancien rédacteur en chef d'Aviation Week and Space Technology ne soient plus beaucoup pris au sérieux à notre époque, ne doit pas entrer en ligne de compte. Si un modèle de la réalité est valable, ou momentanément plausible, ses mérites doivent être évalués sans tenir compte de la personnalité de son auteur. Il ne devra qu'à ses vertus intrinsèques de survivre ou de disparaître.

CHAPITRE 2

LES THESES CONCURRENTES

Thèses naturalistes

Imaginer que *toutes* les observations d'engins ou de manifestations lumineuses inconnues puissent être expliquées par des phénomènes naturels, c'est-à-dire ne *jamais* avoir pour origine un objet concret manufacturé, est un exercice très difficile. Il implique bien évidemment que *tous* les témoins se trompent. Une seule exception suffirait à mettre bas tout l'édifice. Le fait que des scientifiques réputés, comme le Docteur Donald Menzel, se soient livrés à ce jeu est un fait surprenant que nous devons noter sans proposer pour l'instant d'explication. Il n'échappera à personne que pour provoquer des erreurs d'appréciation dans 100% des cas, le ou les phénomènes responsables devront posséder des caractéristiques très particulières capables de tromper la vigilance et les capacités de discernement de tous les témoins, dont certains comme les pilotes, les contrôleurs de la navigation aérienne, des officiers de marine ou des météorologistes, sont des professionnels de l'observation. Est-il besoin de préciser que les candidats sont rares, et bien peu convaincants ?

La forme prédominante des « objets » observés étant celle d'un disque aplati, des nuages lenticulaires furent parfois pris pour des engins de cette forme. Faire de cette confusion une explication générale est toutefois impossible : les « alto-cumulus lenticularis » ne peuvent se former qu'au-dessus de zones vallonnées ou montagneuses. Ce sont des nuages stationnaires, souvent de grande taille, qui ont besoin de conditions météorologiques bien précises pour se former. Ils sont, en général, invisibles la nuit.

Certains phénomènes encore plus rares sont probablement à

l'origine de quelques observations erronées. Sous certaines conditions, le soleil semble se dédoubler. Comme nous savons tous qu'il n'existe qu'un soleil, l'autre est forcément « non-identifié ». De même, un avion volant à grande vitesse est souvent accompagné d'une sorte de petit arc-en-ciel circulaire qui se forme à l'opposé du soleil par rapport à lui. J'ai souvent observé ce phénomène et j'imagine que la compression de l'air à notre passage formait une sorte de lentille convergente et provoquait cette illusion d'un cercle lumineux qui suivait l'avion. Bien que n'ayant jamais eu la curiosité de chercher à comprendre le mécanisme de ce phénomène, je ne l'ai jamais confondu avec un véhicule exotique, mais il a pu donner à quelques rares passagers l'impression qu'un objet lumineux volait en formation avec nous.

La nuit, surtout en vol, beaucoup de fausses impressions attendent le jeune pilote, et ses aînés ne sont pas toujours à l'abri d'une aberration de courte durée. La planète Vénus, par exemple, est d'une luminosité variable extraordinaire quand elle se trouve proche de l'horizon à la tombée de la nuit. Elle est souvent confondue avec un avion et pour peu que l'imagination soit vive, elle sera prise pour un engin inconnu ; pourtant, elle ne sera jamais décrite comme une structure de diamètre apparent supérieur à celui de la lune, moins encore comme un engin complexe pourvu de « hublots » ou de « phares » ! On ne la verra jamais entrer dans un nuage ou passer *devant* une colline. D'une manière générale, si les illusions d'optique et les interprétations incorrectes qui se produisent en vol de nuit ne peuvent pas être répertoriées de façon exhaustive, tant elles sont variées, elles sont familières et leurs mécanismes sont connus. Une large part de l'entraînement des pilotes, militaires ou civils, leur est consacrée.

Ces illusions pourraient-elles rendre compte de la plupart des rapports d'observation d'engins inconnus dans le ciel ? La question n'est pas absurde, tant la diversité des anomalies de la perception est grande. Nous avons cru comprendre, au cours d'une conférence publique donnée au Palais de la Découverte par Monsieur Velasco, Directeur du SEPRA, que ses services étudiaient de très près cet épineux problème. Il est tout à fait certain que ce genre de recherche est un préalable indispensable à toute tentative d'évaluation des témoignages. Le conférencier n'a d'ailleurs jamais prétendu que les observations d'ovnis pouvaient être toutes expliquées par des perceptions incorrectes de phénomènes ordinaires. Il a bien au contraire décrit en détail l'évènement de Trans-en-Provence, au cours duquel un exploitant agricole avait assisté à l'atterrissage d'un engin silencieux, de forme oblongue. Les effets notables à l'intérieur du sol, jusqu'à une profondeur de près d'un mètre, ainsi que des traces en surface et sur la végétation, renforçaient d'autant plus la thèse de l'observation d'un engin matériel inconnu qu'une étude scientifique avait été effectuée sur place.

Dès 1952, avec la détection au radar, au-dessus de Washington, d'un grand nombre d'échos non-identifiés, les explications « naturelles » rencontèrent une difficulté nouvelle : les radars ne souffrent pas des mêmes erreurs de perception que les humains, et le risque de voir deux installations distinctes produire des « détections anormales » identiques est pratiquement nul. Comme par ailleurs des observations visuelles, effectuées par des contrôleurs de la navigation aérienne, par l'équipage d'un avion de ligne et par les pilotes à bord de leurs intercepteurs, recoupaient celles fournies par les écrans, il fallait trouver autre chose. L'explication officielle fut celle d'une inversion de température. Pour un spécialiste, cette hypothèse mérite tout juste un haussement d'épaule. S'il est vrai que de fortes inversions de température peuvent servir quelquefois de guide d'onde et augmenter momentanément la portée d'une installation de radio communication VHF, il n'existe aucun exemple qu'une telle anomalie, d'ailleurs assez rare, puisse simuler exactement sur un écran radar l'écho produit par une détection d'avions, c'est-à-dire des taches lumineuses bien définies et de dimension constante. A Washington, ces points avaient des vitesses relatives importantes, certains s'arrêtaient en vol, d'autres accéléraient de façon vertigineuse et surtout, les intercepteurs lancés à leur poursuite réussirent à les voir sur leurs radars de bord. Ceux-ci se déplaçaient à près de 800 km/heure, à une altitude de plus de 10.000 mètres, alors que les radars de protection de la Maison Blanche et du Pentagone étaient bien évidemment situés au sol. Il est inconcevable qu'une simple anomalie de propagation ait pu générer dans toutes ces installations indépendantes des indications concordantes.

En fait, les explications officielles devaient être balayées, mais 25 ans plus tard, par des documents déclassifiés. Les nuits où se produisirent les observations dont nous venons de parler, les 19, 26 et 29 juillet 1952, les fameuses inversions de températures étaient de 3 degrés Celsius seulement et se situaient à quelques centaines de mètres du sol. Si de tels phénomènes, qui se produisent dans toutes les masses d'air, pouvaient provoquer des réflexions anormales ressemblant à des avions, le radar aurait été abandonné depuis longtemps comme moyen de détection et de contrôle. Un souci d'objectivité nous oblige à préciser qu'une des raisons invoquées pour choisir « l'explication » d'une inversion de température était le comportement des échos détectés. Les vitesses apparentes variaient très rapidement et certains des « objets » semblaient effectuer des changements de direction presque instantanés, qui, sur un avion conventionnel, auraient provoqué des surcharges inacceptables. Il semblait donc raisonnable de conclure que les objets en question ne pouvaient pas être matériels. Il aurait fallu rajouter « dans l'état actuel de nos connaissances » ou « pour les technologies connues ». Une autre « explication » sur mesure fit appel à des « plasmoïdes », c'est-à-dire des amas concentrés de plasmas d'origine inconnue, maintenant leur cohésion par des phénomènes inconnus, se déplaçant et changeant de direction sous l'influence de champs électriques ou magnétiques inconnus, et n'ayant jamais été détectés avant juillet 1952, ni depuis, pour des raisons elles aussi inconnues ! « L'explication » ne provoqua pas l'adhésion enthousiaste qu'elle méritait.

Aussi incroyable que cela puisse paraître, on imagina que des oiseaux, des insectes lumineux, ou même des êtres vivants originaux en forme de disques, pouvaient expliquer les observations d'engins exotiques dans le ciel. L'absurdité de ces tentatives pathétiques est une mesure du rejet émotionnel très fort que déclenche la simple possibilité que des étrangers à la Terre soient effectivement près de nous. D'autres thèses, beaucoup plus élaborées, parfois difficiles à cerner donc à récuser, abondent. Nous en examinerons quelques unes.

Thèses « psychologiques »

Elles font volontiers appel, pour expliquer les observations d'ovnis, à des erreurs de perception, des illusions d'optique ou des visions d'objets terrestres ordinaires aperçus sous des angles ou dans des conditions inhabituels. Il est indiscutable que ce genre de mésaventure arrive parfois, et même à des observateurs chevronnés. C'est une des raisons pour lesquelles un nombre important de témoins est toujours préférable à un seul. Il est en effet peu probable que tous fassent la même erreur en même temps. Il y a des exceptions. En 1956 à Creil, je participais à un vol en patrouille à la tombée de la nuit, effectué sur des « Mystère - II » de la 10ème Escadre. Nous avons tous finement manoeuvré et changé de formation,... pour attaquer la planète Vénus qui brillait de tous ses feux. Pendant quelques minutes, quatre pilotes de chasse bien entraînés se sont tous lamentablement trompés.

Pourtant, ce genre d'incidents ne peut en aucune manière expliquer toutes les observations d'objets volants inconnus, en dépit de la multiplicité des erreurs possibles. En Juillet 1952, les incursions d'engins dans la zone interdite du Pentagone et de la Maison Blanche, dont nous venons de parler, ne peuvent pas être attribuées à des erreurs de perception, d'autant qu'elles se sont répétées une semaine plus tard, dans des circonstances presque identiques, mais avec des protagonistes différents.

Dans d'autres cas, ce sont des traces inexplicables sur le sol ou sur la végétation qui viennent confirmer comme à Trans-en-Provence, ou le 24 avril 1964 à Socorro (Nouveau Mexique), une observation de bonne qualité et prouver que les témoins n'ont pas rêvé.

Dans un certain nombre d'incidents, un ou plusieurs témoins présentent des troubles physiques ou même des brûlures graves nécessitant une hospitalisation :

- 4 novembre 1967, au fort d'Itaïpu au Brésil. Après avoir observé l'approche puis le vol stationnaire à 50 mètres d'eux d'un engin lumineux silencieux, de la taille d'un DC-3, deux sentinelles souffrent de brûlures du premier et deuxième degré sur plus de 10% de leurs corps, et perdent connaissance.

- 20 mai 1967, à Falcon Lake, Canada, à la frontière entre l'Ontario et le Manitoba, Stephen Michalak s'approche d'un engin lumineux de nature inconnue posé au sol. Il réussit à regarder par une porte ouverte, puis entendant une conversation s'approche, persuadé d'avoir devant lui un avion expérimental américain. Il est brûlé par une bouffée de chaleur qui s'échappe par une écoutille ouverte tandis que le véhicule redécolle accompagné d'un bruit de moteur électrique. Traité à l'hôpital voisin pour des brûlures au premier degré, Stephen Michalak, examiné au centre de recherches nucléaires de Whiteshell, ne présente aucune trace de radioactivité. Dans les jours qui suivent, il est incapable de se nourrir, son nombre de lymphocites tombe de 25 à 16%, il souffre d'impétigo, de diarhhée et d'urticaire généralisé. Il ne retrouvera sa santé qu'un mois plus tard*.

* Voir l'ouvrage de Timothy Good, Above Top Secret, Mc Clelland & Steward Inc., Toronto (Ontario) 1989.

Les explications dites « psychologiques » ne rendent pas convenablement compte des observations du type que nous venons d'évoquer. Elles ne peuvent donc pas constituer une réfutation de l'hypothèse extraterrestre.

Thèses psycho-pathologiques

Dans la mesure où des professionnels de l'aéronautique de la police et de l'armée sont assez souvent témoins des incursions que nous étudions, il est évident que des aberrations pathologiques ne peuvent pas être considérées comme des explications générales valides. Toutes ces catégories de personnel sont suivies en permanence et subissent des examens médicaux assez complets pour qu'une psychose grave ou des tendances délirantes ne puissent pas passer inaperçues. Par ailleurs, presque tous travaillent en équipe, ce qui rend la dissimulation prolongée d'un tel état encore plus improbable.

Certains critiques rationalistes n'hésitent pourtant pas à rejeter en bloc tous les témoignages en s'appuyant sur le « raisonnement » suivant : puisque les « soucoupes volantes » n'existent pas, ceux qui prétendent en voir se trompent, mentent, ou sont victimes d'hallucinations. Ce qui permet tout naturellement la proposition suivante : ceux qui prétendent avoir rencontré un rationaliste capable d'aborder objectivement le problème des ovnis se trompent, mentent ou sont victimes d'hallucinations,... à moins qu'ils ne fassent eux-mêmes partie de cette confrérie.

Il est pourtant un domaine où un doute légitime subsiste c'est celui des enlèvements, dont il est bien difficile de décider s'ils sont réels, imaginaires, provoqués mentalement par des fantasmes ou élaborés par des entités conscientes dans un but qui reste à déterminer. La réponse n'est pas simple dans la mesure où les témoins décrivent parfois des déplacements au travers de fenêtres et de volets fermés, des lévitations d'êtres humains et parfois de voitures sans support visible ou des dédoublements pendant lesquels ils accompagnent des entités non-humaines jusqu'à leur vaisseau, tandis que leur propre corps reste allongé dans leur lit. Nous étudierons longuement cet aspect passionnant et déroutant du problème. Il ne constitue en aucune manière la preuve que les témoins souffrent tous d'hallucinations.

Depuis la parution des livres de Bertrand Méheust, l'anthropologie s'occupe enfin, non pas tant d'une éventuelle réalité des « soucoupes volantes » mais des témoins. Ceux d'entre eux qui se croient victimes d'un enlèvement reçoivent l'étiquette de « ravis », et pour bien préciser sa pensée l'auteur affirme, dans *Soucoupes volantes et folklore*, Mercure de France, Paris 1985, qu'ils ne sont pas différents des « fairy struck » ou « fadas ». Essayons de résumer sans les trahir des convictions qui procèdent simultanément de l'ethnologie par l'étude des mythes, et de considérations psycho-sociologiques.

Thèse ethno- ou psycho-folklorique

Les rencontres rapprochées d'ovnis ou les enlèvements « sont au minimum des expériences culturelles » (p 106). L'auteur reconnaît que l'on n'a pas tout dit lorsque l'on a invoqué la rumeur, la pathologie, l'affabulation, la distorsion, les électro-chocs naturels et même les Etats Non Ordinaires de Conscience. Aujourd'hui encore, une frange de cas reste rebelle à l'élucidation. Il précise par ailleurs :

> « Toutefois, les états non ordinaires de conscience, et plus particulièrement les phénomènes somnanbuliques spontanés, aussi mal connus soient-ils, doivent être considérés comme une des sources probables du légendaire fantastique. » (p 114). « S'il semble acquis qu'une majorité de témoins ne relèvent pas du psychiatre, il se confirme, toutefois, que leur expérience est souvent liée à une crise existentielle »... « Une fois de plus, les précédents ethno-folkloriques sont révélateurs d'une continuité de l'expérience humaine. Le diable de la Renaissance s'infiltrait volontiers dans une existence à la faveur de tel ou tel drame privé, et les ufonautes du XXe siècle ont retenu la leçon ». (p 123).

Les traces au sol, ou les éléments matériels qui confirment souvent les témoignages ne dérangent guère l'auteur, car précise-t-il :

> « Tout semble indiquer que ces milliers de récits sont la réactualisation contemporaine d'un corps de croyances très anciennes qui lient l'apparition d'êtres surnaturels à l'inscription de marques sur le sol. » (p 126).

Il semble à peu près certain que monsieur Méheust, et ceux auxquels il se réfère, pour tempérer leurs affirmations ou nuancer un point de détail, n'envisagent à aucun moment la possibilité d'un contact concret avec une ou plusieurs cultures inconnues, dont une partie au moins utiliserait une technologie matérielle très en avance sur la nôtre. Par ailleurs, il ignore superbement le boudhisme et la *pratique* des états non ordinaires de conscience, que de nombreuses disciplines orientales utilisent, ainsi que le mysticisme occidental. Il rappelle que nous devons à Jacques Vallée l'impulsion initiale des recherches soucoupo-folkloriques et que celui-ci semble penser, dans «Passeport pour Magonia» tout au moins, que les rapports des témoins forment l'ébauche d'un futur folklore qui s'élaborerait sous nos yeux. Je doute que malgré leurs efforts méritoires pour évacuer le phénomène, Bertrand Méheust et les psycho-sociologues réussissent autre chose qu'un exercice de style. Il serait peut-être plus charitable de taire certaines énormités, mais après tout, les occasions de rire ne sont pas si nombreuses. Au cours d'une régression hypnotique, l'un des témoins, Bob Luca*, revit ses tribulations à l'intérieur d'un mystérieux véhicule :

> « Le sol semble fait de brouillard ou de brume. Il est solide au contact et les murs sont incurvés, apparemment recouverts de plaques d'un métal mat et poli qui ressemble à de l'aluminium. Il y a aussi une sorte de banc, fait de verre ou de plastique, et il y a une table. On dirait une table d'opération (...) La pièce est éclairée, mais je ne vois pas la source de la lumière. C'est une lumière douce, fluorescente, mais qui n'émane pas d'une lampe. Sur la gauche il y a une petite pièce. Je dois y rentrer et y retirer mes vêtements. »

Pour vous et moi, la scène évoque un hôpital et la cabine de déshabillage, passage obligatoire avant un examen médical. Le commentaire qu'autorise l'ethno-mythologie, est infiniment plus riche :

> « Il n'est pas nécessaire d'insister sur la prégnance symbolique de cette représentation, ni sur sa généalogie légendaire, et j'hésite à rappeler encore que l'enlèvement dans un espace clos, dans une grotte lumineuse, ou l'engloutissement par un monstre, sont des constantes de scénarios initiatiques. La grotte, rappelle Eliade, est l'espace sacré, le monde total. etc. etc. »

Il y en a plus d'une demi page et ce n'est pas fini. Les personnes enlevées se retrouvent parfois assez loin de leur point de départ, à

* Voir de Raymond E. Fowler The Adreason Affair, Phase Two, ainsi que la suite, intitulée The Watchers, Bantam Books, New York, juillet 1990.

moins qu'elles ne reprennent conscience au volant de leur voiture. Banal ? Pas pour notre auteur qui précise :

> « Pour un folkloriste, même amateur, cela s'appelle un transport. Thème banal, à un détail près : il était entendu une fois pour toute qu'il s'agissait là d'un motif dramatique, dépourvu de tout ancrage, même subjectif, dans le réel. Or le voici qui ressurgit dans le vécu, dans des expériences qui restent énigmatiques ». (...) « L'appartenance de ce motif au registre magico-religieux va donc de soi. » (...) « Disons simplement que le transport renvoie à une strate religieuse très archaïque. Motif dramatique de la Légende Dorée, il se voit à peu près refoulé par le christianisme dans les pratiques diaboliques, avant d'être évacué de la phénoménologie religieuse moderne. Quels sont les vecteurs de ce transport ? Toute entité surnaturelle (ange, démon, fée, génie etc.), tout être humain démonisé peut en être l'auteur. Mais c'est l'animal psychopompe qui en est la version la plus archaïque... «

L'auteur fait-il allusion aux transports publics, ou à la nature des Commandants de Bord dans l'aviation civile ? Etais-je sans le savoir, au cours de ma carrière aéronautique, un être humain démonisé ou bien un vulgaire animal psychopompe ?

Pour revenir à des propos plus sérieux, ce type d'approche semble surtout destiné à ancrer des rationalistes inquiets dans leurs convictions, ou leurs habitudes. Dans la mesure où certains aspects du problème, l'intérêt des responsables de la défense nationale par exemple, attesté par des documents dont il était en 1983 impossible d'ignorer l'existence, sont tous simplement passés sous silence, il est difficile de prendre au sérieux les promoteurs de ce genre de thèse. Rappelons qu'il existe un volume important de décisions administratives et de lois, réprimant par exemple les divulgations d'informations concernant les ovnis, ou classant comme en France les rapports d'observations dans la catégorie « Secret Défense ». Pour des scientifiques rompus à la critique historique, passer sous silence l'existence même de cet aspect du problème et de tous les éléments convergents qui attestent de sa réalité, doit être considéré comme une falsification délibérée.

CHAPITRE 3

CONSTRUCTION D'UNE HYPOTHESE

Si nous posons comme vraie la proposition suivante :

> **« Une partie au moins des rapports d'observations d'objets inconnus dans le ciel et sur terre est provoquée par des entités d'origine extraterrestre »**

deux remarques s'imposent d'emblée :

- La nature des « objets » n'est pas précisée. Certains d'entre eux, ou même la totalité, peuvent être des images ou des illusions, à la seule condition que les manipulations qui leur donnent naissance soient provoquées ou élaborées par des extraterrestres.
- S'ils sont matériels, au sens le plus courant du terme, ces objets pourront être indigènes à la terre sans remettre en cause notre hypothèse. En d'autres termes, si les engins observés étaient tous manufacturés secrètement sur terre, dans des usines construites par des ingénieurs humains, notre proposition resterait valide à la seule condition qu'ils aient été conçus et réalisés grâce à une technologie non-terrestre.

Ces remarques ne sont pas inutiles. La découverte d'un disque volant utilisant des instruments de bord américains, ou l'analyse de magma tombé d'une « soucoupe volante » montrant qu'il s'agit de fonte de mauvaise qualité, n'affaiblirait pas le moins du monde notre hypothèse. Elles indiqueraient seulement que des éléments terrestres peuvent être utilisés par nos « visiteurs »; la fonte pourrait servir de ballast ou avoir été analysée pour évaluer le niveau de notre industrie avant d'être jetée par-dessus bord. La présence d'instruments américains renforcerait une autre hypothèse, qui devient de plus en plus plausible : il existerait des projets communs à un groupe d'entités extraterrestres et à des organisations secrètes humaines. Cette coopération aurait atteint le stade de mise au point de prototypes de véhicules aériens. La région de Groom Lake, au Nevada, bien protégée au coeur d'un immense territoire interdit au nord de Las Vegas, est souvent soupçonnée d'abriter, dans des laboratoires profondément enterrés, une telle entreprise.

La non-matérialité d'une partie des engins observés ne remettrait pas en question l'hypothèse extra-terrestre. Elle pourrait même la renforcer dans la mesure où notre technologie n'est pas capable de produire les images en relief et en couleur qu'observent les témoins. En ce qui concerne les échos détectés au radar, qui semblent confirmer la présence d'objets matériels, précisément là où les témoins les voient, certains pourraient être élaborés par des dispositifs humains de contre-mesures électroniques, **à notre époque**. En 1952, les seules contre-mesures électroniques connues étaient le largage de petits morceaux de feuilles d'aluminium pour tromper l'ennemi ! Les transpondeurs qu'utilisent depuis des années tous les avions de ligne étaient alors des dispositifs tellement secrets que nous devions les détruire en vol, même au-dessus du territoire américain, si une éjection ou un crash était envisagé. Il était impossible au début des années 50 de simuler de façon convaincante les observations de Washington et moins encore celle du 8 mars 1950 à Dayton (Ohio) au-dessus du quartier général de l'ATIC *.

Nous n'essaierons d'ailleurs pas de démontrer à ce stade la validité de notre hypothèse ni même d'énumérer les arguments qui la rendent plausible. Nous chercherons dans un premier temps à en définir les contours et à préciser la signification de ses termes. Nous tenterons ensuite d'évaluer ses conséquences prévisibles et l'effet que sa confirmation pourrait avoir sur nos concepts, nos habitudes et l'image que nous avons de nous-mêmes.

La première difficulté concerne la signification précise du terme **extraterrestre**. Sa définition est simple : « situé à l'extérieur de la planète Terre », pour l'adjectif, « habitant supposé d'une autre pla-

* ATIC, Air Technical Intelligence Center, centre de collecte et d'étude de toutes les informations aéronautiques secrètes obtenues par l'US Air Force. Dépendant de l'Air Materiel Command, cet organisme avait en 1947, élaboré le document du 23 septembre, signé par son commandant le général Twining, concernant les disques volants et concluant à leur réalité.(Appendix R du rapport Condon, pp 894 & 895)

nète » pour le nom. Nous ne supposerons même pas que nos extraterrestres habitent nécessairement une autre planète, il nous suffira que leur origine ou celle de leur espèce se situe ailleurs que sur terre. Nous commençons à envisager sérieusement pour des êtres humains une résidence permanente, pendant plusieurs générations au moins, sur des vaisseaux interstellaires quand nous entreprendrons la visite des systèmes solaires voisins. Bien avant cette période, une exploration et peut-être une exploitation de la ceinture d'astéroïdes situés entres les orbites de Mars et celle de Jupiter est prévisible. Dans les deux cas, nous pouvons prévoir que des êtres humains seront appelés à vivre et à mourir sans avoir jamais séjourné à la surface d'une planète. Il est possible, sinon probable, que l'arrivée d'étrangers à la Terre dans notre système solaire soit ancienne, qu'elle se soit produite dans un passé lointain, il y a plusieurs milliers ou peut-être plusieurs centaines de milliers d'années. De ce fait, nos visiteurs, bien que d'origine extraterrestre, seraient, d'une autre manière aussi terriens que nous.

Imaginons, ce que d'aucuns présentent comme une possibilité sérieuse, que nos visiteurs ne viennent pas de bien loin mais d'un espace parallèle au nôtre, d'une autre « dimension » comme on dit. Même s'ils habitaient une sorte de Terre-bis occupant le même espace que notre planète, ils n'en seraient pas moins de parfaits étrangers car nous ne possédons pas jusqu'ici la moindre information certaine à leur sujet. Leur développement physique ou social pourrait leur avoir donné des formes biologiques ou politiques fort différentes de celles que nous connaissons. En tout état de cause ils seraient pour nous tout aussi extraterrestres que si leur astre d'origine se situait à des années-lumière du soleil.

Nous garderons simplement en mémoire la thèse des voyages temporels. Si les phénomènes que nous observons sont provoqués par nos lointains descendants venus du futur, la maîtrise dont témoigne leur technologie incompréhensible montre à quel point ils sont pour nous, quelle que soit leur origine, de véritables extraterrestres. Il serait hors de propos d'étudier ici l'éventualité de voyages dans le temps et leurs conséquences. De même, nous laisserons pour l'instant à des scientifiques comme Jean-Pierre Petit les spéculations sur les espaces énantiomorphes. Les outils mathématiques dont je dispose ne me permettent pas de suivre la plupart de ses développements.

A la limite, et bien que cette thèse ne soit plus sérieusement envisagée, si une espèce terrienne intelligente inconnue avait pu se développer sur terre à notre insu, et mettre au point la science surprenante que tant de témoignages suggèrent, elle serait pratiquement pour nous extraterrestre. La situation ne serait pas très différente de celle que nous connaissons. La découverte éventuelle de leur histoire, de leurs coutumes et de leurs techniques serait une aventure aussi passionnante que celle qui nous attend si un contact bi-latéral complet doit un jour se produire entre l'humanité et nos mystérieux visiteurs.

En résumé, toutes les thèses alternatives que nous venons d'évoquer, et qui prétendent se substituer à l'hypothèse extraterrestre ne changent rien au problème. Visiteurs venus du futur ou d'un espace « parallèle » au nôtre, représentants d'une race terrestre inconnue ou même groupe de savants géniaux possesseurs d'une science dont nous ne soupçonnons même pas les principes, seraient tous pour nous, en pratique, de véritables extraterrestres.

L'aspect trop humanoïde des « entités biologiques » observées pendant les cas d'enlèvement ou de rencontres rapprochées gêne certains exobiologistes amateurs. Pourquoi la nature aurait-elle fait preuve d'aussi peu d'imagination en concevant les supports de la vie intelligente alors qu'elle nous offre, sur terre, tant de diversité dans le règne animal et le règne végétal ? L'argument est beaucoup plus qu'une boutade. Les écrivains de science-fiction avaient imaginé dès la fin du 19ème siècle tant de monstres intéressants et de merveilleux hybrides que nous sommes un peu déçus de voir que la forme bipède, très fortement humanoïde apparaît comme la seule disponible.

Plusieurs explications peuvent être proposées, sous toute réserve. La vie intelligente serait effectivement capable d'exister sous d'autres formes que celle que nous connaissons, ou que les témoins décrivent, mais les représentants des espèces trop différentes de la nôtre n'apparaissent jamais sur la Terre car les conditions qui y règnent sont incompatibles avec leurs besoins. Nous ne pouvons que signaler pour l'instant des bruits persistants qui font état d'espèces incapables de respirer l'air ou existant de façon stable et visible dans des états qui ne semblent pas vraiment « matériels » aux rares témoins qui les décrivent.

Dans la mesure où nous sommes seulement en train de définir les termes d'une hypothèse, il serait hors de propos de nous aventurer dans des spéculations trop longues. Nous retiendrons simplement que le nom « extraterrestre », dans le sens que nous lui donnons, signifie plutôt :

Entité appartenant à une espèce intelligente inconnue sur Terre, dont l'origine est probablement extérieure à notre planète

L'hypothèse selon laquelle une partie au moins des observations d'objets aériens inconnus dans notre atmosphère, et au-delà, provient d'une action des êtres que nous venons de définir, le plus vaguement possible, entraîne des conséquences logiques. La plus inattendue est l'ancienneté du contact initial, indépendamment de tout témoignage historique ou mythique. En effet, les objections des scientifiques à une découverte de la Terre au moment précis où nous faisions nos premiers pas dans l'espace sont et ont toujours été parfaitement valides. Tout le monde s'accorde sur le fait que les distances interstellaires sont telles que les premiers contacts entre espèces conscientes doivent être rares. Même avec des moyens de déplacement à des vitesses supérieures à celle de la lumière, des raccourcis par le truchement de dimensions supplémentaires ou de déformations de l'espace temps, pour l'instant totalement hypothétiques, le choix d'une destination, à lui seul, complique singulièrement la tâche des explorateurs. Carl Sagan s'est risqué à calculer les intervalles de temps entre contacts successifs de visiteurs avec la Terre et trouve des ordres de grandeur de plusieurs centaines de milliers d'années. Cela reviendrait à supposer qu'une visite au moins s'est produite depuis le début du Pléistocène, probablement avant l'apparition de l'homme de Néanderthal*.

La thèse de Von Neuman

Un des pionniers de la robotique, envisageait un scénario très différent de celui d'une découverte accidentelle de notre planète. Essayons de résumer sa thèse sans la trahir :

> *« Dès qu'une civilisation découvre les sciences dites exactes quelque part dans une galaxie, et s'engage dans la voie de la technologie dont nous connaissons les prémices, elle se dote à brève échéance*

* Aux dernières nouvelles, ce bipède robuste et intelligent serait apparu sur Terre il y a 100.000 ans environ, 20 millénaires avant le début de la glaciation de Würm

des moyens d'explorer les systèmes solaires voisins. Il suffit pour cela qu'elle mette au point un modèle robuste de vaisseau interstellaire et un type de robot capable de se copier lui-même avec les éléments disponibles sur la plupart des planètes qu'il rencontrera. Ces robots posséderont un système expert leur permettant de choisir en priorité des planètes potentiellement habitables par les ethnies qui les ont conçues. Si un tel lieu d'escale n'existe pas, les matériaux nécessaires à la copie des vaisseaux et des robots seront trouvés ailleurs, sur des astres morts ou dans des débris cosmiques comme des ceintures d'astéroïdes, et le processus recommencera, selon une progression géométrique. Même en n'imaginant que des vitesses très inférieures à celle de la lumière, 1 / 100 par exemple, ce qui permet d'éviter les corrections relativistes, l'exploration complète de toute la galaxie sera relativement rapide, assez en tout cas pour permettre d'établir un catalogue précis des systèmes solaires aptes à abriter la vie, bien avant que celle-cî apparaisse spontanément. Une galaxie comme la nôtre pourrait être complètement explorée dans une période de temps de l'ordre de quelques dizaines de millions d'années. »

Avant d'étudier un peu plus en détail cette thèse, citons une anecdote qui se situe à l'époque du Manhattan Project. Enrico Fermi, l'un des plus jeunes physiciens qui travaillaient à la mise au point de la première bombe atomique, serait arrivé un matin et aurait demandé à ses collègues ébahis : « Mais où sont-ils ? ». « Ils » étaient les extra-terrestres. Fermi avait repris les calculs de Von Neuman, les avait vérifiés et avait de ce fait conclu que si l'intelligence était apparue quelque part dans le cosmos, alors, sans aucun doute ses robots et leurs vaisseaux auraient dû se trouver déjà là. Connue parfois sous le nom de « Paradoxe de Fermi », cette boutade a été, dans un passé récent, largement utilisée pour « prouver » l'inexistence d'une vie intelligente autre que terrestre. Elle ne prouve, bien entendu, rien de semblable.

Il existe dans notre galaxie des étoiles beaucoup plus anciennes que notre soleil et probablement des systèmes planétaires autour de certaines d'entre elles. Les premières planètes habitables ont pu terminer leur solidification, plusieurs milliards d'années avant la Terre. Si la vie est apparue sur l'une d'entre elles au moins, en supposant une évolution du même ordre de grandeur que la nôtre, la première exploration automatique, par robots de Von Neuman, a très bien pu commencer avant que le Soleil ne s'allume et que la Terre ne se condense, en utilisant des matériaux projetés par des novae de première ou de seconde génération. Des organisations intra-galactiques par centaines ou par milliers ont pu voir le jour et disparaître avant même que les premiers virus ne commencent à se reproduire dans nos mers ou sur nos continents à peine émergés. Le scénario de la « première » exploration par astronefs automatiques a pu se produire un nombre incalculable de fois en partant d'un nombre inconnu de planètes différentes dont la plupart ne portent plus de vie depuis bien longtemps, leur soleil ayant quitté la séquence principale. Plusieurs d'entre elles ont même pu se dérouler simultanément, se rencontrer par hasard loin de leur point de départ dans l'espace et dans le temps. Même si l'apparence de la vie et son évolution vers la conscience sont des faits relativements rares, la thèse de Von Neuman a fort bien pu se dérouler un nombre indéterminé de fois, avec d'innombrables variations dans les détails.

Sans faire un très gros effort d'imagination, nous voyons que le schéma proposé nous permet d'ajouter un élément à l'hypothèse extraterrestre. Le détail des explorations qu'elle propose pourrait se compléter d'un essaimage systématique des planètes capables de porter la vie, mais restées stériles pour quelque raison que ce soit. Un assortiment de spores, de bactéries et quelques lichens n'encombreraient pas beaucoup les expéditions et formeraient une base de départ pour une évolution future du vivant. La période de duplication des astronefs avant le départ pour d'autres destinations, évaluée par Von Neuman à quelques milliers d'années, permettrait d'en surveiller l'amorçage. Une variante pourrait prévoir que si aucune forme de vie n'existe sur une planète, et qu'un essaimage est effectué, une équipe de robots auto-reproducteurs sera reprogrammée et laissée sur place pour protéger l'expérience et améliorer ses chances de succès. La thèse de Von Neuman permet ainsi de proposer un double mécanisme pour l'apparition de la vie planétaire :

- un processus aléatoire, classique,
- un processus artificiel, mis en oeuvre par les différentes expéditions d'exploration du cosmos.

La lenteur du processus aléatoire naturel et la rapidité relative du processus artificiel, peuvent même laisser prévoir que le second se sera substitué au premier à chaque fois qu'ils se seront trouvés en compétition.. Nous aurions peut-être là une explication de l'aspect relativement identique, plutôt humanoïde de tous les extraterrestres observés récemment sur Terre. Dans notre région de la galaxie et peut-être beaucoup plus loin, ils auraient évolué à partir des mêmes matériaux génétiques de base, importés au cours de visites anciennes.Nous noterons que la dissémination de la vie peut avoir été complètée dans certains cas par une pollution accidentelle.

Pour résumer, la thèse d'une exploration systématique de notre galaxie (et de toute autre) par des robots capables de se reproduire, dès que la capacité technologique d'une civilisation rend cette réalisation possible, peut être envisagée.
Ce processus pourrait avoir commencé il y a plusieurs milliards d'années et s'être répété un nombre incalculable de fois, bien avant que la vie soit apparue sur Terre.
Il peut s'être accompagné dans certains cas d'une exportation de matériel génétique vivant, primitif ou évolué, soit volontairement, soit par accident.

Ces quelques remarques logiques suggèrent que l'apparition de la vie dans l'univers n'est peut-être pas un évènement aussi rare qu'on l'imaginait récemment. Un processus artificiel, délibéré ou accidentel, a très bien pu se substituer, ici et là, depuis des temps immémoriaux, au processus naturel ou tout au moins le compléter.

Nous voyons combien l'hypothèse extraterrestre est féconde. Elle suggère presque inévitablement un double mécanisme d'exportation de la vie, volontaire et accidentel, qui renforcerait le processus naturel aléatoire ou le cas échéant celui voulu par un hypothétique Créateur. Elle ne fait appel à aucun procédé inconnu ou relevant de la science-fiction, elle n'a pas besoin de vitesses trans-luminiques ou de tachyons, mais utilise une science de l'univers que nous maîtrisons presque, alors que le premier objet mis en orbite, Sputnik 1 n'a commencé sa ronde qu'en 1958, il y a moins d'un demi siècle ! Mais cette hypothèse nous offre des possibilités plus passionnantes encore.

Nous avons jusqu'ici laissé complètement de côté la motivation des êtres disposant de la technologie nécessaire au lancement du programme d'exploration que nous envisageons. Elle pourrait bien entendu se situer complètement en dehors de ce que nous sommes capables d' imaginer. C'est toutefois assez peu probable. Si la Terre est un bon exemple, nous partageons avec tous les êtres vivants un certain nombre de caractéristiques fondamentales comme l'instinct de conservation ou de reproduction qui sont loin d'avoir disparu avec notre accession à une certaine forme d'intelligence. Par ailleurs, en logique, les processsus de raisonnement sont en principe indépendants des caractéristiques des objets étudiés et bien entendu des êtres qui les pratiquent. Personne n'oserait prétendre qu'ils soient universels, mais dans la mesure où ils peuvent être utilisés aussi bien par des humains que par des machines, il n'est pas inconcevable que cette logique puisse être accessible à des êtres assez différents de nous. Elle devrait pouvoir, le cas échéant, nous servir de base de départ pour communiquer avec eux.

Face à d'éventuels visiteurs extraterrestres, sommes-nous nécessairement et totalement désarmés ? Cette question est importante, difficile, mais un certain nombre de faits semblent montrer qu'un début de réponse est possible.

Tout d'abord, poser l'hypothèse de notre impuissance ne mène à rien et stérilise par avance toute recherche. Elle nous rappelle un peu trop le recours systématique aux « mystères » dont les religions organisées ont fait par le passé un usage si fréquent. Son seul résultat est d'interdire l'exercice de la raison et l'usage du sens critique.

Nous pourrions d'autre part, nous risquer à faire les remarques suivantes :

- si nos éventuels visiteurs sont trop supérieurs à nous, nous ne perdrons rien à poser l'hypothèse contraire, elle nous entraînera tout au plus dans un jeu intellectuel inutile,
- si au contraire nous avons avec eux un nombre, même restreint, de préoccupations ou d'intérêts communs, une étude sérieuse pourra nous aider à en déterminer l'importance et les limites. En posant l'hypothèse de notre complète impuissance, nous nous priverions par principe de cette possibilité.
- si nous nous trouvons dans une situation de conflit, actuel ou potentiel, alors il est vital pour notre survie d'en explorer les moindres aspects, et de rechercher, à défaut d'une victoire, le plus petit avantage ou la plus petite chance de statu-quo.
- finalement, même si nous devions nous révéler inaptes à intégrer une communauté d'entités intelligentes, même si notre disparition en tant qu'espèce était programmée, certains d'entre nous préfèreraient encore assister consciemment à leur propre disparition.

Rien n'indique pour l'instant que nous nous trouvions dans une situation aussi préoccupante. A ce point de notre étude nous cherchons plutôt à comprendre quelles motivations simples pourraient pousser une espèce technologiquement développée à entreprendre un programme coûteux d'exploration du cosmos. Tout d'abord, l'espoir d'obtenir des retombées scientifiques à brève échéance est tout à fait illusoire. La probabilité de rencontrer dès le début du programme une espèce arrivée à un stade de développement qui puisse nous intéresser est infime. D'autre part, le retour des astronefs à leur base de départ n'est pas prévu. Au mieux,un bref message du type suivant sera reçu après quelques siècles :

> Mise en orbite planètaire réussie - âge probable du système 3,8 milliards d'années (standard) - l'exploration n'indique aucune forme de vie indigène - présence de quelques éléments complexes dérivés du carbone - conditions physiques favorables - recherches minières positives - entreprenons duplication de X milliers de techniciens - lancement prévu de trois unités d'exploration dans 1000 à 1400 ans - ensemencement type XY réalisé avec succès - prochain message dans une année (locale) - Fin -

Il sera probablement accompagné d'un compte-rendu complet d'exploration qui sera dûment classé et fêté comme une grande réussite, puis suivi au mieux d'une série de messages de seconde génération deux ou trois mille ans plus tard, et c'est tout ! Ou bien la civilisation en question aura continué de progresser vers une technologie d'un niveau inconcevable, hors de portée des initiateurs du projet, et qui permettra une exploration beaucoup plus rapide, ou bien elle aura régressé et ne sera même plus capable de maîtriser la science qu'elle possédait quelques millénaires plus tôt. Entre temps, une catastrophe cosmique peut fort bien l'oblitérer, ou les préoccupations de ses représentants peuvent changer et se tourner vers d'autres entreprises très éloignées de la technique. Le déroulement du projet se poursuivra de façon autonome, si les paramètres et les programmes originaux ont été correctement choisis. Il pourra même avoir été suivi de plusieurs autres, améliorés, fondés sur des découvertes plus performantes, dans les siècles ou les années qui suivent.

Nous voyons que ce genre d'exploration automatique, par robots interposés, a toutes les chances d'être le fait de races tournées vers la recherche et n'attendant aucun autre bénéfice direct de leur entreprise que d'accroître un peu leur savoir. Les conséquences prévisibles d'un tel programme ne peuvent échapper à ses concepteurs, ils vont donner à la vie une chance de se développer à chaque fois que les conditions physiques le permettent, mais une vie condamnée à suivre des chemins déjà tracés. D'une certaine façon ils transposeront à leur manière l'injonction bien connue : « croissez et multipliez ».

Un tel programme peut à la rigueur avoir été imaginé et entrepris il y a très très longtemps, nécessairement par une espèce n'ayant jamais été découverte par personne, et dont le niveau scientifique et social était presque aussi primitif que notre niveau actuel, ce qui rend l'hypothèse de Von Neuman finalement assez improbable. Son inventeur ne l'a d'ailleurs jamais proposée pour expliquer des observations récentes d'objets volants inconnus. Si comme le pensait le Dr Sarbacher, Von Neuman était l'un des rares scientifiques mis dans le secret d'une présence extraterrestre réelle, confirmée aux Etats-Unis par la récupération d'engins d'origine inconnue dès 1947, il savait sans le moindre doute qu'elle ne s'appliquait pas à la situation que nous connaissons. Nous allons essayer de comprendre pourquoi.

Critique des thèses extraterrestres « naïves »

Ces thèses présentent toutes l'inconvénient de considérer l'état des sciences et techniques de l'époque où elles sont formulées comme pierre de touche, comme critère, devant servir à évaluer leur bien fondé. Il est certain que dans ces conditions, les voyages hors du système solaire sont impossibles de façon démontrable. Je n'ai pas cru nécessaire de reprendre les calculs du dernier conférencier que j'ai entendu à ce sujet. Ils évoquaient irrésistiblement une démonstration magistrale, présentée au début de ce siècle à l'académie des sciences. Elle prétendait prouver l'impossibilité du vol d'un engin plus lourd que l'air. Par une coïncidence réjouissante, cette docte sottise fut primée en 1903, la même année que le premier vol des frères Wright. Je ne me souviens plus des détails, mais le type de moteur utilisé pour la démonstration devait être un moteur à vapeur ! Pour nos voyages interplanétaires, il est possible de prouver qu'en utilisant une partie de la masse pour produire de l'énergie, atomique bien sûr, afin d'éjecter une autre partie de la masse vers l'arrière, même sous forme de plasma accéléré dans un champ électrique intense, nous ne sortirons jamais du puit de potentiel que représente le soleil et son cortège de planètes. Aurions-nous réussi que nos ennuis commenceraient. L'espace n'est pas vide, et les parcelles de poussières interstellaires auraient tôt fait de raboter notre beau vaisseau si d'autres particules massives et invisibles ne s'en chargeaient pas. Ne soyons pas trop tristes, nous ne sommes pas pour autant condamnés à rester éternellement dans notre système solaire. Nous nous trouvons à l'orée d'un développement technologique tout juste commencé vers le milieu du 19ème siècle. Il a été rapide dans certains domaines comme les transports, la production d'énergie, la médecine, la génétique ou la manipulation de l'information. En physique fondamentale, nous n'avons pas beaucoup progressé depuis les années trente. Aucune technologie connue, pas même des propulsions qui utiliseraient la MHD, la Magnéto-Hydro-Dynamique, ne permet de rendre compte de *toutes* les caractéristiques observées. Toutefois, nos progrès ont été si surprenants en moins de trois siècles que tous les espoirs sont encore permis.

Nous sommes peut-être, dans une certaine mesure, comparables à des indiens primitifs, qui, ayant atteint une très grande sophistication dans l'art de communiquer avec des signaux de fumée modulés par des couvertures, ont du mal à comprendre qu'un système qui fonctionne si bien dans une région de collines ne leur sera d'aucune utilité pour échanger des messages entre Boston et l'Irlande... si toutefois leurs canots d'écorce peuvent leur permettre d'atteindre l'autre rive de l'Atlantique dont leur ont parlé leurs sorciers. Si je suis injuste dans cette comparaison, c'est évidemment vis à vis des indiens. Eux tout au moins, quand ils ont vu les gigantesques « canots » à voile qui abordaient les côtes de Nouvelle Angleterre, n'ont pas perdu leur temps à démontrer que de telles énormités étaient impossibles car inexplicables par leur science héritée du Néolithique, ils ont mis rapidement au point un système d'alerte sur Fire Island, ainsi nommée à cause des feux allumés par des sentinelles indiennes pour prévenir les tribus disséminées sur la côte d'avoir à se cacher.

Pour rester sur une note humoristique, le projet SETI* révisé m'évoque beaucoup plus une tentative pour communiquer au-dessus des océans avec des signaux de fumée que la réaction intelligente des indiens d'amérique du nord qui surveillaient l'arrivée des premier vaisseaux anglais avec des moyens primitifs mais efficaces. Si l'hypothèse extraterrestre correspond bien à une réalité actuelle, nous devrions peut-être imiter les indiens et nous soucier de la protection de notre population, plutôt que de la recherche à quelques centaines d'années-lumière de peuplades aussi retardées que nous, utilisant encore des feux de bois vert et des couvertures, pardon les ondes électromagnétiques modulées, pour communiquer.

Un autre aspect de la thèse naïve semble avoir été imaginé pour se moquer de ceux qui « croyaient aux soucoupes volantes » c'est-à-dire les nigauds qui osaient imaginer qu'un contact avec des entités d'origine inconnue pouvait être en cours. L'apparente exploration de

* S E T I : Search for Extraterrestrial Intelligence, c'est à dire recherche d'une intelligence extraterrestre. Utilisant des radio-télescopes et des programmes d'exploration automatique de fréquences ce projet espère détecter des émissions radio venues d'étoiles proches,.. auxquelles nous ne pourrons pas répondre car nous ne disposons pas de puissances d'émission suffisantes.

notre planète par des petits humanoïdes, embarqués sur des petits engins d'exploration, prélevant des échantillons de terre et de végétaux avec des petites pelles et des petits seaux est évidemment ridicule. Seulement voilà, ridicule ou non, elle est une des multiples facettes du phénomène que nous étudions, elle a été effectivement observée un peu partout dans le monde par des témoins dignes de foi. Si elle donne une image fausse de la réalité, c'est une image délibérément créée par des agences qui dans l'immense majorité des cas ne sont pas humaines car nous n'avons pas le savoir-faire technologique nécessaire pour simuler de façon convaincante tous les détails décrits. Certains d'entre eux, comme des vols stationnaires silencieux, des effets importants à distance sur la végétation, par exemple ceux mesurés à Trans en Provence par le GEPAN, des accélérations énormes ou des disparitions sur place d'objets suivis au radar sont encore et pour longtemps hors de notre portée.

Si la thèse extraterrestre « naïve » est fausse c'est qu'elle ne correspond pas aux faits les mieux connus qui plaident tous pour un premier contact très ancien. Ce qui ressemble à une exploration de la Terre, un peu semblable à celle que nous avons à peine ébauchée sur la Lune et que nous envisageons pour Mars, est probablement toute autre chose. En effet, nos visiteurs n'ont certainement plus rien à apprendre sur nous ou sur notre environnement naturel. Il est de ce fait possible que les prélèvements de plantes ou de sol observés par quelques témoins soient destinés à mettre à l'abri des échantillons d'espèces végétales et de bactéries. Il est de même concevable qu'une partie au moins des enlèvements actuels et des prélèvements de matériel génétique sur des êtres humains soient destinés à protéger d'une éventuelle catastrophe, une guerre atomique par exemple, des embryons humains viables.

Esquisse d'une hypothèse extraterrestre

Les critiques de la thèse naïve que nous venons d'évoquer, ainsi que les observations effectuées depuis la fin de la seconde guerre mondiale, nous obligent à reconnaître aux « visiteurs » une supériorité technologique indéniable. Nous avons vu, pages 14 et 15, que les spécialistes de l'Air Materiel Command, dans leur document du 23 Septembre 1947, n'avaient pas le moindre doute à ce sujet. Ils avaient même précisé à la fin du second paragraphe :

> f. Il est possible, dans les limites actuelles du savoir-faire des USA - à condition de mettre en oeuvre un programme important - de construire un

aéronef piloté qui aurait l'aspect général des objets décrits au paragraphe (e.) et un rayon d'action approximatif de 7000 milles (11.000 km) à des vitesses subsoniques.

g. La mise au point (d'un tel engin) dans ce pays serait extrêmement coûteuse, longue, et ne pourrait se faire qu'au détriment des projets actuellement en cours et de ce fait, devrait, si elle était mise en oeuvre, bénéficier d'un financement indépendant de celui prévu pour les projets actuels.

En 1947, aucun avion à réaction n'était en service aux Etats-Unis. Aucun avion supersonique n'avait volé, même comme prototype, pour la simple raison que les phénomènes de compressibilité accompagnant le passage d'une aile au delà de MACH 1 n'étaient ni compris ni maîtrisés. Pour ceux que l'histoire de l'aviation intéresse, les avions les plus performants à cette époque, sur le continent américain, étaient le « Mustang » P-51 et le « Thunderbolt » P-47. En ce qui concerne les bombardiers, le B-25 et le B-26, bi-moteurs à hélices avaient encore de beaux jours devant eux. A Roswell, au Nouveau-Mexique, le 509ème Groupe de Bombardement était équipé de « Super-Forteresses » B-29, armés de bombes atomiques opérationnelles.

A ce jour, aucun avion en forme de disque n'a réussi à manoeuvrer de façon satisfaisante, aucune « aile volante » n'a jamais été en service dans le monde, la « crêpe volante », en anglais le « Flying Flapjack » fut et reste un échec complet.

Le vol stationnaire silencieux ou la sustentation sans projection vers le bas d'une masse réactive quelconque restent des mythes, à l'exception des ballons utilisant le principe d'Archimède. Ces ballons sont trop volumineux et trop fragiles pour pouvoir aller bien vite, aucun n'a jamais été un candidat sérieux pour expliquer les observations d'objets non-identifiés dans le ciel. Ni Menzel ni Philip Klass, pourtant farouches opposants à l'idée que puisse exister le moindre engin volant non-terrestre, n'ont même proposé cette hypothèse ! C'est dire !

Nous pouvons sans risque considérer comme partie intégrante de l'hypothèse extraterrestre celle d'une supériorité technique et scientifique des « visiteurs ». Deux ensembles convergents de données nous y conduisent :

1° Les connaissances techniques et scientifiques humaines actuelles ne nous permettent pas d'envisager de sortir de notre système solaire ni de rendre visite au système stellaire le plus proche (Alpha du Centaure, distant de 4,6 années-lumières). Notre hypothèse nous oblige donc à prévoir que tout visiteur venu « d'ailleurs » devra posséder un savoir-faire supérieur au nôtre dans ce domaine.

2° Les performances des « disques volants » observées dès 1947, et analysées par les meilleurs spécialistes de l'Armée de l'Air des Etats-Unis, étaient à cette époque hors de portée des techniques humaines les plus avancées. Les possibilités d'accélérations tangentielles et normales à leurs trajectoires, démontrées par les différents engins exotiques qui hantent l'espace aérien terrestre, souvent confirmées par des mesures précises au radar et des poursuites par des avions d'interception modernes, prouvent à l'évidence qu'ils possèdent une technologie fiable, très supérieure à la nôtre. Elle utilise des principes qui nous sont inconnus.

Comme nous l'avions affirmé au début de ce chapitre, les données du problème sont inchangées si les « extraterrestres » viennent d'un univers trans-dimensionnel parallèle à notre espace-temps ou du futur de notre planète. Les moyens nécessaires à une telle équipée ne sont même pas imaginables. Nous pouvons donc retenir comme élément de l'hypothèse que nous étudions la supériorité technologique et scientifique des entités dont nous postulons la présence.

Le corollaire évident est que nos critères scientifiques sont, au moins en partie, inappliquables. Nous ne sommes pas en mesure pour l'instant de déterminer ceux qui pourraient conserver leur validité et ceux que nous devrions rejeter. Il existe des précédents à cette situation. L'échec de l'expérience de Michelson posa pendant plusieurs années un grave problème aux physiciens les plus clairvoyants qui savaient bien qu'une partie de leurs concepts étaient invalides mais n'avaient pas de méthode leur permettant de prévoir lesquels. Plus près de nous, la Relativité généralisée ne permet pas d'intégrer la gravitation parmi les autres interactions connues, électro-magnétique, faible ou forte, et les tentatives pour les rassembler toutes dans une même théorie n'ont pas encore abouti.

Dans une telle situation, la plus grande disponibilité mentale possible s'impose. Le défaitisme ou le conservatisme, pour des raisons différentes, mènent à une impasse et n'offrent en tout cas aucune chance de succès. De même, les certitudes ou les a-priori risquent d'empêcher la juste perception d'une situation délicate, pour laquelle il n'existe aucun précédent. La science a en général tout son temps : la découverte de la théorie de la Relativité restreinte, par exemple, aurait probablement pu attendre quelques dizaines d'années avant de voir le jour, mais la situation actuelle et les problèmes posés à nos sociétés par la possibilité d'une présence extraterrestre proche, peuvent déboucher à tout moment sur une crise grave. Tout semble indiquer chez les responsables politiques et militaires une gêne, qui se traduit par un silence pesant, palpable. Il est pour l'instant impossible de déterminer les causes réelles de cette attitude, qui au cours des années devient de plus en plus inquiétante.

Le refus par la plupart des scientifiques d'admettre la simple possibilité d'une présence inconnue, qui aurait les caractéristiques d'une intrusion étrangère concrète dans leur univers bien ordonné, est presque pathologique. En dehors de la métaphysique, aucun problème n'est *a priori* inaccessible à la science. Encore est-il possible d'évaluer la cohérence interne ou l'utilité pratique d'un système métaphysique. Le subconscient et le rêve eux-mêmes ont acquis, grâce aux travaux de Freud, droit de cité dans les universités et les centres de recherche. Pourquoi pas l'hypothèse extraterrestre ? La fuite de nombreux scientifiques devant le problème posé par tant de témoignages concordants est beaucoup plus qu'une simple curiosité. Elle révèle probablement chez ces personnes l'existence de ce que Henri Poincaré nommait pudiquement des « postulats inconscients ». « Convictions irrationnelles » ou « croyances métaphysiques inavouables » seraient peut-être des descriptions plus précises, mais notre but n'est pas de décerner des bonnets d'ânes. Nous essaierons de comprendre comment un tel aveuglement sélectif peut durer depuis bientôt deux générations, et dans quelle mesure il a facilité pour les militaires *et les extraterrestres* la préservation du secret. Nous n'irons pas chercher plus loin l'aura de surnaturel, de superstition, de religiosité et d'ignorance qui s'accroche au sujet que nous étudions : elle vient directement de la désertion des scientifiques et de leur fuite devant une hypothèse qui met en péril leurs petites habitudes et l'excellente opinion qu'ils ont d'eux-mêmes. Ce sont eux qui par leur absence ont laissé le champ libre aux rares escrocs et aux nombreuses personnes de bonne volonté, mais sans formation scientifique ou technique, qui essaient tant bien que mal d'attirer l'attention du public sur la situation présente.

CHAPITRE 4

RENCONTRES RAPPROCHÉES

Les évènements qui vont suivre sont très probablement authentiques. La bonne foi des protagonistes n'est pas mise en doute. Plusieurs témoins indépendants confirment une partie des faits. L'enquête que j'ai personnellement effectuée, révèle un épisode de « temps manquant », c'est-à-dire l'amnésie simultanée de trois personnes. De ce fait un élément inconnu est introduit et la probabilité d'un enlèvement n'est pas négligeable. Aucun souvenir conscient ne subsiste chez les victimes qui ont pour l'instant perdu une période de presque une heure de leur vie. D'autre part, plusieurs incidents surprenants se sont déroulés dans l'année qui a suivi l'expérience initiale. Deux d'entre eux sont confirmés par des observateurs indépendants. A la demande des témoins, des pseudonymes sont utilisés.

Souvenirs conscients

Monsieur et madame Regain et leur fille Christine, âgée de 13 ans, se trouvent devant leur atelier de joaillerie, construit en bordure d'une étendue de champs labourés et de prés, un samedi soir de la fin octobre 1989. Ils sont venus chercher une machine à écrire qu'ils doivent prêter à leur fils aîné. Ils sont plutôt pressés et craignent d'arriver en retard dans leur famille où ils sont attendus pour dîner. A quelques mètres d'eux, sur le parking réservé à la clientèle, leur voiture les attend.

Christine remarque en direction du nord, à droite du grand arbre qui pousse en bordure de leur propriété, une étoile qui scintille comme un diamant et semble jeter des feux multicolores. Elle attire l'attention de son père. Quelques instants, ou quelques minutes, plus tard tous deux observent comme un rubis d'un rouge intense qui semble se détacher de l'étoile et tombe vers l'horizon, sur la droite, en suivant une trajectoire incurvée. Ils n'ont pas le temps de commenter la beauté du spectacle. Presque immédiatement, au-dessus du grand arbre, s'allument en séquence trois énormes lumières, beaucoup plus étendues que des phares de voiture. Elles s'éteignent presque aussitôt tandis que commence à se manifester un phénomène incompréhensible pour les témoins. A gauche de l'arbre, depuis l'horizon, une sorte de brouillard rouge ou orangé, dense, opaque et lumineux, s'étend et progresse lentement vers monsieur Regain et sa fille. Ils ont curieusement l'impression d'assister à une catastrophe nucléaire survenue dans la centrale atomique voisine, située précisément dans la direction du phénomène. Ils appellent madame Regain qui arrive avec la machine a écrire. Elle a vu par la fenêtre du bâtiment la progression d'une sorte de lumière orange. Elle comprend immédiatement qu'il se passe quelque chose d'anormal, partage l'anxiété de son mari et de sa fille et leur crainte d'être à ce moment précis en danger de mort. Sa réaction est intéressante : elle court téléphoner à sa mère et tente de lui expliquer ce qu'elle observe. Celle-ci lui demande d'attendre quelques instants car elle pense que le phénomène doit être visible depuis la fenêtre de son grenier. Quelques minutes plus tard elle confirme avoir vu autour de la propriété de ses enfants comme une petite étendue de brouillard lumineux, plutôt comme un halo éclairé de l'intérieur, rien toutefois qui ressemble à une catastrophe de grande ampleur. Il est alors 19 heures 25.

Monsieur Regain est à ce moment pratiquement au contact du brouillard car la luminosité occupe presque 180° de son champ visuel. Il distingue comme des particules de braise qui tourbillonnent devant lui tandis que des phares à peine visibles, portés par une forme indistincte semblent, selon ses propres termes, « s'approcher avec une lenteur mécanique ».

Christine paraît avoir conservé ses capacités d'observation et d'action un peu plus longtemps que son père. Retournée sur les lieux avec moi, trois ans plus tard, elle décrit avec beaucoup de précision trois colonnes de lumière verticales, équidistantes, et certainement très proches car leur hauteur apparente est égale à trois largeurs de mains vues à bout de bras soit environ 24°. Au moment où toute la famille se dirige vers la voiture, la jeune fille a le réflexe de dire à sa mère de ne pas oublier son sac à main.

Trois quarts d'heure à une heure plus tard, tous trois se retrouvent dans la voiture qui roule sur le chemin carrossable privé qui dessert leur parking. Ils n'ont aucun souvenir d'avoir démarré ou d'avoir parcouru les 100 mètres qui les séparent de leur point de départ, ils ne se souviennent pas être passés sous le phénomène lumineux qui pourtant leur barrait complètement la route, ni même de l'avoir vu, ils « savent » qu'il serait dangereux pour eux de se retourner, ils s'attendent à découvrir les traces d'un cataclysme et sont surpris de ne voir que quelques rares voitures qui passent devant eux sur la route nationale. Monsieur Regain est en pleine possession de ses moyens, il conduit sa voiture calmement mais prend une décision surprenante : au lieu de se diriger vers le domicile de ses parents, il effectue une inspection du voisinage en utilisant des chemins de traverse et des petites routes qu'il connaît bien. Il discernera à peine une vague luminosité en direction de sa propriété. Finalement, il pense à prévenir par téléphone ses hôtes qui l'attendent depuis près de deux heures et arrive à leur domicile vers 21 heures 30. Personne n'envisage que l'incident qui vient de se dérouler puisse avoir une autre cause qu'une catastrophe atomique, ou à la rigueur un phénomène météorologique inconnu, jusqu'au moment où la mère de madame Regain lance pour le plus grand amusement de l'assemblée : « Mais vous avez vu une soucoupe volante, c'est la seule explication possible ! ».

Les parents de Christine apprécient peu cette boutade. L'idée de se retrouver seuls, dans leur vaste demeure isolée en pleine campagne, tout près de leur atelier, les terrorise. Ils y retourneront plus tard, accompagnés de deux membres de leur famille pour reprendre des affaires de toilette et quelques vêtements. Leur fille quant à elle dort déjà chez sa grand'mère où ses parents passeront la nuit.

Le lendemain, monsieur Regain retournera avec son père et son frère inspecter les lieux où se sont déroulés la veille les événements troublants qu'ils ne comprennent toujours pas. Dans les prés clos où l'étrange brouillard s'était développé, ils découvrent et photographient une douzaine de cercles de dimensions variables où la végétation est flétrie et roussie. Au nord du grand arbre qui s'élève au bord de leur parking, à 150 mètres environ, trois touffes d'herbes tordues, comme aspirées par des tourbillons très localisés, dessinent un triangle équilatéral parfait de 8 mètres de côté. A l'extrémité opposée du pré, tout près du cercle le plus éloigné, la haie vive qui le borde porte des traces de brûlures où la végétation est desséchée et flétrie.

Après avoir longtemps hésité, les parents de Christine décident de regagner le domicile famillial. Ils ont l'impression que s'ils tergiversent ils n'auront jamais le courage d'y retourner. Tous trois passent une très mauvaise nuit, ponctuée de cauchemars; pourtant rien d'inquiétant ne se produit et le calme habituel règne autour de leur propriété.

Le lundi matin, la jeune fille retrouve son C.E.S. et ses parents travaillent, avec leurs deux employés, dans l'atelier de joaillerie. En début d'après midi, vers 15 heures, un visiteur se présente et s'approche du comptoir où madame Regain assure l'accueil des clients. Il est entièrement vêtu de noir, ses cheveux sont noirs, et son visage est tellement repoussant que personne parmi les quatre témoins ne pourra le décrire. Ses yeux sont « révulsés », insoutenables, ils évoquent un handicap grave, « horrible ». Sa voix est désagréable, nasillarde et semble produite par un larynx artificiel. L'homme se promène comme chez lui dans le vaste atelier, y compris dans la partie interdite au public. Monsieur Regain voudrait l'empêcher de passer, mais il est sans volonté. Il le laisse manipuler de l'outillage coûteux, s'efface devant lui, et se sent impuissant devant cette intrusion. Après avoir ricané et prononcé quelques mots qui ressemblent à de l'espagnol, le personnage sort et s'arrête devant la porte. Il prend sur son scooter, une machine noire, étincelante et de marque inconnue, un casque de moto qu'il tient au dessus de sa tête tandis qu'il détaille lentement le paysage où l'avant-veille les surprenants phénomènes se sont déroulés. Il s'éloigne avec son véhicule dans un silence total, et à ce moment seulement, les témoins retrouvent leur autonomie. Monsieur Regain saute dans sa puissante voiture de sport afin de rattraper le visiteur. Il parcourra sans succès toutes les routes avoisinantes. Le lendemain de cet épisode, une femme de ménage dira avoir observé, le samedi soir, en compagnie de son mari et de deux autres personnes, un curieux nuage lumineux rougeâtre, portant au centre un projecteur blanc. Elle ajoute : « ça volait à basse altitude et ça a dû passer juste au-dessus de chez vous ».

Huit mois plus tard, en juin 1990, vers 3 heures de l'après-midi, monsieur Regain fait la sieste dans sa chambre au premier étage, tandis que son épouse et sa belle-soeur se trouvent au rez-de-chaussée, dans la cuisine dont la fenêtre s'ouvre sur le jardin. Un tremblement secoue toute la maison, réveille le dormeur, et surprend les jeunes femmes. Regardant vers l'extérieur, elles découvrent qu'un hélicoptère est en vol stationnaire devant elles, à 5 mètres du sol environ et à 15 mètres de distance. Ce n'est pas une « Alouette » mais un engin plus lourd qu'elles n'identifient pas mais qui leur rappelle un « Super Frelon ». Par la baie grande ouverte du véhicule, deux hommes se penchent et semblent effectuer des mesures à l'aide d'une boîte noire, d'un mètre de long environ. Ils sont jeunes, vêtus de combinaisons kaki sans insignes visibles. Madame Regain est outrée par cette intrusion. Elle croit avoir affaire à des militaires en manoeuvre qui profitent de leur situation pour se livrer à des observations indiscrètes. Elle sort par la porte donnant sur le jardin, bien décidée à les interpeller. Dès qu'ils l'aperçoivent, les deux hommes rentrent dans l'engin qui s'éloigne rapidement, **en silence**. Les témoins de cet épisode sont certains de deux détails importants :

- les déplacements de l'hélicoptère étaient silencieux, les vibrations ressenties ne s'accompagnaient d'aucun bruit,
- sous l'engin, aucun souffle de vent n'agitait la végétation, le vol stationnaire n'a soulevé à aucun moment le moindre tourbillon de poussière ou de débris végétaux.

Ce dernier point est tout à fait incroyable, et beaucoup plus surprenant encore que le vol silencieux ! Aucun hélicoptère ne peut éviter de projeter vers le bas une masse importante d'air qui assure sa sustentation. Le plus petit de ces véhicules commence à soulever des nuages de poussière quand il arrive à une dizaine de mètres du sol. Un engin lourd comme le « Frelon » ou les équivalents de construction étrangère ne peut en aucune manière descendre à cinq mètres du sol dans un potager ou un jardin d'agrément sans causer des dégats considérables. Or, dans le cas décrit, pas la moindre brise ! Si leur témoignage est accepté, l'intrus observé par madame Regain et sa belle-soeur ne pouvait pas être un hélicoptère, et ne pouvait pas avoir été construit par une industrie humaine connue. Les passagers quant à eux semblaient parfaitement normaux.

Il faut noter que trois ans plus tard les témoins croient toujours avoir eu affaire à un véhicule de l'armée venant effectuer des mesures liées d'une manière ou d'une autre aux évènements qu'ils avaient vécus l'hiver précédent.

Une dernière anecdote mérite d'être relatée. Elle se situe un an jour pour jour après les premiers évènements que nous avons décrits, c'est-à-dire fin octobre 1990.

Madame Regain est en train de fermer la porte de l'atelier, son mari et un couple d'amis l'attendent dans leur voiture arrêtée devant le porche. Au moment où elle se prépare à les rejoindre, elle voit apparaître à une quinzaine de mètres de distance une boule lumineuse verte, de la taille d'une balle de tennis, qui semble flotter un instant puis accélère en direction de sa poitrine. La victime a le temps de pousser un cri, et voit le projectile dévier à moins de deux mètres d'elle et disparaître dans le sol. Affolée, elle court vers la voiture. Ses amis et son mari ne comprennent rien à son agitation, ils n'ont rien vu, rien entendu, pas même son exclamation de frayeur. A ce jour, aucun des protagonistes n'imagine la moindre explication satisfaisante.

Conséquences

Elles sont un peu contradictoires. La plus évidente est une inquiétude générale liée à un ensemble de faits incompréhensibles, dont la matérialité n'est pourtant pas mise en doute par les témoins. La partie la plus angoissante découle de l'amnésie dont ils sont maintenant bien certains et qui occulte une partie de leur mémoire. Ils n'ont aucune appréciation de sa durée, qu'ils peuvent seulement évaluer grâce aux coups de téléphone dont l'heure est connue avec précision. Ils ont toutefois une conscience nette d'un « trou » inexplicable dans leurs souvenirs. Ils se revoient clairement confrontés au phénomène lumineux, effrayés par sa proximité et courant vers la voiture, puis, sans transition, ils sont à l'intérieur de leur véhicule qui roule sur leur chemin privé à plus de cent mètres de son point de stationnement. Entre les deux, rien ! Pas la moindre image, mais cette certitude partagée, qui leur semble à tous trois complètement irrationnelle : ils ne doivent pas se retourner, il serait dangereux de regarder derrière eux. Le conducteur se conforme *à la lettre* à cette interdiction, peut-être parce qu'il ne peut pas faire autrement, mais il réussit tout de même à la transgresser en s'arrangeant pour aller par des chemins détournés regarder quand même dans la direction interdite.

D'une certaine manière, il est évident que les trois victimes souffrent d'un véritable syndrome, qui commence à être décrit par quelques spécialistes américains sous le nom de « Post Abduction Syndrom », en abrégé P.A.S., bien qu'à ce point de l'enquête la réalité d'un enlèvement ne puisse pas être établie. Il est possible, à la rigueur, que les témoins aient été plongés dans une sorte de transe hypnotique, induite par l'étrangeté de l'expérience qu'ils vivaient, ou provoquée par un procédé inconnu, sans quitter leur parking et sans avoir subi le moindre enlèvement. Cette hypothèse rassurante est malheureusement très improbable. Elle n'explique pas comment les témoins auraient pu monter dans leur voiture, la faire démarrer, quitter leur point de stationnement et parcourir plus de 100 mètres, avant d'avoir repris connaissance. Par ailleurs, et bien que les détails observés immédiatement avant un épisode amnésique soient a-priori suspects, il semble que l'attention des victimes a été délibérément attirée par les trois grosses lumières apparues au sommet de l'arbre. La suite des observations suggère qu'un véhicule matériel s'est approché d'eux lentement en contournant l'arbre qui s'élève en bordure du parking. Christine et sa mère paraissent avoir conservé une complète autonomie et des souvenirs exacts après l'épisode du coup de téléphone, qui est confirmé par un témoignage extérieur. L'appel de la jeune fille : « maman, n'oublie pas ton sac à main », est trop spontané pour être imaginaire. Nous retiendrons donc, jusqu'à preuve du contraire, sa description précise des trois colonnes de lumière. Le père, plus proche du phénomène, paraît avoir été contrôlé le premier. Il remarque un ralentissement des tourbillons d'étincelles, qui pourrait indiquer un début d'altération de ses perceptions sensorielles. Il est par ailleurs probable que les particules lumineuses, comparées à des braises par les témoins, n'étaient pas autre chose que des graviers soulevés du sol par la même force qui avait tordu les herbes dans le pré voisin; la lumière rouge intense, produite par le phénomène leur donnait l'aspect décrit.

Qu'est-il réellement arrivé à ces trois personnes pendant cette heure perdue, un soir d'octobre 1990 ? D'une certaine manière, quelque part dans leur subconscient, le souvenir existe. Faut-il par une régression hypnotique ou toute autre méthode donner une forme à leur inquiétude ? Risquer de rendre à Christine, qui n'avait que 13 ans, la mémoire d'un « examen médical » peut-être douloureux, effectué sans ménagement par des entités non-humaines, donc effrayantes ? Risquer de provoquer chez cette jeune fille de 17 ans, calme, jolie, sportive, en avance dans ses études, des réactions émotionnelles traumatisantes ? En l'absence d'une indication thérapeutique sérieuse, il est probable que le désir de savoir, la curiosité des enquêteurs, ou toute autre considération, doivent passer au second plan.

Bilan provisoire

Les évènements vécus par cette famille suggèrent un enlèvement, probable, par des entités inconnues, ou au minimum une rencontre extrêmement rapprochée accompagnée d'une amnésie. Les témoignages annexes, les traces matérielles et deux visites ultérieures dessinent les contours d'une interférence concrète, réelle, provoquée par une agence inconnue, utilisant des véhicules dont la technologie est hors de notre portée. Certains de ses membres, des êtres humains ou pouvant passer pour tels, ont utilisé une évidente supériorité technique pour bafouer nos lois et nos coutumes, et violer sans vergogne la vie privée de citoyens français. Les questions posées par ce type d'incursions ne sont pas académiques : certaines concernent la circulation aérienne, d'autres la police et la défense nationale.

L'absence de réaction des victimes est étonnante. Leur ayant demandé au cours de mon enquête s'ils avaient prévenu la gendarmerie de l'incursion de ce qu'ils croient toujours être un hélicoptère de l'armée dans leur jardin, les parents de Christine se sont regardés d'un air gêné et m'ont avoué qu'ils craignaient « de servir de cobayes pour des recherches militaires » s'ils portaient plainte ! Au premier degré c'est tout à fait ridicule. Personne, à ma connaissance, n'a jamais accusé l'armée française de telles exactions. Quand j'étais pilote de chasse à Creil, les récriminations pour passages intempestifs du « mur du son » par des avions de la 10ème Escadre, ou des vols rasants en dehors des zones réservées étaient nombreuses et souvent méritées. Nous n'avons jamais utilisé les plaignants pour la moindre expérimentation ! Il est cependant possible qu'une résurgence de souvenirs refoulés, ou bloqués par une suggestion post-hypnotique, soit à l'origine de cette remarque injustifiable, qui ressemble plus à un lapsus révélateur qu'à une accusation.

Le silence des autorités dans ce cas précis ne peut vraiment pas leur être reproché, les victimes ne s'étant même pas fait connaître !

Trois ans plus tard, les séquelles dont témoignent Monsieur et Madame Regain sont inattendues : tous deux pensent avoir vécu une expérience dont une partie au moins semble être d'ordre spirituel plutôt que religieux au sens habituel de ce mot. Tous deux manifestent dans leur vie courante une certaine sérénité, un intérêt plus grand pour les difficultés d'autrui, une distanciation notable par rapport aux « valeurs » habituelles de notre société, égoïsme et profit personnel à court terme. Ces caractéristiques sont très semblables à celles que décrivent un peu partout dans le monde les victimes, supposées, de ce type d'enlèvements. Elles s'ajoutent, sans les diminuer, aux autres séquelles beaucoup plus traumatisantes, et très semblables à celles que présentent les personnes confrontées brutalement à un détournement d'avion, un massacre ou un accident grave.

Nous ne tenterons pas d'extrapoler en partant de ce premier exemple, moins encore de tirer une conclusion. Nous pouvons toutefois réfléchir sur ce type d'aventure et sur ce que seraient nos réactions personnelles dans l'éventualité d'une expérience semblable. Je pense souvent à l'angoisse diffuse que doit provoquer une amnésie consécutive à la rencontre d'un véhicule inconnu, la nuit, dans un endroit désert, à l'inquiétude des parents se demandant ce qui a bien pu arriver à leur fille de treize ans pendant cette heure perdue de leur vie. Courant aux Etats-Unis mais pratiquement inconnu en France jusqu'à ces dernières années, le phénomène des enlèvements vient de faire son apparition. Dans le n° 314 de sa revue *Lumières dans la Nuit*, Joël Mesnard en recense une trentaine. Malgré la réticence des chercheurs et les réserves compréhensibles que leur inspire la pratique des régressions hypnotiques, il est de plus en plus certain que les enlèvements d'êtres humains par des entités inconnues sont un aspect bien réel du problème que nous étudions.

Le voyage interrompu

Les mésaventures de Betty et Barney Hill sont assez bien connues depuis la parution du livre de John G. Fuller : *The interrupted journey*, le voyage interrompu, publié à New York par Dell Publishing Company, en 1966. L'intérêt de ce premier ouvrage sur le sujet controversé des enlèvements tient à la qualité de son auteur et au fait que le médecin traitant, responsable de la mise en oeuvre des séances de régression hypnotique, le docteur Benjamin Simon, a bien voulu publier sous son nom et avec l'autorisation de ses patients le détail de ses notes.

Pendant la nuit du 19 septembre 1961, monsieur et madame Hill reviennent en voiture d'une visite qu'ils viennent d'effectuer aux chutes du Niagara. Ils s'arrêtent dans une station service à Colebrook avant d'entreprendre la dernière partie de leur voyage vers Portsmouth (New Hampshire) où ils habitent. Il leur reste 280 kilomètres à parcourir. La route qu'ils vont suivre, l'US 3, traverse une région accidentée mais ne présente aucune difficulté de conduite particulière. En quittant le restaurant où ils viennent de dîner légèrement ils notent l'heure : 22 heures 05. En cours de route ils remarquent un satellite, chose très rare à cette époque, et s'arrêtent quelques instants dans un parking désert pour observer à la jumelle un phénomène lumineux inhabituel dans le ciel. Ils repartent presque aussitôt et arrivent chez eux au petit matin. Ils dorment très mal en dépit de leur fatigue, ont des cauchemars et monsieur Hill souffre de douleurs violentes dans la nuque.

Par ailleurs, leurs souvenirs et leurs réactions ne concordent pas exactement en ce qui concerne la lumière qu'ils ont tous deux observée, et la durée de leur arrêt. Leurs contradictions entraînent même quelques disputes car madame Hill se souvient que son mari a quitté leur voiture pour s'approcher d'une lumière qui semblait provenir d'un véhicule posé au sol alors que celui-ci semble vouloir minimiser ses réactions et l'ensemble de l'incident. Betty remarque de plus l'état lamentable de leurs chaussures, griffées et abimées *sur le dessus*. Les chaussettes et le bas des pantalons de Barney Hill sont remplis de brindilles. Pour une raison qu'elle ne comprend pas, elle prend en horreur les vêtements qu'elle avait portés cette nuit-là et les range en boule au fond d'un placard. Elle ne les utilisera plus jamais. Elle découvre en outre, sur le coffre de leur voiture, une douzaine de cercles particulièrement brillants de la taille de pièces de un dollar et remarque à l'aide d'une boussole de poche qu'ils sont fortement magnétisés. Persuadée qu'ils ont rencontré pendant leur voyage un de ces objets volants non-identifiés dont on parle aux Etats-Unis, craignant aussi d'avoir été exposée à de la radioactivité, elle téléphone à la base aérienne voisine, Pease Air Force Base. Loin d'être tourné en ridicule, son rapport est pris très au sérieux et le lendemain, le major Paul Anderson, de la 100ème escadrille de bombardement, la rappelle pour plus de détails.

Le livre de John Fuller donne page 42 la copie du rapport envoyé par cet officier au Projet Blue-Book à Wright-Patterson :

INFORMATION REPORT N° 100-1-61

La nuit du 19-20 septembre entre 00:01 et 01:00 Mr et Mme Hill circulaient vers le sud sur la route n° 3 près de Lincoln (New Hampshire) quand ils observèrent dans le pare-brise de leur voiture, un objet étrange dans le ciel. Ils le remarquèrent à cause de sa forme et de l'intensité de sa luminosité par comparaison à celle des étoiles dans le ciel. Le temps et le ciel étaient clairs à ce moment.

A. DESCRIPTION DE L'OBJET

1. Bande continue de lumières, forme apparente de cigare pendant toute l'observation, en dépit des changements de direction. (Aucun des Hill ne se souvient s'il a mentionné la forme de disque de l'engin à faible distance.)

2. Dimension : Au début de l'observation elle semble être approximativement celle d'une pièce de 25 cents (même diamètre qu'une pièce de 1 F) tenue à

bout de bras. Plus tard, quand l'objet parut se tenir à quelques centaines de pieds au-dessus de la voiture (une centaine de mètres), sa dimension apparente était celle d'une assiette tenue à bout de bras.
NB : angles apparents de 2° au début de l'observation puis 18° à la verticale. S'il était à 100 mètres d'altitude, le diamètre du disque était de 30 mètres environ.

3. **Couleur** : La seule couleur en évidence était celle de la bande de lumières quand elle était comparable en couleur et en intensité au filament d'une lampe à incandescence. (Voir la réference aux lumières de « bouts d'ailes ».)

4. **Nombre** : Un

5. **Formation** : Aucune

6. **Caractéristiques ou détails** : Voir 1. ci-dessus. Pendant la période de l'observation des ailes semblent être sorties du corps principal, décrit comme en forme de V avec des lumières rouges aux extrémités. Plus tard les ailes ont semblé prendre une plus grande extension.

7. **Dérive, trainée de condensation ou échappement** : Rien n'a été observé

8. **Son** : Aucun, sauf celui décrit au paragraphe D.

....

D. POSITION ET DETAILS

(Dans cette partie du rapport Betty et Barney Hill mentionnent avoir entendu un bruit inexplicable alors qu'ils s'éloignaient du lieu de leur observation. Ils décrivent un son comme celui que produirait un diapason si on le laissait tomber.)

CONCLUSION

Au cours d'une conversation ultérieure, monsieur Hill observa qu'il n'avait pas eu initialement l'intention de faire un rapport concernant cet incident, mais que, dans la mesure où son épouse avait en fait vu ce qui était arrivé, il avait décidé d'en parler. Il a l'impression en se remémorant les faits, qu'ils sont incroyables, et il se sent un peu ridicule. En fait, il ne peut tout simplement pas croire qu'une telle chose puisse arriver, moins encore lui être effectivement arrivée à lui. Il dit, par ailleurs, qu'ils ont tous les deux bien vu ce qu'ils ont décrit, et ce fait donne un certain crédit à l'ensemble de l'observation.

Betty Hill supportant mal les réticences de son mari cherche à comprendre ce qui a bien pu se passer au cours de leur voyage. Sa curiosité est éveillée. Elle cherche, et trouve dans un ouvrage du major Donald Keyhoe, The Flying Saucer Conspiracy, un début de réponse. Elle décide d'écrire à l'auteur, qui est alors membre d'une prestigieuse organisation civile d'étude des phénomènes aériens inhabituels, NICAP : National Investigations Committee on Aerial Phenomenon. Voici en traduction quelques extraits de sa lettre.

Portsmouth, N. H.
26 septembre 1961

Cher major Keyhoe :

Nous aimerions savoir si vous avez écrit d'autres livres sur les objets volants non-identifiés depuis la publication de The Flying Saucer Conspiracy...

Mon époux et moi-même sommes immensément intéressés par ce sujet, depuis que nous avons vécu, récemment, une expérience tout à fait effrayante, qui semble vraiment différente de toutes celles dont nous avons connaissance. Juste après minuit, le 20 septembre, nous étions en train de traverser la zone de forêt nationale de White Mountains, dans le New Hampshire. C'est un endroit désolé et inhabité. Tout d'abord, nous avons remarqué un objet brillant qui semblait se déplacer rapidement dans le ciel. Nous nous sommes arrêtés pour l'observer plus attentivement avec nos jumelles. Soudain, il inversa son vol du nord vers le sud-ouest et ses déplacements devinrent erratiques. Après avoir repris notre route et nous être arrêtés une seconde fois, nous avons observé la particularité suivante : l'objet tournait sur lui-même et paraissait être éclairé sur un seul côté ce qui donnait une impression de clignotement.

... En vol stationnaire devant nous, il semblait avoir la forme d'une galette, bordée de fenêtres sur l'avant, à travers lesquelles nous pouvions voir des lumières intenses, blanc-bleue. Soudain, deux lumières rouges apparurent de chaque côté. A ce moment, mon mari était debout sur la route, et observait avec attention. Il vit comme des ailes faire saillie de chaque côté et les lumières rouges étaient à l'extrémité des ailes.

Quand l'objet se rapprocha de nous en vol plané, mon mari réussit à voir l'intérieur, mais difficilement. Il distingua plusieurs silhouettes qui se déplaçaient comme si elles se dépéchaient pour préparer quelque chose. Une personne nous observait depuis l'une des fenêtres. A cette distance, les personnages paraissaient être de la taille d'un crayon (tenu à bout de bras), et semblaient porter une sorte d'uniforme noir brillant.

A ce moment, mon époux fut choqué et se précipita dans la voiture, complètement hystérique (sic), riant et répétant qu'ils allaient nous capturer. Il mit la voiture en route — le moteur tournait toujours. Au moment où nous avons commencé à rouler, nous avons entendu plusieurs bourdonnements, ou sons aigus, qui paraissèrent frapper le coffre de notre voiture.

Nous n'avons pas observé l'éloignement de l'objet, mais nous ne l'avons pas revu, bien que nous ayons été de nouveau bombardés par le même bruit strident, quelque cinquante kilomètres plus loin.

Le lendemain nous avons fait un rapport à un officier de l'armée de l'air qui a semblé intéressé par les ailes et les lumières rouges. Nous n'avons pas parlé de l'observation par mon mari de l'intérieur de l'engin car cela nous a paru trop fantastique pour être vrai.

Au point où nous en sommes, nous cherchons n'importe quel indice qui pourrait aider mon mari à se souvenir de ce qui a bien pu provoquer chez lui une telle panique. Il ne se souvient de rien de ce qui a pu se produire à ce moment. Chaque essai pour se souvenir produit chez lui une panique complète. L'objet volant semblait au moins aussi grand qu'un quadrimoteur, son vol était silencieux et son éclairage intérieur ne se reflétait pas sur le sol. Il ne semble pas que les bruits stridents aient provoqué le moindre dégât à notre voiture.

....

Sincèrement vôtre
Mrs Barney Hill

Dix jours environ après son voyage mouvementé, madame Hill commence à vivre une période éprouvante de cauchemars et de phobies soudaines. En rêve elle se voit en train de subir des examens médicaux de la part d'entités effrayantes tandis que son mari est entraîné dans une autre partie du « vaisseau » où elle pense avoir été enlevée. Elle note par écrit le détail de ces expériences, mais ne les montre pas à son conjoint par crainte du ridicule. Celui-ci a des raisons personnelles d'être inquiet. A chaque fois qu'il se souvient de sa confrontation avec l'engin bizarre que son épouse et lui-même ont aperçu dans White Mountain, il est submergé par une vague de panique inexplicable. Il retourne plusieurs fois sur les lieux de l'observation et prend progressivement conscience d'une sorte d'amnésie qui bloque une partie de ses souvenirs. Malgré tous ses efforts, il se trouve comme devant un mur impénétrable et ne parvient pas à comprendre l'origine de sa peur.

C'est finalement en décembre 1963 qu'ils consulteront en désespoir de cause le Docteur Benjamin Simon, neurologue et psychiatre, spécialiste depuis la seconde guerre mondiale de l'utilisation thérapeutique de l'hypnose.Ils ont des raisons supplémentaires d'être inquiets : une psychothérapie entreprise par Barney n'a eu aucun résultat, par contre, un jeune docteur qui connaissait bien l'itinéraire qu'ils avaient suivi, venait de découvrir dans leur emploi du temps un « trou » inexpliqué d'au moins deux heures.

La suite appartient à l'histoire de l'ufologie. Après des régressions hypnotiques séparées, au cours desquelles les patients n'avaient aucun moyen de connaître quels souvenirs le conjoint avait retrouvé, les faits suivants sont plus ou moins acceptés par tous les chercheurs :

1° - L'observation initiale a bien eu lieu. Si elle n'avait été qu'une invention, ce fait n'aurait pas échappé à un hypnotiseur aussi expérimenté que le Docteur Simon. Par exemple, les réactions émotionnelles fortes, revécues par monsieur Hill pendant les régressions, sont impossibles à simuler de façon convaincante.

2° - L'essentiel des souvenirs retrouvés par Betty Hill existe déjà dans ses cauchemars survenus peu de temps après le voyage mouvementé. Ils ne peuvent donc pas, comme certains avaient pu le croire, avoir été provoqués par des lectures ou une étude du sujet pendant les années écoulées entre l'expérience elle-même et la guérison de son amnésie.

3° - Les éléments constituant la rencontre rapprochée, l'observation des personnages à l'intérieur d'un engin inconnu, et les signaux sonores entendus, constituent déjà par eux-mêmes un ensemble incompatible avec la thèse d'une rencontre banale avec un engin terrestre.

4° - La partie de l'expérience spécifiquement couverte par une amnésie, qui semble bien avoir été induite ou provoquée délibérément, est tout à fait compatible avec les événements qui la précèdent. L'idée que les entités responsables d'un examen médical poussé sur des victimes non-consentantes aient souhaité cacher de cette façon leur exaction n'a rien d'absurde. Cette procédure aurait évité aux époux Hill un traumatisme psychologique,... si elle avait été totalement efficace.

5° - Ce qui passe pour un examen médical comporte des éléments qui se retrouvent encore de nos jours dans les récits modernes d'enlèvements. Madame Hill semble avoir subi une cœlioscopie, comportant l'introduction d'une sonde rigide dans la région du nombril. Devenu banal avec le développement de la technologie des fibres optiques, cet examen était inconnu en 1961. Ce point à lui seul vaut d'être examiné avec attention.

6° - Pour le reste, des détails *semblent indiquer* de la part des « visiteurs » une connaissance imparfaite de nos caractéristiques anatomiques. Dans un épisode amusant, le dentier de Barney Hill est retiré et l'on demande à son épouse comment il se fait que ses dents soient fixes. Il est toutefois bien possible que cette ignorance soit simulée et que les responsables des enlèvements soient en réalité très au fait de nos moindres particularités.

Nous ne nous étendrons pas plus longtemps sur ce premier cas bien connu, qui constitue encore aujourd'hui une sorte de prototype de la plupart des enlèvements. S'il n'apporte pas la preuve absolue de leur réalité, il suggère fortement qu'une succession d'actions concrètes, exécutées par des entités n'appartenant pas à l'espèce humaine et disposant d'une technologie avancée, a provoqué chez les victimes des troubles psychiques graves. En dépit d'une amnésie provoquée, destinée en apparence à protéger les victimes de souvenirs traumatisants, un résidu de panique insupportable a subsisté et a provoqué finalement, grâce à une technique bien humaine, la récupération d'une partie au moins des souvenirs disparus.

CHAPITRE 5

LES ENLÈVEMENTS

Avant même d'étudier sérieusement les implications de l'hypothèse extraterrestre, nous nous heurtons à un obstacle imprévu : des enlèvements, semblent organisés par une ou plusieurs agences inconnues. Il s'agit d'une difficulté supplémentaire dans la mesure où ce genre d'évènement n'était ni mentionné, ni sérieusement envisagé avant 1960. A cette époque, les seuls éléments indiscutables étaient :

- Une *supériorité technologique considérable* de nos visiteurs, attestée par les performances des engins décrits par les témoins, vol silencieux, mode de sustentation et de propulsion inconnu, accélérations extrêmes, et disparitions sur place.
- Un *intérêt soutenu pour nos réalisations de pointe*, évident si l'on considère la fréquence des apparitions d'engins volants inconnus au-dessus des bases de recherche, des bases militaires stratégiques et l'examen probable, au début des années soixante, de la plupart des satellites mis en orbite par les Etats-Unis.
- Une *grande discrétion*, qui pouvait indiquer de la part des intrus unc crainte de perturber nos sociétés humaines par la révélation intempestive de leur présence, et par leurs moyens d'action très supérieurs aux nôtres.

Ces trois points s'appliquaient pratiquement à toutes les observations antérieures à 1960. Que les faits nous obligent ou non à envisager une présence très ancienne, la thèse d'interactions qui se seraient limitées à une observation de nos sociétés, au moins au cours des deux derniers millénaires, était plausible. Rien n'interdisait d'imaginer dans un passé indéterminé une action civilisatrice, ou des contacts plus fréquents aux époques bibliques. Une partie de la littérature véditique et diverses mythologies pouvaient relater des conflits armés entre les « dieux » ou les « anges », comme ceux dont nous trouvons la relation dans le livre d'Hénoch. Il est possible qu'à des époques plus reculées encore, des interventions génétiques aient pu favoriser l'apparition de notre espèce sous sa forme actuelle.

De nombreuses traditions légendaires semblent en effet conforter la thèse d'une présence moins discrète au début de l'évolution humaine. L'imprécision de nos connaissances au moment crucial de la disparition des espèces pré-hominiennes, et du remplacement brutal de l'homme de Néandertal par celui de Cro-Magnon permettent, pour l'instant, d'imaginer que des scénarios de science-fiction pourraient avoir quelques chances d'être vrais.

Dès 1966, la publication du livre retraçant l'enlèvement supposé des époux Hill, introduit une dimension nouvelle et inquiétante dans le sujet que nous étudions. Loin de disparaître avec le temps, le problème des enlèvements, dont nous venons seulement de livrer deux exemples, devait prendre une importance grandissante... aux Etats-Unis. Des évènements récents semblent indiquer en France l'apparition d'un phénomène semblable, autant que l'on puisse en juger en étudiant les témoignages, pour l'instant peu nombreux. Ces manifestations ne remettent évidemment pas en cause l'hypothèse extraterrestre, bien au contraire; elles nous éloignent toutefois du schéma simple que nous aurions pu envisager. Elles retardent peut-être l'échéance prévisible d'un contact officiel dans la mesure où elles représentent, pour ceux qui les mettent en oeuvre, une forme idéale d'action sur les êtres humains : incompréhensible, efficace et discrète. Pourquoi modifier une technique aussi satisfaisante ?

La situation présente nous oblige à entreprendre un examen aussi général que possible du problème posé par les enlèvements, afin d'essayer de comprendre la nature exacte du phénomène auquel nous sommes confrontés.

Bibliographie

En dehors des ouvrages concernant plus précisément les ovnis, et du livre de John Fuller, The Interrupted Journey que nous avons utilisé au chapitre précédent, nous citerons, sans que la liste soit exhaustive, les livres suivants :

- De Budd Hopkins *Missing Time*, Ballantine Edition, New York, avril 1988

- De Raymond Fowler, *The Andreason Affair*, Englewood Cliffs

N.J. : Prentice Hall Inc. 1979 et Bantam Books New York 1980, *The Andreason Affair-Phase Two*, Englewood Cliffs N.J. : Prentice-Hall Inc., 1982, et *The Watchers*, Bantam Books New York, juillet 1990.

- De Ann Druffel et Scott Rogo, *The Tunjunga Canyon Contacts*, Signet New Age, New York, mai 1989.

- De David M. Jacobs, Ph D, *Secret Life*, Simon and Schuster, New York, 1992

Ces ouvrages ne sont qu'une modeste partie de la littérature consacrée aux contacts rapprochés et aux enlèvements, mais ils représentent un ensemble convergent de faits. Il faudrait y ajouter de nombreux articles parus dans des publications comme *Lumières dans la Nuit* ou *Flying Saucer Review*.

Cet aperçu nous permet de noter le faible volume de la littérature consacrée aux enlèvements. La raison en est très simple. Bon nombre d'ufologues « sérieux », qui osaient admettre que les lumières inexpliquées dans le ciel n'étaient peut-être pas toutes des phénomènes météorologiques inconnus ou des rentrées atmosphériques de satellites russes, ne se risquaient tout de même pas à accepter les témoignages des « contactés ». De toute évidence, les témoins qui prétendaient avoir vu des créatures près des soucoupes volantes ou pire encore pensaient être entrés dans l'un de ces engins, ne pouvaient être que de dangereux mythomanes. Au nom d'une respectabilité que l'ufologie était loin d'avoir acquise, au nom d'une vague crainte qu'inspiraient les scientifiques et de préjugés inavouables, les « spécialistes » avaient décidé d'occulter cet aspect du problème.

A cette époque, l'ufologie aurait pu se définir comme l'étude d'objets volants « non-identifiés », *et qui devaient à tout prix le rester*. Cette attitude ambivalente est encore assez répandue. Bien que leur sincérité ne puisse pas être mise en doute, quelques chercheurs, qui consacrent une grande partie de leur temps à la recherche ufologique, semblent faire en sorte de ne rien trouver. Ils s'attachent aux cas les plus douteux, perdent beaucoup de temps à effectuer des enquêtes inutiles et succombent avec une grande régularité aux angoisses métaphysiques du genre : « Mais alors, s'ils existent vraiment, tout est possible, ils peuvent faire ce qu'ils veulent, prendre sans demander, disparaître dans une autre dimension, ou dans le temps... » ou bien, « Comment se fait-il que Schprountz, du CNRS, ne soit pas finalement convaincu par mon article sur les cercles dans la toundra au Kamchatka ? ».

Toutes ces questions sont intéressantes, mais pour l'instant hors de notre portée. Schprountz a probablement d'autres chiens à fouetter, une carrière à protéger et des enfants à nourrir !

« Missing time »de Budd Hopkins

Budd Hopkins se définit lui-même comme un artiste rationnel, aimant la tranquillité. C'est à la suite de l'observation personnelle d'un objet volant exotique, pas très loin de son domicile à Truro, Massachussett, qu'il commença à étudier le sujet des enlèvements. L'un des témoins qu'il avait rencontré était une dame timide, acceptant d'effectuer une régression hypnotique seulement avec une représentante du beau sexe. C'est ainsi qu'il fit la connaissance du Docteur Aphrodite Clamar, psychologue d'origine grecque, qui devait jouer un rôle important dans la collecte des informations formant l'essentiel des données expérimentales de son livre. Nous ne retracerons pas par le détail les souvenirs, retrouvés sous hypnose, de Stephen Kilburn, 30 ans, de Howard Rich, ami personnel de l'auteur, de Dennis Mc Mahon, 17 ans en 1969, de Virginia Horton, de Phillip Osborne, et de plusieurs autres victimes. Nous essaierons plutôt de glaner ici et là des images, des réflexions et des observations qui donneront une vue d'ensemble de la manière dont se déroulent, pour les participants eux mêmes, ce qu'ils considèrent comme des rapts.

Les prémices de l'enlèvement, surtout si c'est le premier, peuvent être très variés. Pour une enfant de six ans, ce peut être un animal très beau, un cerf par exemple, qui la regarde depuis une clairière où elle s'est égarée, ou un petit compagnon de jeu qui lui parle, ou une petite dame très gentille, pas très différente des apparitions de Fatima ou de La Salette. Pour un adulte, seul à son domicile, le premier indice, et le dernier souvenir conscient, sont souvent une lumière intense, apparaissant dans la pièce même où se trouve la victime ou juste à l'extérieur des fenêtres. S'il roule en voiture, il se peut qu'il voie dans le ciel une lumière ponctuelle, très belle et variable, ou qu'il ait l'impression d'être suivi par un engin aérien volant à très basse altitude. Ces éléments précèdent souvent le début de tribulations, dont le souvenir sera finalement masqué par une amnésie.

Tout ce qui suit ces premiers signes sera effacé du conscient de la victime, peu de temps avant la fin de ses épreuves, **par un moyen qui reste inconnu**. Une partie des souvenirs pourra réapparaître sous forme de cauchemars, d'autres seront restitués, au moins en partie, par des séances de régression hypnotique. Il existe la possibilité, impossible à évaluer, qu'une fraction de ces évènements retrouvés soit fictive, et constitue une « mémoire-écran » destinée à masquer les faits réels.

L'enlèvement proprement dit commence parfois dans une « navette » de petites dimensions, où le témoin est soigneusement encadré par ses ravisseurs. Parfois, le « véhicule » où les examens seront effectués est posé au sol et n'est aperçu que comme une masse sombre. Dans ce cas, comme dans celui de Betty et Barney Hill, le déplacement se fait à pied, guidé ou traîné par des entités de petite stature, mais dont la force semble respectable. Parfois, des éléments « impossibles » accompagnent cette phase. Il arrive que la victime soit littéralement enlevée dans les airs par ses ravisseurs et que tous passent au travers des vitres, persiennes ou stores vénitiens parfois même, elle voit son corps qui reste allongé dans la pièce qu'elle quitte alors qu'elle est parfaitement consciente de s'élever et sent les doigts de ses geôliers qui lui serrent les bras. Ce type de dédoublement, plusieurs fois décrit, semble incompatible avec une matérialité des faits. Il faut toutefois noter que les victimes sont, d'une manière ou d'une autre, sous le contrôle des entités responsables du rapt. Leur volonté est absente, ou incapable d'agir. Il est tout à fait possible que cet état de conscience inhabituel comporte aussi par moment des anomalies de perception.

L'un des aspects les plus troublants du scénario que nous étudions est sa constance. Les entités responsables semblent utiliser un *modus operandi* rigide, laissant très peu de place à l'improvisation. Non seulement la séquence générale des étapes suivies, mais aussi des détails précis, s'enchaînent le plus souvent de façon immuable, si bien que la thèse d'une fable qui serait élaborée de toute pièce par le subconscient de chaque victime est difficile à défendre :

- Après un premier contact visuel, dont la personne enlevée gardera le souvenir, souvent corroboré par des témoins indépendants, un contrôle complet est établi. Il assure une absence de réactions allant parfois jusqu'à une paralysie temporaire.

- Le transport vers un lieu d'examen est ensuite effectué. Les moyens utilisés varient surtout en fonction de la distance à parcourir pour le rejoindre. Ils peuvent aller de la marche à pied à la navette spatiale, de la lévitation à la montée dans une sorte d'ascenseur très moderne, réduit à un cercle rigide lumineux de deux ou trois mètres de diamètre, qui remplit les mêmes fonctions. Curieusement, des moyens vraiment exotiques ou oniriques ne sont jamais décrits : pas de diables, de flammes, d'oiseaux de lune ou de monstres volants, pas le moindre Pégase dans les souvenirs !

- Dans la salle où se déroulent les « examens médicaux », l'atmosphère est calme, les lumières douces et les couleurs atténuées, neutres, gris perle ou bleuté. Le plafond et les murs sont arrondis. Au lieu de l'angoisse qui devrait être la réaction normale de toute victime d'un tel rapt, beaucoup de témoins se sentent rassurés, parfois légèrement euphoriques. Cet état mental suggère l'utilisation d'une forme de tranquillisant, administré par des moyens inconnus.

- Les « patients » se déshabillent souvent dans une petite salle annexe et sont toujours examinés nus, sur une sorte de « table d'opération » inconfortable, froide et parfois trop petite. Les « équipes » effectuant « l'examen » sont généralement composées, aux Etats-Unis, de trois entités de petite taille, aux grands yeux noirs sans pupilles apparentes, qui mettent en oeuvre des instruments inconnus et semblent les utiliser pour effectuer des mesures et des prélèvements anatomiques : sang, sperme ou ovules, échantillons de peau, frottis vaginaux et salive. Un quatrième personnage, de taille supérieure, peut-être 1 mètre 60, souvent décrit comme un docteur dont les trois autres seraient les aides, observe avec attention les yeux des victimes, parfois avec un recul infime, les fronts se touchant presque. Il donne aux patients l'impression de capter dans le détail toutes leurs émotions.

- Dans un nombre limité de cas, concernant presque toujours des adolescents ou de très jeunes adultes des deux sexes, une stimulation sexuelle artificiellement provoquée entraîne une gêne considérable chez les victimes, qui semblent très conscientes d'être utilisées comme des cobayes et ne retirent aucun plaisir de leur état. Contrairement à ce qui se passe dans un rêve, l'illusion de vivre une aventure érotique n'est jamais présente. Bien au contraire, l'impression d'être dépersonnalisés et même violés accompagne toujours cette épisode.

- Les minutes qui suivent « l'examen » sont tout à fait surprenantes, presque comiques, et suffiraient à faire douter le plus endurci des sceptiques. Les « infirmiers » sont pressés car d'autres « patients » attendent leur tour, assis sur des sortes de « banquettes ». Ceux dont les épreuves sont terminées sont poussés vers la sortie sans grand ménagement. Certains finissent même de se rhabiller dans l'espèce de véhicule qui les ramène à terre.

Sans être un spécialiste du comportement, et en faisant simplement appel à mon expérience d'adulte, je trouve les récits des victimes d'enlèvements, ajoutons *supposés* par souci de rigueur, tout à fait surprenants. N'oublions pas qu'ils sont obtenus pour l'essentiel sous hypnose, c'est-à-dire que la volonté de mentir sciemment est absente dans tous les cas, dès qu'une transe profonde est atteinte. Dans cet état, il est bien entendu que le conscient cesse d'exercer son contrôle et que la confusion la plus complète peut exister entre souvenirs concrets, souvenirs de lectures ou de rêves, images sensorielles mélangées, croyances, craintes ou phobies. Mais précisément, si les réminiscences obtenues sous hypnose ne concernaient que des faits imaginaires, elles devraient présenter la même variété que nos rêves, le même bouleversement ou la même absence de chronologie précise, et surtout refléter la diversité des personnalités des témoins. Or, il n'en est rien. Même les éléments qui paraissent les plus invraisemblables parce qu'ils décrivent des actions dont nous ne sommes pas capables d'imaginer le mécanisme, reviennent dans les témoignages avec une régularité troublante.

Cet aspect des enlèvements a tout de même fini par attirer l'attention de spécialistes, médecins ou psychologues. Trois livres au moins, d'intérêt inégal, montrent déjà que ces ensembles de faits présentent des caractéristiques telles que des études scientifiques orthodoxes peuvent être entreprises. Nous y reviendrons dans un prochain chapitre.

La saga des Andreason, par John Fuller

Ce titre synthétique recouvre en fait les trois livres dont nous avons donné la bibliographie au début de ce chapitre. Nous étudierons plus précisément le dernier paru, intitulé « The watchers », c'est-à-dire « Les surveillants » ou « Ceux qui veillent ».

Ce fort volume retrace et en quelque sorte conclut, l'histoire d'enlèvements à répétition vécus par madame Betty Andreason et par son second mari, Bob Luca. L'héroïne ne se contente pas de restituer sous hypnose le récit de ses aventures, elle en dessine des épisodes entiers, avec un talent tout particulier pour l'illustration qui nous montre des humanoïdes se livrant à différentes activités, des objets volants en forme de disques, des machines inconnues, et surtout, des incubateurs contenant des bébés hybrides fabriqués à partir de foetus humains ! Elle retrouvera pendant une visite dans une curieuse « nurserie » d'adorables bambins à peine plus hauts que le Petit Poucet, modèles en réduction de ses geôliers. L'un d'entre eux, peut-être son enfant, viendra se blottir quelques instants dans ses bras.

Afin de mieux faire percevoir l'intensité de ses souvenirs, nous laisserons parler la jeune femme, en traduisant directement ses propres mots, ses propres émotions, tels qu'ils apparaissent dans les transcriptions de ses régressions hypnotiques :

Question : Ces êtres vous paraissent familiers ?

Betty : « Oui. Ils ressemblent à ceux qui venaient dans ma maison à Ashburnham, mais ils sont plus petits, et ils n'ont pas un costume bleu, le leur est argenté... L'un d'eux me dit qu'il verrouille dans mon esprit certains secrets... Ils seront révélés quand le moment sera venu... Il met ses mains sur mes épaules et il me dit : « Va mon enfant, repose-toi. »

Question : Et maintenant, que voyez vous ?

Betty : « Je vois un visage de femme... et elle me regarde pour demander mon aide. Oh ! Elle est sur la table et on la tient. Chuuut, ça va aller, ça va bien, chuutt. C'est une femme, elle est allongée sur la table et j'essaie de la rassurer. Oh ! Il y a des êtres qui travaillent près de ses pieds et elle a si peur. Je mets mon front près du sien, pour essayer de l'aider à être calme. Je masse ses tempes et elle commence à se détendre, et je regarde vers le bas. Oh ! Oh non ! Oh c'est affreux ce qu'ils lui font ! Je me sens si mal pour cette pauvre femme. « Chut, ça va aller mieux ! ». L'un des êtres s'approche et, ah ! Il met sa main sur son front, et ça ne lui plaît pas du tout... Oh non ! Ils ont retiré un petit foetus, et ils mettent quelque chose sur la bouche du bébé ! Il est tellement petit ! (La voix de Betty se charge d'anxiété, elle respire bruyamment.) L'un des êtres me dit que ça doit être fait de cette manière, ils ne peuvent pas permettre au bébé de respirer de l'air. Oh, oooooh, nooon ! Ne faites pas ça ! Ils ont mis de longues aiguilles dans les fontanelles et dans les oreilles et ils ont mis quelque chose sur son nez et sa bouche, et... Oh ! (Betty éclate en sanglots) Ils sont en train de couper les paupières du bébé ».

Question : Dites moi ce qui arrive quelques minutes plus tard. En d'autres termes, quel est l'évènement suivant ?

Betty : « Ils sont devant un casier en verre et il y a un autre bébé, un foetus. Et il est tout petit, il flotte dans le liquide. Mais ses yeux, il ont circoncis ses paupières, ils ont coupé les paupières de ces bébés... Dans cette pièce il y a comme des, euh, vitrines et aussi différentes sortes de plantes, et des choses... Il y a des cloisons, avec des petits symboles ou quelque chose comme ça... Il fait très froid ici ! Et, oh, ils me disent qu'ils sont obligés de faire ça, et je leur dis : « Pourquoi êtes vous obligés de faire une chose aussi horrible ? » L'un des êtres me dit : »Nous sommes obligés parce que, avec le temps qui passe, l'humanité va devenir stérile. Ils ne pourront plus se reproduire. »

Les souvenirs de la pauvre femme, qui a vécu elle aussi la perte d'un foetus viable quelques années auparavant, enlevé chirurgicalement pas des êtres semblables à ceux qu'elle observe, sont parfois presque insupportables. Page 27 du livre « The Watchers », un dessin représente un humanoïde aux grands yeux, manipulant de ses mains à trois doigts un cylindre transparent où flotte un de ces malheureux « bébés ». La légende est d'une simplicité glaciale :

> « Le foetus était très petit. Je pense qu'ils avaient aussi opéré les parties génitales. Le foetus n'était plus ni un garçon ni une fille ! »

Contrairement à d'autres récits obtenus sous hypnose, celui de Betty semble indiquer de la part des entités un désir d'expliquer, presque de se justifier. Bien que n'étant pas une constante dans le scénario des enlèvements, la plupart des victimes ayant l'impression d'être traitées comme des animaux, ce type d'attitude de la part des geôliers, n'est pas unique. Elle a été détectée en France à une date récente et sera évoquée plus loin. Les détails, s'ils reflètent la réalité, sont passionnants :

Betty : « Et ils me disent qu'ils font ça parce que la race humaine va devenir stérile à cause de la pollution, des bactéries, et de choses terribles qui existent sur la Terre. Ils me disent qu'ils sont obligés d'extrapoler (?) et de mettre de leur protoplasme dans le noyau des cellules du foetus et les paragénétiques... Je ne les comprends pas. Quelque chose comme le « paragénétique » utilisera le tissu et les liquides nutritifs pour -je ne comprends pas- transformer la créature ou quelque chose comme ça. Ils parlent aussi de l'homme... Et ils prennent la semence pour que la *forme* humaine ne soit pas perdue. »

Question : Est-ce que les *créatures* ont du sang ?

Betty : « Non. Ils disent qu'ils utilisent le sang, les tissus, les liquides nutritifs qui sont là, et la forme et le foetus pour faire grandir une nouvelle créature. (Betty pousse un long soupir). Et certaines femelles (non humaines) sont complètement incapables de supporter le protoplasme. Alors, ils les utilisent pour porter d'autres foetus, mais elles sont très faibles et ne peuvent pas être inséminées artificiellement comme des êtres humains. »

Question : Qu'est ce qui arrive au foetus ? Ils les gardent là ?

Betty : « Les foetus *deviennent eux* - comme eux. Ils disent qu'ils sont les *Observateurs* (ou les Surveillants, en anglais « Watchers »)... et ils conservent la semence de l'homme et de la femme pour que la forme humaine ne soit pas perdue. »

Je dois avouer qu'en lisant pour la première fois cette transcription j'ai senti vaciller mon univers rassurant. S'il existe la moindre chance pour que les entités grises, responsables si les événements décrits sont réels, des enlèvements et de leurs conséquences vécues par les victimes, soient en partie des chimères humaines, l'hypothèse extraterrestre se complique singulièrement. D'une certaine manière cette « explication » n'est pas totalement absurde. Elle est en tout cas compatible avec notre variante de la thèse de Von Neuman.

Nous avions envisagé que les visiteurs des planètes nouvellement découvertes pouvaient être des sortes de robots, mais nous n'avions pas exclu que ces « machines » puissent avoir comme nous un support biologique. Comme tous les êtres vivants, nous possédons bien le critère d'auto-reproductibilité, prévu par Von Neuman. Un observateur impartial pourrait même remarquer avec quel enthousiasme les êtres humains pratiquent cette opération d'autoreproduction. Si les extraterrestres gris ont des difficultés dans ce domaine, nous pourrions bien connaître, dans le futur, des difficultés identiques. Les prélèvements de matériel génétique humain pourraient avoir un double but :

- permettre aux Observateurs ou Surveillants de l'humanité de parer à leur problème immédiat de reproduction,
- mettre à l'abri, afin de les préserver, des échantillons de génome humain, menacé de disparition par une possible, ou probable, stéri-

Il n'existe dans toutes ces informations, obtenues un peu par hasard au cours de régressions hypnotiques, aucune incompatibilité avec l'ensemble des faits observés depuis la fin de la seconde guerre mondiale. La date des incidents décrits est 1973. A cette époque, si nos suppositions sont exactes, les « extraterrestres » essayaient désespérément de faire diminuer les risques d'un conflit mondial généralisé qui aurait menacé la totalité de la vie sur Terre. Pendant les années soixante-dix, ils étaient loin d'avoir réussi puisque le démantèlement des deux blocs ne devait se réaliser qu'au début des années quatre-vingt-dix. Il aurait été illogique de ne pas prendre des précautions complémentaires, destinées à préserver l'essentiel. Si le désarmement avait échoué, de nombreux échantillons de semence humaine auraient été ainsi préservés, assez loin de la Terre pour qu'un conflit généralisé ne risque pas de les détruire. Loin de paraphraser le mythe de l'arche de Noé et de sombrer dans le domaine des contes de fées ou de la science-fiction, une partie du scénario expliqué à Betty Andreason par son mentor est tout à fait envisageable actuellement, avec une technologie purement humaine. Si une catastrophe localisée à notre planète menaçait la survie de l'humanité, une guerre atomique par exemple, nous aurions les moyens d'envoyer en orbite circumlunaire des embryons congelés, des ovules et du sperme, ainsi que des mères porteuses en petit nombre. La collecte d'échantillons de végétation, souvent rapportée par des témoins, s'intègre très bien dans cette hypothèse. Il semblait à juste titre absurde que nos visiteurs se livrent à une étude de notre flore de manière aussi artisanale. Nous aurions pu faire mieux et de façon plus discrète si nous avions disposé comme eux de moyens de transport silencieux. Si les prélèvements observés sont destinés à constituer une banque d'échantillons *vivants*, pour prévenir une destruction importante du biotope terrestre, la fréquence et l'étendue mondiale des observations s'explique de façon satisfaisante.

En ce qui concerne les motivations réelles ou plausibles de visiteurs occasionnels ou de « surveillants » permanents de notre planète, nous n'entamerons pas pour l'instant leur difficile évaluation. Il est beaucoup plus passionnant, puisque les témoignages de Betty Andreason nous en donnent l'occasion, de voir par les yeux d'une jeune terrienne ce que beaucoup d'entre nous voudraient pouvoir observer directement.Les aventures de Betty ne sont pas toutes dramatiques. Dans l'épisode suivant, elle est témoin de manifestations technologiques sans grand impact affectif.

Nous sommes toujours en 1973 et les *êtres* viennent de désinfecter ou de cicatriser le vagin de la femme à laquelle ils ont retiré un foetus; ils ont utilisé pour ce faire une forte lumière et un liquide qu'ils ont vaporisé *in situ.*

Betty : « Je suis là et j'observe. Ils bougent très vite et précisionnément (sic). Ils commencent à ranger leurs instruments et ils lui font baisser les jambes, et l'*être* avec la boule de lumière s'écarte. Ils la font descendre de la table et ils nous escortent dans une autre salle. Le *bébé* n'est plus là et les plantes non plus. Les murs paraissent différents... Ils lui disent d'enlever sa chemise. Et *(pause assez longue)* elle l'enlève. Oh non! ils veulent que j'enlève ma chemise de nuit aussi et je ne veux pas ! Ils me disent qu'il faut que j'enlève ma chemise de nuit car il y a - "Non, je n'enlèverai pas ma chemise de nuit !'... "Nous devons prendre votre chemise de nuit car ce serait dangereux de la garder à cause de l'électricité statique"... La charge serait trop forte sur le nylon. »

Question : Ils savent ce qu'est le nylon ?

Betty : « Ils disent simplement que la charge serait très forte sur le nylon. Et je dis : "Vous me la rendrez ?"et il faut que j"enlève ma chemise de nuit. Je suis si embarrassée. Il nous font marcher, l'autre fille est devant moi... Et nous partons de la salle où se trouve la table (d'examen) et je peux voir des plantes derrière ce mur. Mais c'est comme une serre chaude et il y a tout ce foin et comme de l'herbe. Ils nous font passer par un petit couloir d'entrée et une pièce. Et la porte s'ouvre. Oh non ! Ils vont nous faire sortir dehors sans aucun vêtement !... Oh, et je peux voir ce gros, gros vaisseau, il flotte juste au-dessus du plus petit...Le grand vaisseau est brillant. Il éclaire toute la zone - Plus que ces boules de lumière sur l'eau. Oh mon dieu ! Tchh ! »

Question : Que se passe-t-il ?

Betty : « Il y a un être qui sort. Et il y a *un homme tout nu* avec lui. Oh c'est, c'est affreux. C'est tellement embarrassant et bizarre. Ce pauvre homme. J'ai vraiment pitié de lui. Il s'approche, comme s'il essayait de marcher en flottant... Il nous a vues et il est terriblement embarrassé. Il reste assis là avec sa tête baissée... Il y a d'autres êtres qui sortent. Il sont, ils portent comme des boules argentées qu'ils posent sur des sortes de crics. Le vaisseau flotte toujours au-dessus de l'autre. Il y a encore quelques êtres qui sortent. Oh, un *être vraiment maigre* sort avec les autres. Cet être maigre est peut-être une femme (non-humaine)... »

« J'essais de communiquer avec l'être qui est à côté de moi. Il ne me dit rien. Je vois que quelque chose sort en-dessous du grand vaisseau - au centre. Et quelque chose sort du plus petit vaisseau qui est au dessous de l'autre et ça commence à tourner, dans le sens contraire des aiguilles d'une montre. Et ça tourne et ça tourne. Je me demande ce que c'est et l'*être* (qui est à côté de moi) me dit qu'ils sont en train de purger et d'aligner la *truelle cyclonétique* (?).Et l'on dirait qu'il y a de l'eau qui tourne avec, sur cette chose lisse. »

Question : Arrêtez vous. Détendez vous une minute. Je veux que vous fixiez tout ça dans votre esprit afin que vous puissiez le dessiner dans les moindres détails. Regardez bien et quand vous serez prête continuez.

Betty : « Ça tourne toujours et l'eau tourne avec. Et les boules argentées commencent à s'allumer. Ce n'est plus de l'argent maintenant, c'est de la lumière blanche, et elles s'élèvent toujours plus haut, au-dessus des crics. Et cette rotation provoque de la vapeur ou du brouillard partout. Et j'ai l'impression qu'il commence à faire chaud ici.(soupir). L'*être* me dit : « Ils équilibrent les roues du télémètre oscillant et ils les mettent à niveau ». Ah, je n'arrive pas à tout comprendre. »

Question : Ca ne fait rien. Essayez simplement de répéter ce que vous entendez, même si vous ne comprenez pas.

Betty : « Mais je, je ne sais pas quels mots employer... Des séries rotatives de demi retours. Des lignes liquides ? Des anneaux magnétiques et la bordure dépolarisée. (Rotating series of semi-full swing back. Liquid line ? Magnetic rings and the depolarized rim.) Oh c'est magnifique, magnifique ! Il y a une lumière brillante en plein milieu de ce centre qui tourne. Et la vapeur ? C'est comme des nuages tout autour. Et ça provoque des arcs-en-ciel. Ohhh, c'est merveilleux. Ces boules de lumière sont maintenant devenues bleues - Un bleu vraiment brillant. Et ces arcs-en-ciel sont tellement beaux ! Maintenant, on peut à peine voir tellement il y a du brouillard. Il fait tellement chaud que c'est presque étouffant. Whou ! Il y a des éclairs partout. Ohhh, c'est effrayant ! Il y a des éclairs partout et ils viennent de cette chose qui tourne et ça me fait peur. Heureusement qu'on est pas trop près... Il y a trop d'éclairs partout, je n'aime pas ça. C'est trop étrange - il y en a partout... »

(Quelques minutes plus tard) « Il pleut. Nous sommes trempés... C'est juste de la pluie très très forte. Comme des seaux d'eau qui nous tombent dessus. (soupir) Mais ça nous rafraîchit car il faisait vraiment chaud.

Question : Et les *êtres*, ils sont dehors sous la pluie eux aussi ?

Betty : Oui. Ils sont là debout et la pluie tombe. Elle commence à tomber vraiment doucement maintenant... L'eau continue à tourner, mais plus lentement. Et la pluie est très légère. Je peux voir le grand grand vaisseau - Il y a des grandes indentations, comme des fenêtres. Elles tournaient et maintenant elles ralentissent, elles s'arrêtent. Oh, je sens des picotements partout, comme si tout mon corps était... »

Question : Vous êtes toujours dehors ?

Betty : « Ouais, à côté de cet être. La dame est là, ils sont assis là et ils sont mouillés. Et ça recommence à tourner, mais dans le sens des aiguilles d'une montre, très très lentement... »

Suit une description très détaillée, très technique et très « objective » dans la mesure où Betty se comporte comme un observateur impartial. Elle ne semble pas ressentir d'émotions particulières et ne parle d'elle que pour noter qu'un *être* sort du vaisseau et vient rendre sa chemise de nuit et le vêtement de sa voisine humaine. Pour le reste, nous assistons à la récupération des boules lumineuses et de leurs supports, à un pompage d'eau par des tuyaux transparents de couleurs différentes, et, à la *réduction* d'une des « soucoupes » de taille moyenne par le grand vaisseau. Cette opération semble courante et se nommerait « *dé-opulation* », ce qui ne veut évidemment rien dire dans notre langage.

En fait, l'ensemble du livre mériterait d'être traduit et les nombreuses illustrations de la main de Betty Andreason sont d'une précision et d'une beauté naïve toute particulière. Il faudrait évaluer sans a-priori les expériences apparemment objectives vécues par le témoin, ce qui pour l'instant semble tout à fait impossible, tant le sujet des enlèvements est pollué par des croyances aussi bien établies que totalement irrationnelles. Pour certains, tout est vrai, sans possibilité de discussion, pour les autres, la victime est de toute évidence hystérique, ou névrotique et la précision même des descriptions est présentée comme une circonstance aggravante.

Pour un simple chercheur, il paraît évident que les témoignages de la jeune femme sont potentiellement d'une importance extrême. Si la moindre chance existe qu'ils correspondent à la réalité, et ne soient pas seulement des inventions particulièrement complexes élaborées par l'inconscient de la victime, nous disposons alors d'un aperçu presque unique de la technologie et de la vie de nos visiteurs. Si, comme certains le pensent, ces souvenirs sont artificiels, implantés dans l'esprit des personnes enlevées pour masquer une réalité plus insupportable encore que les opérations in-vivo effectuées sur de très petits « enfants » vivants, il convient alors de mettre tout en oeuvre pour essayer de comprendre puis de contrôler une situation qui pour l'instant nous échappe. Pour essayer de répondre à cette question vitale, nous allons nous tourner vers un ouvrage qui représente une grande première dans l'examen scientifique du phénomène qui nous occupe :

Secret life, du Docteur David M. Jacobs*

La présentation du livre, rédigée par John E. Mack, Docteur en médecine, montre combien le sujet présente d'importance pour un clinicien responsable. Etudions ensemble le premier paragraphe de cette introduction :

> « L'idée que des hommes, des femmes, et des enfants puissent être pris contre leurs volontés dans leurs maisons, leurs voitures, et les cours de leurs écoles par d'étranges êtres humanoïdes, transportés dans des vaisseaux spatiaux, et soumis à des examens intrusifs et menaçants est tellement terrifiante et pourtant tellement destructrice pour nos concepts de ce qui est possible dans notre univers, que l'actualité du phénomène a été très largement rejetée d'emblée ou bizarrement déformée par les médias. Cette réaction est parfaitement compréhensible, étant donnée la nature dérangeante des enlèvements à bord d'Objets Volants Non Identifiés et nos concepts dominants concernant la nature de la réalité. Toutefois, le fait demeure que depuis trente ans et peut-être plus, des milliers d'individus qui semblent sincères et sains d'esprit, et qui ne cherchent à tirer aucun bénéfice de leurs récits donnent à qui veut les entendre des rapports cohérents et précis de tels évènements. Des études statistiques (population surveys) suggèrent que des centaines de milliers et peut-être plus d'un million de personnes, pour les seuls Etats-Unis, peuvent avoir été victimes d'enlèvements. Le phénomène des

---

* David M. Jacobs, Ph. D. Secret Life (Vie secrète), Simon & Schuster, New York 1992

enlèvements est de ce fait d'une grande importance clinique, ne serait-ce qu'à cause des traumatismes graves provoqués par ces expériences chez les victimes. Par ailleurs, le sujet présente un intérêt scientifique évident dans la mesure ou il remet en question nos conceptions actuelles de la « vérité » et de la « réalité ». »

John E. Mack, M. D.
Professeur de Psychiatrie
Académie de médecine
de l'univerté de Harvard

L'étude ainsi présentée se fonde sur les témoignages de soixante personnes, choisies après l'examen approfondi de plus de 300 cas d'enlèvements. Ils présentent tous des caractéristiques communes qui sont autant de confirmations mutuelles. De façon méthodique, l'auteur illustre les différentes phases des enlèvements par des exemples nombreux de déclarations effectuées sous hypnose par les témoins. Des procédures extrêmement précises et ne correspondant à aucun type d'examen médical pratiqué sur Terre se retrouvent dans la plupart des cas et posent au chercheur un problème délicat : si l'on rejette l'hypothèse d'une réalité des témoignages, comment les victimes auraient-elles pu inventer toutes la même chose sans se consulter ? N'oublions pas que les détails sont découverts en état de transe profonde, ce qui exclut toute possibilité d'un complot, par ailleurs bien peu probable, auquel participeraient des personnes... qui ne se connaissent pas !

1° - **La première phase** comporte généralement la vision d'une lumière qui semble jouer un rôle important dans la prise de contrôle des victimes. Une anxiété est souvent présente, parfois une véritable panique, mais celle-ci se calme rapidement après l'apparition des entités responsables. Ce point est tout à fait paradoxal. Il semblerait au contraire que les victimes, déjà inquiètes, devraient être encore plus effrayées par l'intrusion d'entités non-humaines. Ce n'est pas le cas. Très rapidement les témoins se détendent, certains décrivent un véritable soulagement. L'incident peut se produire à domicile, au dehors dans un endroit généralement isolé, de nuit ou de jour, parfois, comme dans le cas des époux Hill, les intéressés sont à bord d'une voiture en mouvement. Il existe des cas d'enlèvements d'un individu au milieu d'un groupe de personnes pratiquant des activités de plein air.

2° - **Le transport** est souvent accompagné d'une perte partielle de vigilance, et l'entrée dans le vaisseau où l'examen aura lieu n'est le plus souvent qu'un souvenir confus. Elle peut s'accompagner de nausées ou de vertiges. La vision est souvent affectée de même que le sens de l'équilibre. Si l'événement est bien réel, ces difficultés pourraient résulter d'un état d'apesanteur momentané auquel les témoins, qui n'ont reçu aucune formation d'astronautes, ne sont évidemment pas préparés. Les dimensions apparentes du vaisseau sont très variables. Elles peuvent aller d'une dizaine de mètres à plus de cent.

3° - **La préparation** commence par une station plus ou moins longue dans une antichambre ou le « patient » est complètement déshabillé, et peut-être désinfecté, car l'apparition d'un gaz inodore ou d'une sorte de vapeur est souvent notée. Il arrive qu'il soit obligé d'attendre. Il a presque toujours une autonomie réduite, ses membres sont engourdis, il ressent des picotements, il voudrait parfois tourner la tête pour observer un détail mais il ne le peut pas. Dans tous les cas, une ou plusieurs des entités responsables de son enlèvement sont présentes.

4° - **L'examen** proprement dit commence par une palpation très complète du corps et des membres, depuis le crâne et les vertèbres cervicales jusqu'aux articulations des mains et des pieds, dont la mobilité est minutieusement vérifiée. Les seins et les parties génitales des deux sexes sont palpés, manipulés et regardés attentivement. Cette phase est suivie par des prélèvements, qui peuvent être variables, de peau, salive, frottis vaginal, sang, ou plus simplement cheveux. Dans certains cas, ces prélèvements peuvent laisser des cicatrices, souvent sur les jambes des victimes. Elles sont alors minces et droites, ou rondes et profondes comme si un morceau de peau d'un centimètre de diamètre environ avait été enlevé à l'emporte-pièce. Dans un échantillon de 60 personnes, deux cas de prélèvement d'un morceau de gencive de plusieurs millimètres sont notés. En général, cet examen est complété par l'utilisation de ce qui ressemble à des instruments de mesures, peut-être l'équivalent de radiographies ou de scanners. Ces appareils sont toujours décrits dans les mêmes termes généraux par les témoins, de même que des « lampes » projetant des « spots » de lumière intense sur des endroits bien définis du corps des patients. La fonction exacte de ces appareils est inconnue, la lumière concentrée pourrait avoir une fonction thérapeutique.

Dans un nombre non négligeable de cas, les entités pratiquant l'examen semblent intriguées par des prothèses dentaires, des marques inhabituelles ou des traces de traumatisme variées. De véritables consultations interrompent alors la procédure en cours.

5° - **Les implants**, quand ils sont utilisés, sont placés ou retirés à la fin des examens que nous venons de décrire. Ils sont introduits à l'aide de longues aiguilles brillantes, dans l'oreille interne, les sinus ou les fosses nasales. Ils sont décrits comme des sphères de quelques millimètres de diamètre, généralement lisses. Dans un nombre réduit de cas, des traces de griffes, ou au contraire un trou, sont remarqués. La fonction de ces implants est inconnue. Leur mise en place provoque assez souvent des saignements de nez abondants, confirmés par les parents des victimes ; ils laissent parfois dans les fosses nasales des trous observables par un spécialiste. Dans au moins deux cas, une sphérule d'apparence métallique a été expulsée à la suite d'un éternuement violent,... mais les témoins n'étaient pas curieux et jetèrent la chose aux ordures !

6° - **Les entités** qui procèdent aux enlèvements, aux examens et aux manipulations que nous évoquons appartiennent toujours au même type général d'humanoïdes : leurs proportions sont différentes de celles rencontrées dans les types humains connus, y compris dans les cas de nanisme. La tête est plus développée, les yeux sont très grands, noirs et profonds, sans iris ni pupilles visibles. Le visage est blafard, grisâtre ou livide, la bouche est une fente mince qui ne s'ouvre jamais, le nez est pratiquement inexistant et les narines minuscules. A la place de chaque oreille, un ou parfois deux petits trous sont décrits par les témoins. Les nombreux dessins de Betty Andreason nous montrent une absence presque complète de cou, des épaules larges et des bras d'épaisseur normale terminés par des mains à trois ou quatre doigts sans pouce discernable. Les jambes sont courtes et les pieds, recouverts de bottes, semblent plus large à l'avant, au niveau des orteils chez l'homme, qu'au talon. Ces êtres semblent n'avoir aucune différenciation sexuelle visible. Certains projettent une impression vaguement féminine.

7° - **Les équipes « médicales »** sont toujours constituées de la même façon : deux à quatre entités de petite taille, 1 mètre 10 à 1 mètre 30 environ, qui effectuent toutes les procédures matérielles, y compris celles dont nous n'avons pas encore parlé. Ces êtres, et eux seuls, procèdent aux enlèvements, guident ou portent les victimes, les aident à se déshabiller puis à reprendre leur vêtements, et les raccompagnent enfin à l'endroit d'où ils étaient partis. Une entité très semblable à celles que nous venons de décrire, mais plus grande, est presque toujours perçue comme un médecin ou un professeur et semble diriger les opérations. Au lieu du costume collant porté par ses « adjoints », elle est souvent revêtue d'une sorte de robe. Elle projette une impression de respect ou de compassion pour les victimes, ce qui ne l'empêche pas de provoquer chez elles, quand le moment semble venu, des réactions très désagréables. Cette personne semble surtout capable de manipuler à volonté les émotions profondes des êtres humains dont elle s'occupe. Les innombrables détails constants révélés par les enquêtes et les séances d'hypnose, permettent d'éliminer très rapidement les affabulateurs, qui devraient pour tromper un médecin, arriver à simuler de surcroît un état de transe profonde.

8° - **Les procédures mentales** représentent l'aspect le plus « exotique » et peut-être aussi le plus inquiétant des enlèvements. Elles sont toujours effectuées par les entités de grande taille. La première consiste à regarder de très près dans les yeux du patient humain, préalablement immobilisé, parfois allongé et attaché sur la table d'examen. L'impression est celle d'une intrusion souvent insupportable dans l'esprit de la victime, sans qu'un contact réciproque existe. L'être humain acquiert la certitude d'une invasion de son esprit par le mental du « médecin », il a l'impression de ne rien pouvoir cacher de ses pensées les plus intimes, mais n'apprend rien en retour sur son vis à vis. Cet examen profond, nommé « mindscan » en anglais, est utilisé semble-t-il pour déceler les émotions du patient pendant certaines phases de ce qu'il subit, et tout particulièrement les exactions liées à la reproduction. La variété des réactions ou des émotions humaines évoquées par les interventions des humanoïdes de grande taille suggère que ces êtres sont non seulement capables de déceler les émotions, mais aussi de les provoquer ou d'en stimuler le déclenchement. L'une des procédures utilisées, appelée « bonding » en anglais, consiste à provoquer une forte empathie, qui peut aller jusqu'à un sentiment d'amour, de dévouement, de confiance totale ou de sérénité que rien ne justifie, surtout de la part d'un malheureux ou d'une pauvre femme, vivant contre leur gré des aventures effrayantes.

9° - **Des manipulations génitales** sont toujours présentes, aux Etats-Unis, dans le scénario des enlèvements. A moins que les exemples étudiés par les chercheurs américains ne soient sélectionnés en fonction de ce critère, nous sommes portés à penser que cet aspect du phénomène est devenu tout aussi fondamental que ne l'était celui des visites, par des disques volants d'origine inconnue, des bases de missiles et des centres de recherches militaires, observées jusqu'à la fin de la guerre froide. Les manipulations sont essentiellement simples : pour les hommes, prélèvement de sperme, pour les femmes, prélèvement d'ovules, implantation d'ovules fécondées, extraction de foetus viables vers le troisième ou quatrième mois de la grossesse. C'est tout. Assez rarement, des orgasmes sont provoqués et leur l'effet émotionnel est dûment observé par l'être de grande taille. Ils accompagnent ou précèdent les prélèvements de matériel génétique. De façon prévisible, ces contrefaçons artificielles, loin de provoquer un plaisir, sont ressenties comme des viols.

A plusieurs reprises, des victimes d'enlèvement se souviennent avoir interrogé, parfois avec amertume, leurs geôliers. Ceux-ci déclarent toujours qu'ils ne sont pas du tout gênés de faire ce qu'ils font. Ils n'ont pas l'impression de voler quoi que ce soit, car, disent-ils avec étonnement : « vous gaspillez constamment, pour votre seul plaisir, des choses qui sont destinées à la reproduction; nous ne faisons que récupérer pour une tâche importante une faible partie de ce que vous n'utilisez pas ». Toute trace de souvenir devant être occultée par l'amnésie qui suivra, ils auraient vraiment tort de se gêner ! Nous pouvons toutefois retenir, pour l'évaluer par la suite et non pour le croire aveuglément, que les manipulations gynécologiques auxquelles ils soumettent leurs victimes sont peut-être, au moins pour eux, de la plus extrême importance. Heureusement pour nous, ils semblent capables de prendre ce dont ils ont besoin sans nous mutiler outre mesure.

10° - **Le retour des victimes** est généralement une répétition inversée du départ. S'il y a un conjoint, celui-ci dort profondément. Dans un petit nombre de cas, un patient enlevé de son lit se retrouve dans la cour de sa maison et pense vaguement avoir eu un accès de somnanbulisme. De toute manière, aucun souvenir conscient d'un quelconque enlèvement ne subsiste. Ce seront presque toujours des troubles psychosomatiques profonds qui alerteront les amis et les proches, dans un pourcentage infinitésimal de cas. Pour tous les autres, qui sont peut-être légions, le secret restera à tout jamais impénétrable.

Après avoir très partiellement étudié les difficultés liées aux enlèvements, nous pouvons remarquer qu'ils constituent une dimension nouvelle du problème, mais ne remettent pas le moins du monde en cause l'hypothèse extraterrestre. L'éventuelle réalité de cette forme très particulière des contacts dont nous envisageons l'existence ne représente, si elle est fondée, qu'un aspect nouveau dont il faudra évaluer la cohérence avec le reste de nos théories. Nous nous abstiendrons à ce point de tout jugement définitif pour au moins deux raisons :

- Nous ignorons si les souvenirs des victimes sont réels ou imaginaires.
- S'ils sont réels, nous n'avons aucun moyen de déterminer si la nécessité invoquée par les entités non-humaines est exacte ou mensongère.

Que nous soyons amenés ou non, par la suite, à considérer les enlèvements comme réels, la présence d'entités extraterrestres, au sens large du terme, est, de toute façon, indissociable de notre hypothèse. Toute forme de contact avec des êtres inconnus nous oblige à imaginer comment pourrait fonctionner un psychisme non-humain. En dehors de quelques règles de logique qu'il est possible, sous toute réserve, de considérer comme « universelles », nous en sommes réduits aux hypothèses les plus vides. Faute de pouvoir étudier un exemple concret d'intelligence étrangère à la terre, nous disposons de nombreux échantillons de formes mentales tellement éloignées de nos habitudes occidentales modernes, qu'elles pourraient tout aussi bien être originaires de Mars ou d'ailleurs ! C'est pourquoi, au chapitre 8, nous examinerons avec attention des formes de pensée et des concepts, bien humains mais très différents des nôtres. En d'autres termes, pour mieux définir l'interface qui pourrait exister entre nos visiteurs et nous-même, nous nous pencherons sur le problème similaire des difficultés de communication entre humains de cultures différentes.

Mais avant d'aborder cet intermède, nous devons évaluer un certain nombre de théories qui cherchent à expliquer par des anomalies mentales l'ensemble des témoignages qui suggérent que les enlèvements sont réels. Si l'une des thèses que nous allons étudier est exacte, nous serons amenés à rejeter ou à interpréter tous les « faits » que nous avons exposés au cours de ce chapitre.

CHAPITRE 6

THÉORIES ALTERNATIVES

Un grand nombre de chercheurs, d'auteurs, et la plupart des personnes normalement incrédules, ont cherché à expliquer les enlèvements, supposés, de leurs contemporains par un ensemble de causes familières. Cette attitude est non seulement raisonnable, ce qui n'est pas un critère bien solide, elle est aussi conforme au principe d'économie en science, qui veut que l'on ne fasse appel à des théories nouvelles qu'en cas d'échec flagrant de celles dont on dispose et qui ont déjà fait leurs preuves.

En ce qui nous concerne, puisque nous avons posé momentanément pour vraie l'hypothèse extraterrestre, nous pourrions nous contenter d'une évidence : loin de remettre en question l'éventualité d'une présence non-humaine et de sa technologie avancée, les enlèvements décrits sous hypnose par les victimes semblent plutôt offrir la preuve qu'un contact est amorcé. Nous ne pouvons pas nous contenter de cette approximation. Si la réalité des sévices subits par les témoins se confirme, nous devrons alors l'intégrer dans notre hypothèse dans le cas contraire, nous devrons chercher ailleurs les traces de la présence non-humaine dont nous avons postulé l'existence.

Une troisième remarque s'impose : non seulement notre « science », mais peut-être aussi notre logique et les formes de notre pensée, peuvent se révéler insuffisantes face au phénomène auquel nous semblons être confrontés. Avant de nous désespérer, nous pourrons chercher sur Terre, dans les traditions et les réalisations d'autres civilisations que la nôtre, les concepts et les clefs qui nous font défaut. Plus d'un milliard d'êtres humains se réclament d'un ensemble de croyances et de conceptions très différentes de celles que nous connaissons. Une grande partie des écrits védiques, les classiques chinois, singulièrement ceux des trois maîtres taoïstes Lao tseu, Tchouang tseu, et Lie tseu, l'enseignement du Bouddha et sa pratique depuis plus de 2300 ans, forment une masse cohérente, incroyablement riche, et presque complètement ignorée par la pensée scientifique occidentale. Nous pourrons y chercher prudemment des outils complémentaires si les moyens habituels de notre entendement devaient se révéler insuffisants.

Avant d'avoir recours à d'autres conceptions que les nôtres, examinons attentivement ce que la science, la psychologie et la mythologie peuvent suggérer comme explications au phénomène général des enlèvements. La découverte éventuelle d'une cause rationnelle nous permettrait d'éliminer de notre champ de recherche ces expériences dérangeantes. Si aucune thèse alternative ne rend compte des faits observés, nous serons alors amenés à les considérer comme réels. Nous les intégrerons alors à notre hypothèse de base.

Quelle que puisse être notre conclusion, nous devons noter que les victimes souffrent toutes de ce que le docteur Ronald Westrum a le premier identifié en 1986 comme un ensemble de symptômes précis et rassemblé sous le nom de « syndrome post-enlèvement », en anglais **P. A. S. ou Post Abduction Syndrome**. Sans entrer dans un trop grand détail, les anomalies constantes qui caractérisent ce syndrôme sont :

- **Des troubles du sommeil** très particuliers puisque les patients ont peur de s'endormir. Le résultat peut être des insomnies dues à l'anxiété, le refus de dormir seul ou dans une chambre sombre. Parfois la télévision et la radio sont laissées allumées toute la nuit. Des cauchemars comportant des épisodes d'examens médicaux poussés, effectués par des entités non-humaines de petite taille, provoquent souvent un réveil brutal.

- **Des peurs, anxiétés ou dépressions**, qui peuvent être endémiques ou déclenchées par un livre, une illustration ou un récit. Ces troubles, peuvent toucher les enfants comme les adultes, semblent n'avoir aucune base concrète et ne sont généralement associés à aucun souvenir précis. Les méthodes habituelles de psycho-thérapie ne permettent, la plupart de temps, aucune amélioration. Chez les femmes, un examen gynécologique de routine peut déclencher un épisode hystérique comportant hyperventilation, pleurs incontrôlables, contractions et tachycardie. Ces troubles peuvent déboucher sur une agoraphobie permanente ou pire encore sur des dépressions graves.

- **Un épisode de temps manquant**, parfois accompagné de

l'impression confuse d'avoir subi un **déplacement incompréhensible.** La victime peut se souvenir d'avoir observé une lumière dans le ciel, puis de s'être retrouvée au volant de sa voiture, ou en train de marcher, à plusieurs kilomètres de là. Une fois découvert, ce type d'expérience bien que désagréable, provoque des troubles moins graves que ceux que nous venons de décrire. En effet, le patient dispose alors d'une base concrète, bien qu'inexplicable, d'où il pourra commencer une enquête personnelle.

- **Des troubles de la sexualité** accompagnent souvent le syndrome que nous évoquons. Ils peuvent, chez les hommes, s'accompagner d'une impuissance complète ou de problèmes d'éjaculation ; chez les femmes, ils peuvent conduire à une cessation complète de toute activité sexuelle. Ils s'accompagnent parfois d'attachements émotionnels inexplicables pour des entités ou des personnages inconnus, dont l'image n'est pas humaine. Un rejet des bébés, qui peut se traduire par une répugnance à les toucher, accompagne parfois ces symptômes. Elle est particulièrement remarquable chez des personnes qui auparavant avaient des attitudes maternelles.

EXPLICATIONS PSYCHOLOGIQUES

Elles suggèrent toutes que le syndrome d'enlèvement et les symptômes notés chez les victimes sont générés par leur psychisme pour des raisons émotionnelles variées, sans la moindre base concrète. Toutefois, les patients ne souffrent pas de troubles graves ou de véritables pathologies du système nerveux.

Affabulation

Probable dans le cas d'Adamski et de ses « frères de l'espace », vénusiens blonds qui utilisaient des « soucoupes volantes » en forme d'abat-jours métalliques dont on pouvait presque reconnaitre la marque, l'affabulation est l'explication la plus simple et peut-être la plus difficile à rejeter d'emblée. Les raisons de mentir sont tellement nombreuses à notre époque de publicité et de médiatisation à outrance que l'affabulation devient presque naturelle. Faux auteurs, faux coupables, fausses victimes et faux-semblants sont presque devenus des ingrédients habituels de notre société et une bonne histoire vaut mieux qu'une réalité banale. Cette explication est toutefois inadéquate dans un certain nombre de cas. Elle est presque certainement inexacte à chaque fois qu'une régression hypnotique est effectuée par des professionnels incrédules et entraînés à cette technique. Elle ne rend pas non plus compte des souffrances psychologiques sérieuses ressenties par les victimes et des troubles graves, médicalement vérifiables, dont nous venons d'établir la liste.

Un certain nombre de contre-épreuves ont été tentées. Au sein d'un groupe de personnes pensant avoir été enlevées, des affabulateurs à qui l'on avait donné toutes les informations possibles afin de tromper le médecin, ont accepté de subir la même régression hypnotique et le même questionnaire à l'état de veille que les autres. Ils ont toujours, sans la moindre difficulté, été identifiés comme des affabulateurs. Aucun d'entre eux par exemple, n'a jamais présenté la moindre émotion pendant l'hypnose ; or des réactions émotionnelles fortes surviennent toujours, à un moment ou à un autre, pendant une régression. Les simulateurs les mieux préparés à imiter les états de transe profonde, racontent des histoires très convaincantes, copiées sur des témoignages authentiques, mais n'arrivent jamais à restituer l'angoisse, l'horreur, les larmes et les blocages mentaux qui sont toujours présents chez les vraies victimes.

Nous pouvons donc affirmer que des moyens infaillibles permettent d'éliminer les faux témoins, affabulateurs délibérés ou mythomanes. En effet, ces derniers sont tout aussi faciles à déceler que les autres. Ils « en rajoutent », donnent des foules de détails, parlent sans la moindre hésitation, affirment,... mais les émotions intenses sont toujours absentes. Depuis des années déjà, des explications plus subtiles ont dû être proposées.

Refoulement de sévices, sexuels ou autres

Les victimes supposées d'enlèvements présentent, comme nous venons de le voir, des symptômes similaires à ceux des victimes de viols, et ce, avant toute thérapie. Très logiquement, des professionnels se sont demandé si leurs patients n'avaient pas, pendant leur enfance, subi de la part d'adultes des sévices sexuels ou des violences dont ils auraient refoulé le souvenir au plus profond de leur subconscient. Les images « extraterrestres » seraient dans ce cas des éléments inventés pour faire écran à des traumatismes insupportables. Pour étudier la validité de cette hypothèse, certains psychologues ont eu l'idée de faire remplir à leurs patients des questionnaires destinés à déceler ce genre de situation pendant l'enfance. Pour faire bonne mesure, des questions insidieuses du genre :

– Est-ce que vos parents vous tournaient en ridicule ?
– Pendant votre enfance, est-ce que vous aviez l'impression d'être indésirable ?
– Est-ce que vos parents vous insultaient ?
– Etiez-vous témoin de mauvais traitements sexuels d'un autre membre de la famille ?
– Quand vous transgressiez les règles, étiez-vous très sévèrement punis ?... etc. étaient posées systématiquement.

Pour résumer, les résultats obtenus ne sont pas probants et la thèse proposée ne rend pas correctement compte des faits connus. L'imagerie choisie, celle d'une invasion extraterrestre, est surprenante. Tout d'abord, elle correspond assez mal à des schémas qui seraient calqués sur des thèmes de science fiction car elle est trop pauvre. Les « monstres venus de l'espace » ne sont pas très effrayants, par rapport aux horreurs du genre « Aliens » dont le cinéma nous abreuve, et surtout, ce sont toujours les mêmes. Passe encore que des livres comme Communion de Whitley Streiber, dont la couverture portant un visage d'extraterrestre aux grands yeux a été vue par des millions d'américains, puisse avoir influencé le subconscient des témoins, les autres détails concernant la succession des opérations « médicales » ou la constitution des équipes d'humanoïdes ne sont en général pas connus du public. De ce fait, il est difficile de comprendre par quel mécanisme les subconscients de centaines de personnes auraient pu choisir sans exception les mêmes images improbables pour masquer des souvenirs d'enfance insupportables. Il est tout aussi difficile de croire que des sévices, sexuels ou autres, refoulés par des enfants ne resurgiraient jamais au cours des séances d'hypnose. Normalement, neuf fois sur dix, les souvenirs réels devraient réapparaître si la thèse proposée était correcte. Même en admettant chez les jeunes victimes un fort sentiment de culpabilité, souvent présent surtout dans les cas d'inceste, il faudrait imaginer que des mécanismes très complexes d'auto-blocage ou de refoulement pourraient avoir été élaborés par leur subconscient. C'est très improbable.

Un dernier point n'aura pas échappé au lecteur : si les enlèvements, supposés, sont aussi fréquents que semblent l'indiquer les témoignages et que la thèse des sévices, sexuels ou autres, est exacte, alors il faudrait conclure que les enfants martyrs sont beaucoup plus nombreux que ne semblent l'indiquer les études modernes.

Contagion hystérique

Dans un certain nombre de cas récents, bien connus des spécialistes, des personnes parfaitement normales souffrent toutes de la même maladie imaginaire ou sont toutes témoins de faits inexistants. La fameuse « maladie des pare-brises », dans la région de Seattle est un exemple anodin : un grand nombre d'automobilistes, après quelques articles sensationnels dans les journaux, découvrirent que la vitre avant de leur voiture présentait des marques ponctuelles profondes. Les hypothèses les plus fantastiques, depuis les essais atomiques jusqu'aux pluies acides, furent envisagées,... jusqu'au jour où un garagiste venu d'un autre état remarqua une parfaite similitude entre la « maladie des pare-brises » et les traces normales d'impact de graviers présentes partout dans le monde, sur les pare-brises de toutes voitures !

Parfois, souvent à la suite d'un battage médiatique, une « maladie » nouvelle frappe de nombreuses victimes puis disparaît comme elle était venue. Quand sa disparition coïncide avec celle du médecin ou du journaliste qui l'avait découverte, et que les symptômes ne sont plus jamais retrouvés, il est probable que le mécanisme d'une forme de contagion hystérique est à l'oeuvre. Dans des cas plus nettement pathologiques, une personnalité dominante transmet son hallucination ou ses phobies à des personnalités plus faibles, entraînant l'observateur trop crédule à accorder du crédit à l'ensemble des témoignages qui sont bien évidemment concordants. Il est possible que les religieuses de Loudun aient souffert de ce type d'hallucinations partagées, de même qu'un certain nombre de « sorcières » condamnées au bûcher pour commerce avec le diable.

L'explication envisagée cadre mal avec les faits observés. La contagion hystérique met toujours en jeu plusieurs personnes ; or, dans le problème qui nous occupe, les victimes sont généralement persuadées d'être les seules à souffrir des symptômes qu'elles décrivent. Il leur arrive très souvent de dissimuler leurs ennuis par crainte d'être taxées de folie ou de provoquer une réaction d'incrédulité chez leurs interlocuteurs. D'une façon générale, toute forme de comportement collectif est absente. Un dernier point important permet de rejeter l'hypothèse proposée. Quand elles commencent à retrouver leurs souvenirs, à la suite d'une régression hypnotique par exemple, les victimes sont encore plus désorientées qu'auparavant :loin de sauter sur une explication stéréotypée du genre : « tout s'explique, j'ai été enlevée par des extraterrestres ! », elles questionnent longuement leur médecin afin qu'il leur explique ce qu'il peut y avoir de vrai et d'imaginaire dans leur expérience. Ce que le pauvre homme, s'il est honnête, est bien incapable de faire !

Etats proches du sommeil

Dans les moments qui suivent le début du sommeil, ou qui précèdent le réveil, des rêves particulièrement réalistes peuvent intervenir. Ils peuvent avoir toutes les caractéristiques d'une expérience objective, pour celui qui la subit. Il est donc tout à fait possible que certains témoignages appartiennent à ce type. Faute d'autres détails matériels, cicatrices, saignements de nez ou grossesse intempestive, il est raisonnable de traiter avec prudence tous les souvenirs d'enlèvement, même ceux qui sont obtenus sous hypnose, quand ils décrivent des événements qui débutent pendant le sommeil. Toutefois, des épisodes nombreux interviennent alors que la victime est bien éveillée, pendant qu'elle conduit sa voiture par exemple, ou qu'elle se promène, en plein jour, parfois à proximité d'amis qu'elle vient de quitter.

Les états proches du sommeil sont bien connus des spécialistes et possèdent des caractéristiques précises qui permettent de les identifier. Les descriptions des victimes d'enlèvement sont trop précises, trop détaillées, et surtout trop concordantes pour que l'explication proposée convienne.

Le besoin de croire

Avec la diminution de l'influence des religions organisées en occident, notre besoin de merveilleux et de sacré est rarement assouvi. Certaines disciplines orientales traditionnelles peuvent combler en partie ce manque, mais leur pratique austère ne convient pas à tout le monde. Un peu partout dans nos sociétés technologiques et matérialistes, naissent des mouvements religieux bizarres, parfois risibles ou dangereux, qui reprennent sous une forme caricaturale certains détails d'une religion ancienne comme le christianisme et le bouddhisme, ou se lancent résolument dans le plus complet délire. Beaucoup plus souvent dirigées par des escrocs que par des illuminés, ces organisations font assez de publicité pour que nul ne puisse ignorer leur existence ou les moyens discutables qu'elles emploient pour profiter de la crédulité de leurs victimes.

Depuis plusieurs décennies, très probablement encouragées par les décisions du « Robertson Panel » cherchant à diminuer par tous les moyens les rapports concernant une présence non-humaine dans notre environnement, des pseudo-religions fondées sur des contacts avec des « frères de l'espace » ont vu le jour. Commencée par Adamski, encouragée discrètement ou peut-être directement suscitée par des services de désinformation rompus à ce genre d'activités, une espèce de mouvement religieux larvé entretient un bruit de fond statistique gênant à base de « contacts » supposés. Certains psychologues, s'appuyant sur cet état de fait, ont pu supposer que les témoignages relatant des enlèvements n'étaient pas différents de ceux des « contactés » et que tous procédaient d'un besoin ou d'un désir de croire, sans le moindre support factuel.

Il n'est pas possible, à ce point de notre étude, de trancher d'une manière ou d'une autre, mais nous pouvons noter un certain nombre de différences entre les souvenirs, retrouvés sous hypnose, des victimes d'enlèvement et ceux prétendument conscients de certains « contactés ». Les seconds se sentent valorisés par le fait d'avoir été choisis par leurs frères de l'espace pour enseigner la bonne parole aux ignorants matérialistes, scientifiques ou techniciens. Ils connaissent le nom du commandant actuel des forces galactiques, parlent de niveaux vibratoires mais ignorent qu'une année lumière est une mesure de distance, ils sont comme tout le monde inquiets des problèmes posés par la pollution, mais pensent être les seuls à en pressentir le danger. En un mot, ils sont les meilleurs, ils le savent et ils le disent !

Les victimes d'enlèvements quant à elles ignorent généralement ce qui leur est arrivé, et quand elles le savent elles se sentent diminuées, violées dans leur corps et dans leur esprit et n'ont qu'un espoir, la fin de leur calvaire. Oser dire qu'elles souhaitent subconsciemment croire aux enlèvements qu'elles décrivent parce que ces incidents les rassurent est un non-sens complet. En général ces épisodes leur répugnent profondément, choquent leur pudeur et leurs souvenirs déclenchent de véritables paniques. L'explication invoquée est inexacte.

Influence de l'hypnose

Une théorie voudrait qu'une utilisation maladroite de l'hypnose soit à l'origine des témoignages concernant les enlèvements. C'est l'hypnotiseur lui-même, qui par son inexpérience et son désir de découvrir des évènements extraordinaires, provoquerait chez le patient, par des questions suggérant la réponse, de pseudo-souvenirs. Il est probable que cette « explication », comme la plupart des autres, vient d'un désir d'évacuer par tous les moyens des témoignages gênants. En effet, les transcriptions de séances de régression, comme par exemple celles subies par Betty et Barney Hill, sont disponibles et montrent à l'évidence que le docteur Benjamin Simon, dans ce cas précis, ne souffle à aucun moment les réponses. Jamais d'ailleurs son professionnalisme n'a été mis en cause, peut-être parce qu'il avait pris la précaution d'affirmer qu'il n'était pas lui-même persuadé de la réalité des aventures dont ses patients avaient grâce à lui retrouvé le souvenir.

La contre-épreuve a souvent été tentée, et dans le cas des époux Hill par le docteur Simon lui-même. A plusieurs reprises il essaya de faire dire à ses patients que leurs souvenirs ne correspondaient pas à une réalité objective. Il n'eut jamais le moindre succès ! En général, même en état de transe, le sujet rejette les suggestions qu'il considère comme inexactes. Je me souviens d'avoir assisté à un épisode particulièrement surprenant pendant lequel un jeune homme revivait une impression de rotation de son corps à l'intérieur d'un couloir ou d'un tube de nature indéterminée. Comme il tournait toujours dans le même sens, l'hypnotiseur lui demanda d'essayer de tourner dans l'autre sens. Ce fut impossible. Il y eut d'abord des dénégations du genre : « non, non, je tourne comme ça ! », puis sur l'ordre impératif d'essayer tout de même, une perte de coordination et une chute.

Dans une étude très complète effectuée par le docteur Thomas E. Bullard sur des compte-rendus d'enlèvements, celui-ci démontra que certains points clefs, concernant des détails des examens médicaux ou des salles où ceux-ci se déroulaient, apparaissaient de manière identique, quelle que soit la compétence de l'hypnotiseur. La conclusion évidente fut que cette compétence était très secondaire et affectait assez peu le résultat des enquêtes.

En 1978, Alwin Lawson, professeur dans une université de Californie, effectua avec l'aide de huit volontaires, une étude originale sur le problème des enlèvements. Il élimina les personnes qui avaient une connaissance autre que superficielle du sujet des ovnis. Il n'imagina pas que l'un d'entre eux pouvait avoir été enlevé, ce qui semble avoir été le cas et rajoute une composante humoristique involontaire. Il demanda à un médecin de les hypnotiser et aux volontaires de décrire un enlèvement imaginaire. Le résultat fut tout à fait concluant :

- aucun des scénarios décrits n'était identique aux autres,
- les « extraterrestres » étaient tous différents,
- aucun des volontaire ne décrit de prélèvements d'ovule ou de sperme,
- les récits n'avaient aucune continuité, aucune chronologie,
- le médecin dut suggérer des examens médicaux pour obtenir des descriptions,
- les protocoles de ces examens imaginaires, étaient tous différents, et simplistes,
- une seule personne manifesta des réactions émotionnelles.

Pour l'essentiel, les descriptions d'enlèvements imaginaires sont très faciles à identifier.

Comparés aux récits d'enlèvements, ceux de nombreux « contactés », c'est-à-dire des personnes qui prétendent, peut-être de bonne foi, être en contact avec des extraterrestres, à l'état de veille et sans que la moindre amnésie cache leurs expériences, semblent relever de la plus haute fantaisie. Les détails varient à l'infini, relèvent souvent de l'imagerie des bandes dessinées et valorisent les heureux bénéficiaires qui sont tous, sans exception, promis à un brillant futur dans les rangs des élus intergalactiques. Le plus étrange de cette histoire est probablement le fait de certains escrocs avérés, certains truqueurs démasqués par leurs pairs, certains gourous de pacotille, paraissent avoir connu, avant de s'engager dans les voies douteuses où ils évoluent, des expériences hors du commun qu'ils semblent avoir prises très au sérieux, avant de les utiliser comme gagne-pain. En tout cas, en tant qu'explication globale des enlèvements, la thèse selon laquelle une utilisation non-professionnelle des techniques de l'hypnose pourrait expliquer le phénomène décrit par les victimes, ne tient pas. Elle est aussi déficiente que les autres thèses proposées jusqu'ici.

THESES PSYCHIATRIQUES

Elles suggèrent que les témoignages évoqués ont pour origine une pathologie connue du système nerveux supérieur ou un problème mental sérieux.

Psychoses

De nombreux psychiatres pensent qu'un pourcentage non négligeable de la population des Etats-Unis, et probablement du globe, souffre de maladies mentales, et pour certains, le seul fait de prétendre avoir été enlevé constitue la preuve d'une affliction grave et suffirait à justifier un internement d'office.

S'il est vrai que de nombreux malades mentaux prétendent avoir été enlevés par des entités supérieures ou des êtres venant d'autres planètes, ce sont les symptômes qui accompagnent de telles affirmations qui constituent la preuve d'un dysfonctionnement mental. En général les histoires sont incohérentes et inconsistantes. Les détails ne se retrouvent jamais d'un patient à l'autre sauf peut-être les affirmations du genre : « Le FBI est en train de comploter contre moi », ou « Il y a des voix qui me parlent dans ma tête », qui semblent assez répandues.

En ce qui concerne les victimes d'enlèvements, aucune indication n'existe tendant à montrer qu'elles pourraient être dans leur ensemble, schizophrènes, maniaques dépressives ou souffrir d'une maladie mentale connue. Des tests psychologiques « à l'aveugle », dont le « Minnesota Multiphasic Personnality Inventory » ont été administrés à neuf personnes enlevées. Elles présentaient toutes des caractéristiques propres aux personnes ayant subi un viol et paraissaient dans l'ensemble, plus prudentes que la moyenne. Pour le reste, elles étaient dans les limites de la plage considérée comme « normale » et ne présentaient aucune indication pathologique.

Le lecteur français aura une idée de l'importance du phénomène représenté par les enlèvements aux Etats-Unis, en découvrant que des études psychologiques et psychiatriques sérieuses sur ce sujet, paraissent régulièrement dans ce pays. D'autres essaient de relier ce phénomène à des états de conscience inhabituels comme ceux de la mort proche, de comas dépassés ou de méditation transcendantale* et connaissent des succès mitigés dont nous essaierons de comprendre les raisons. Aucune étude ne rejette la réalité d'un phénomène dont nous commençons à prendre conscience en France, ni l'urgente nécessité d'un examen plus complet.

Dysfonctionnement du lobe temporal

Le docteur Michael Persinger, professeur de neurologie à l'Université des Laurentides, au Canada, a émis l'hypothèse qu'une anomalie de fonctionnement d'un lobe temporal du cerveau pourrait

---

2. Voir à ce sujet, de Kenneth Ring, « Heading toward Omega » et « The Omega Project », William Morrow and Company, New York 1992.

expliquer le phénomène des enlèvements. La stimulation pourrait provenir selon lui de particules chargées électriquement, produites par la tectonique des plaques, c'est-à-dire par les contraintes engendrées dans le sol par la dérive des continents. En fait, l'ensemble de la théorie repose sur des bases incertaines. S'il est vrai qu'en laboratoire des stimulations électriques du lobe temporal peuvent provoquer dans certains cas des hallucinations avec l'impression d'une présence invisible, une sensation semblable à une expérience mystique, ou même des crises d'épilepsie, la similitude s'arrête là. L'identité détaillée des témoignages, dont nous avons déjà fait état, est tout à fait absente des expériences du Docteur Persinger. D'autre part, et c'est plutôt amusant, les effets électriques liés à la tectonique des plaques sont très controversés et rejetés par les géologues ! Ou bien le docteur Persinger a fait une découverte importante,... en géologie, ou plus probablement il se trompe, victime d'une connaissance insuffisante des faits.

D'autre part, la population sur laquelle il fonde ses conclusions est minuscule et ne comprend, ce qui est un comble, aucune victime d'enlèvements mais surtout des mystiques, des médiums qui pensent être en communication avec des entités supérieures, et des religieux adeptes de philosophies plus ou moins orientales. Leurs narrations, qui selon l'auteur comprennent une quantité substantielle de faits inventés, ne recoupent absolument pas celles des victimes d'enlèvements. Dommage, nous avons failli assister à la naissance d'une science nouvelle, la géo-neuro-biologie !

EXPLICATIONS CULTURELLES

Elles prétendent expliquer le phénomène que nous étudions par des influences culturelles et sociales.

Désir d'avoir un enfant

Plus nous avançons dans le catalogues des thèses inventées pour nier la réalité du phénomène, plus nous descendons dans les limbes. Les interventions subies par les victimes ne seraient en fin de compte que le surgissement sous une forme symbolique, (oh combien !), d'un désir de vivre l'expérience d'une grossesse désespérément désirée mais fondée sur des obsessions et des fantasmes... D'où les détails de fécondation in-vitro, de mères porteuses, de foetus et d'opérations chirurgicales exotiques qui ressurgissent sous hypnose.

Si les enlèvements représentent un désir refoulé de maternité, on s'explique mal le dégoût et parfois même l'horreur ressentie par les mères putatives à qui l'on essaie, par exemple, de faire tenir dans leurs bras leur pauvre petit rejeton. Chez les adolescents, et ils sont nombreux dans ce cas, à qui l'on prélève du sperme ou des ovules, il est permis de douter que le désir d'avoir un enfant soit vraiment prédominant au point de leur faire créer de toute pièce un tel scénario. Quant aux fécondations in-vitro ou aux prélèvements par le nombril; ces techniques étaient parfaitement inconnues à l'époque des premiers rapts recensés.

Dans « Secret Life » de David Jacobs, il est précisé que sur les 15 femmes à qui l'on présente des bébés, hybrides, 10 avaient déjà eu des enfants et n'avaient aucun projet pour en avoir d'autres, une seule prévoyait d'en avoir un dans un futur proche, et quatre n'en voulaient pas.

Influence de la science-fiction

La thèse selon laquelle les descriptions d'enlèvements ne seraient pas autre chose que des souvenirs de lectures ou de films ne convaincra au mieux que des lecteurs qui ne connaissent rien à la science-fiction ou rien aux enlèvements. Passe encore, comme le fait Bertrand Méheust dans son ouvrage « Science-fiction et soucoupes volantes » de prétendre que les témoignages concernant les objets volants non-identifiés reflètent avec un certain décalage dans le temps des thèmes de Jules Verne ou Paul d'Ivoi; c'est inexact mais vaguement plausible. En ce qui concerne les témoignages de rapts assortis d'examens médicaux que nous étudions, une thèse semblable est indéfendable pour une simple raison : les témoignages sont trop identiques. Cette absence complète de variété, est probablement l'un des arguments les plus forts en faveur d'une certaine forme de réalité de ces évènements.

S'il fallait encore critiquer la thèse d'une influence de la science-fiction sur les témoignages d'enlèvements, il serait bon de noter que les thèmes principaux qui font des « extraterrestres » des monstres sanguinaires, torturant ou violant, avides de conquêtes ou de pouvoir, comme le sont les êtres humains, ne s'appliquent pas le moins du monde aux descriptions obtenues sous hypnose. Les « visiteurs » sont asexués, indifférents au pouvoir qu'ils exercent comme aux souffrances mentales qu'ils provoquent, pressés, méthodiques, et, très important pour nos egos, il sont plus petits et moins forts que nous. En fait d'horribles machoires armées de dents énormes, leur bouche n'est qu'une fente sans lèvres dont ils ne se servent même pas pour parler.

THEORIES (ENCORE PLUS) FARFELUES

Comme leur nom l'indique elles méritent à peine d'être mentionnées. Elles prétendent remplacer l'irrationalité, supposée, de l'hypothèse extraterrestre par des concepts encore plus improbables. Il est bien possible que les thèses proposées ne soient que des exemples plus ou moins maladroits de désinformation. Qu'on en juge.

L'inconscient collectif

Inventé par Jung, ce concept ne prétendait rien apporter d'autre qu'une aide à l'interprétation de certains rêves. Son auteur n'imaginait certainement pas proposer grâce à lui une explication à des observations faites à l'état de veille et confirmées par des radars, moins encore à des traces concrètes et matérielles. Est-il utilisable pour expliquer les enlèvements ? Pas en tout cas sous sa forme actuelle. Si par hasard l'hypnose fait ressurgir de nos inconscients individuels des schémas aussi précis et aussi constants que ceux qui sont restitués par les victimes, il faut bien que le modèle existe quelque part dans notre inconscient collectif avec tous ses détails. Il faudrait imaginer comment il a pu s'élaborer ainsi et anticiper au passage, (mais à quelle époque ?) des découvertes technologiques telles que la coélioscopie, les fibres optiques, la fécondation in-vitro, les implants d'embryons et le transfert dans des matrices artificielles de foetus viables de trois mois. Il faudrait de plus expliquer pourquoi cet aspect particulier et imprévisible de l'inconscient collectif n'apparaît que sous hypnose et à un nombre restreint de personnes. Il faudrait enfin définir de nouveaux rapports entre l'hypnose et cette hypothétique mémoire commune et comprendre pourquoi nous n'avons pas tous accès à cet intéressant sous-ensemble de notre patrimoine commun. Il est inutile d'aller plus loin dans cette voie, sinon pour montrer les difficultés considérables qu'entraîne cette intéressante théorie. Jung lui-même, vers la fin de sa vie en savait beaucoup plus qu'on ne l'imagine généralement sur les disques volants, dont la réalité était déjà bien connue de quelques uns. Il déclarait en 1958 au sujet des ovnis :

« Nous avons à faire à un phénomène ostensiblement physique caractérisé par des apparitions fréquentes, et d'autre part, par sa nature étrange, inconnue et vraiment contradictoire. »

Traumatisme de la naissance

Encore une explication surprenante, médico-psychanalytique cette fois. Certaines personnes garderaient un souvenir précis de leur naissance, et selon le docteur Alvin Lawson, la vision de petits êtres à grosses têtes après un passage difficile dans un boyau étroit ne serait rien d'autre. Comment le pauvre bébé voit-il de façon précise ce qui se passe ? Pourquoi certains souvenirs comportent-ils une phase de déshabillage puis de rhabillage, assez cocasse dans le contexte, ou bien la vision d'adultes qui attendent leur tour assis sur des sortes de banquettes ? Mystère ! Pourquoi les personnes venues au monde par césarienne ont-elles des souvenirs en tout point semblables à ceux des malchanceux obligés d'emprunter la voie étroite ? Mystère.

Pourquoi gâche-t-on du papier à imprimer de telles niaiseries ? Simplement pour éviter d'avoir à les réfuter plus tard et parce que, incroyable mais vrai, elles ont été sérieusement proposées comme explications globales du phénomène que nous étudions.

Réalités alternatives

L'esprit humain serait capable de créer, c'est le mot, une réalité alternative, mais oui, dans laquelle tout ce que décrivent les témoins d'apparitions d'ovnis et les victimes d'enlèvements serait vrai, sans la moindre restriction : extraterrestres, soucoupes volantes, cigares des nuées, grands galactiques et petits gris, mais attention, tout dans la tête et rien au dehors ! Avec cette modeste restriction qui exonère définitivement tous les responsables politiques et militaires, nous avons finalement le droit d'y croire. Tout est vrai, les témoins ne sont même pas des hallucinés ou des affabulateurs, le persiflage des scientifiques est indécent, mais à condition que tout se passe, comme aurait dit Pierre Dac, du côté d'ailleurs.

Il est certe un peu difficile de faire la différence entre cette « réalité alternative » proposée par nos bons apôtres, et ce que nous appelions jadis l'imagination, mais il en existe peut-être une tout de même, puisque les radars, les pellicules photo et les caméscopes les plus dépourvus de cette denrée semblent eux aussi détecter certains aspects de cette étrange « réalité ». Des noms d'auteurs ? Ils sont devenus, au cours des années, d'une délicate et bien compréhensible modestie.

EN RESUME,

les hypothèses variées qui prétendent expliquer, ou plutôt nier, la réalité des rapts vécus par de nombreuses victimes paraissent toutes insuffisantes et incapables de rendre compte des constantes que nous avons notées dans le syndrôme « post-enlèvements ».

Les explications psychologiques :
- Affabulations
- Refoulement de sévices, sexuels ou autres, vécus pendant l'enfance,
- Contagion hystérique,
- Etats proches du sommeil,
- Besoin de croire,
- Illusions créees par l'utilisation de l'hypnose,

Les appels à la psycho-pathologie :
- Psychoses,
- Dysfonctionnement du lobe temporal,
- Personnalités multiples (dont nous n'avons pas parlé),

Les explications culturelles :
- Désir d'avoir un enfant,
- Influence de la science-fiction,
- Folklore (évoqué lors d'un précédent chapitre),

Les thèses « exotiques » :
- Traumatisme de la naissance,
- Appel à l'inconscient collectif,
- Réalités alternatives,

s'avèrent incapables de remettre en cause la « matérialité » des enlèvements. Nous sommes donc amenés à inclure cet aspect imprévu de l'hypothèse extraterrestre avec le reste de nos éléments, tout en restant extrêmement prudents quant à ce que recouvre cette notion. La seule « matérialité » de ces évènements est peut-être, et uniquement, le fait qu'ils sont sciemment produits dans le conscient de leurs victimes, par une agence non-humaine, avant d'être occultés par une procédure inconnue.

Cette restriction est probablement un peu trop radicale dans la mesure où certaines cicatrices, des indications de grossesses médicalement vérifiées et des traces de traumatismes semblent bien posséder une réalité physique plus concrète que de simples souvenirs.

Une certaine forme de réalité attachée aux enlèvements ne préjuge en rien de l'exactitude, dans le détail, des témoignages. Des zones d'ombre subsistent. Rien n'interdit par exemple de penser que tout ou partie des expériences vécues puisse être une forme de camouflage tranquillisant presque anodin au regard de ce qui se prépare. Nous en reparlerons.

Nous sommes conduits à intégrer dans l'hypothèse que nous construisons les témoignages concernant les enlèvements d'êtres humains par des entités biologiquement différentes de nous, disposant d'une technologie dont une partie au moins semble complètement hors de notre portée pour l'instant.

Nous n'avons aucun moyen d'accéder à la totalité des faits ni d'évaluer leur matérialité.

La nécessité d'une analyse serrée des descriptions et d'un examen critique des moindres détails n'échappera à personne, toutefois, ce nouvel aspect du problème nous donne accès à une source d'informations d'une extrême richesse. Par rapport à l'étude extérieure de lumières dans le ciel, les récits des rapts dont sont victimes un nombre considérable de nos semblables nous permet d'entrer à l'intérieur des vaisseaux, de voir par les yeux des témoins des êtres de nature inconnue, de communiquer avec eux de façon limitée et d'observer des objets, des machines, des instruments et du mobilier qui ne sont pas, de toute évidence, d'origine humaine. C'est infiniment plus que les informations techniques recueillies par les spécialistes de l'Army Air Force en 1947, après le crash, probable, de Roswell. Certes, nous ne disposons pas de débris matériels que métallurgistes et chimistes pourraient examiner à loisir, nous n'avons pas de corps à autopsier ou de systèmes de propulsion à étudier, mais nous pouvons apercevoir ce que personne ou presque n'avait vu : le comportement d'entités étrangères dans leur propre environnement et leurs actions vis à vis de représentants de notre espèce.

Il est presque impossible de comprendre pourquoi aucun scientifique ne s'est encore jeté sur cette manne, pourquoi aucun étudiant n'a jamais entrepris de thèse utilisant la somme déjà énorme d'informations disponibles, et pourquoi ethnologues, sociologues et historiens refusent avec une belle unanimité d'examiner les éléments déjà recueillis, dès qu'ils suggèrent une cause extraterrestre. L'amateur que je suis préfèrerait beaucoup étudier les conclusions de spécialistes formés à ce travail que de risquer, par son inexpérience, de gâcher ses chances de comprendre ce qui se passe,... et ce qui se prépare.

CHAPITRE 7

LES EXTRATERRESTRES

La première question qui vient à l'esprit, si l'on considére comme réels les rapts ou enlèvements que nous venons de décrire, est bien évidemment : « Qui sont-ils ? Quels êtres sont responsables de ces sévices ? ». Mais nous n'avons pour l'instant aucun moyen d'y répondre directement. L'hypothèse que nous construisons prévoit simplement une présence non-humaine indéterminée à l'origine des manifestations de disques volants et autres engins exotiques. Elle affirme, suivant en cela les conclusions de l'Air Materiel Command dans le document du 27 septembre 1947, qu'une partie au moins des témoignages recueillis concerne des objets manufacturés, intelligemment pilotés, et dotés de performances impressionnantes. Elle est pour l'instant muette quant à l'origine, les motivations et la forme des entités présentes. Rien n'interdit même de penser que les rares humanoïdes observés par quelques témoins auprès de véhicules posés au sol puissent n'être que des exécutants subalternes, aux ordres de puissances qui resteraient dans l'ombre.

Avec les enlèvements, nous disposons d'une source d'informations abondantes sur les personnages qui mettent en oeuvre des procédures qui ressemblent à des examens médicaux et des prélèvements de matériel génétique sur des hommes et des femmes de notre planète. Il faut garder en mémoire le fait que les témoignages comportent des éléments douteux, puisque certaines entités semblent capables d'agir sur le psychisme humain pour induire par exemple des émotions dans les consciences de leurs victimes. Nous n'aurons garde d'oublier que, même après une régression hypnotique réussie, une partie des souvenirs reste perdue.

Forme physique des entités

Elle est relativement secondaire dans la mesure où elle ne nous permet pas de répondre aux questions légitimes que nous nous posons sur elle. C'est avec la même curiosité que les enfants de Shangaï manifestaient devant les cheveux blonds et les yeux bleus de l'officier mécanicien de notre équipage, que nous allons en relever quelques détails.

Betty Andreason, la victime d'enlèvements en série décrits par Raymond Fowler, se découvrit un véritable talent de dessinateur et nous livre, en particulier dans l'ouvrage intitulé « The Watchers », déjà cité, des portraits en pied d'entités qui ne semblent pas particulièrement effrayantes.

Elles sont de petite taille par rapport à nous, 1 mètre à 1 mètre 30 au maximum. La tête, légèrement plus développée que la nôtre, paraît de ce fait beaucoup plus grande. Le cou est très raccourci, les épaules semblent en proportion plus larges, les bras d'apparence humaine se terminent par des mains aux doigts épais, quatre semble-t-il, donnant l'impression quand ils sont fermés d'une anémone de mer, donc sans pouce opposable. Les proportions générales des jambes et du corps sont assez humaines. Elles évoquent celles d'un enfant de 4 ou 5 ans. Les pieds, chaussés de bottes qui prolongent une combinaison sans fermeture apparente, sont assez curieux. La partie avant est beaucoup plus large que le talon et même que la jambe, à moins qu'il ne s'agisse d'une maladresse de l'artiste.

Les visages ne sont pas laids, moins encore repoussants. Triangulaires, avec une bouche sans lèvres et un nez réduit à de minuscules narines, ils sont dominés par de très grands yeux sombres, sans pupille, iris ou « blanc » visibles. Ils sont certainement l'élément le plus inquiétant car leur regard est difficile à soutenir. S'ils ont des paupières, elles ne sont pratiquement jamais décrites par les témoins. Le front n'a pas exactement la forme régulière d'un front humain et comporte des protubérences inconnues chez l'homme. Les pommettes sont visibles ce qui pourrait indiquer le passage d'un muscle maxillaire et une mobilité de la machoire inférieure.

Sont-ils capables de parler, c'est-à-dire de provoquer dans l'air des vibrations modulées audibles ? Rien n'est moins sûr. Ils semblent communiquer avec les personnes enlevées grâce à une forme particulière de télépathie à courte distance qui fait apparaître directement dans le conscient de leur interlocuteur « l'impression » de mots prononcés clairement, mais les témoins sont presque tous formels :

ils n'ont rien entendu avec leurs oreilles. Dans un petit nombre de cas, des entités semblent communiquer entre elles dans un langage inconnu. Le font-elles verbalement ou bien les témoins sont-ils capables d'intercepter mentalement des transmissions qui restent incompréhensibles car elles ne leurs sont pas destinées ? Il est pour l'instant impossible de trancher.

Intelligence supérieure ?

La plupart des auteurs parlent volontiers de « l'intelligence supérieure » des êtres qui sont observés par les victimes des enlèvements, bien que certaines d'entre elles se considèrent plutôt comme des élus que comme des cobayes ! Cette supériorité intellectuelle n'est pas du tout manifeste. Nous en rechercherions en vain la moindre preuve dans leurs déclarations ou dans leur comportement. Ces remarques ne prétendent pas affirmer que les êtres décrits par les témoins ne sont pas en réalité des génies par rapport à nous, mais simplement de rappeler que leur supériorité intellectuelle, pour l'instant hypothétique, n'est pas vraiment démontrée par les faits.

Les entités les plus nombreuses, celles de petite taille qui semblent exclusivement chargées de la partie matérielle des examens, apparaissent aux témoins comme très compétentes, adroites et rapides dans l'exécution de leurs tâches. Elles communiquent peu et presque toujours pour donner des consignes simples : « allongez vous, calmez vous, n'ayez pas peur, dépêchez vous, etc. ». Dans un nombre non négligeable de cas, quand un patient fait preuve de mauvaise volonté, refuse une suggestion ou un examen, elles semblent décontenancées, et mal préparées à une résistance. Il leur arrive alors de perdre une partie de leurs moyens, de ne plus savoir que faire. Si l'adaptabilité aux circonstances imprévues est un des aspects de l'intelligence, elles en semblent moins bien pourvues que la plupart des infirmières humaines. Si par ailleurs ces êtres possèdent une culture, un sens de l'humour, une appréciation de la beauté ou une intelligence supérieure à la nôtre, nous n'en avons pas la moindre preuve.

Les entités de plus grande taille, qui semblent diriger les autres, peuvent manifester une certaine impatience quand leurs subalternes n'exécutent pas parfaitement leur tâche. Elles donnent toujours l'impression d'être responsables de l'ensemble de l'examen mais se consacrent quant à elles aux observations mentales ou psychiques. Elles sont toujours perçues comme plus « humaines » que les autres et sont très souvent décrites par les patients comme des « docteurs » ou des « professeurs ». Elles sont capables de provoquer les attachements émotionnels parfois très forts chez leurs victimes qui peuvent alors ressentir pour elles une émotion proche de l'amour. Certaines de ces entités donnent une vague impression de féminité. Toutes semblent témoigner d'une certaine compassion pour la détresse que le rapt et ses péripéties provoquent chez leurs victimes. Toutefois, elles ne se donnent pas toujours la peine de calmer, comme elles savent le faire, une douleur ou une angoisse, et ce sont elles qui provoquent parfois, par des manipulations mentales, des réactions sexuelles violentes et complètement artificielles, dont le souvenir retrouvé sous hypnose, laisse toujours à la victime la désagréable impression d'avoir été littéralement violée.

Ces êtres, contrairement à leurs « assistants », possèdent une indéniable supériorité sur nous. Ils sont capables de modifier directement nos émotions ou de les évoquer, par le simple intermédiaire de leur regard. C'est assez inquiétant. Sont-ils d'une intelligence plus grande que la nôtre ? Probablement, et si ce n'était pas le cas, ils nous domineraient tout de même par le simple fait de l'ascendant qu'ils peuvent prendre sur nous. Rien ne prouve pour autant que ces entités soient beaucoup plus que des chefs de clinique, ou leur équivalent extraterrestre. Spécialisés, disposant d'un groupe d'aides et d'un équipement adaptés à leur fonction, sont-ils autre chose que des rouages, participant à une organisation dont nous pouvons imaginer la complexité ? Il ne possèdent en tout cas aucun attribut divin ou angélique. L'angoisse et le sentiment d'aliénation ressentis à leur contact ne semblent pas très différents de ce que nous pourrions éprouver au cours d'une hospitalisation d'urgence.

Existe-t-il d'autres entités accessibles grâce à des témoignages ? Oui, mais nous ne disposons à leur sujet que d'informations peu nombreuses, obtenues au cours de quelques séances de régression hypnotique pratiquées en France. Réalisées dans d'excellentes conditions de fiabilité, elles ont peut-être, c'est-à-dire sous toutes réserves, provoqué des réactions intéressantes de la part des visiteurs. Par prudence et en attente de confirmations ultérieures, nous livrons ici une facette originale, « française » puisque les évènements se sont déroulés en Seine-et-Marne, du problème général que nous étudions. Pierre devait avoir une douzaine d'années au moment où se sont déroulés les faits dont il se souvient maintenant clairement après avoir effectué une régression hypnotique assez éprouvante, en Avril 1993.

« Je suis dans un long couloir incurvé où je me déplace, avec mon “professeur” dans un véhicule silencieux. Nous croisons des “personnes” d'un type que je connais bien. Elles ont toujours sur l'avant-bras gauche une sorte de boîte rectangulaire plate, avec des touches et un écran, peut-être une sorte de computeur, qu'ils sont toujours en train de consulter. J'en vois un de profil. Son visage est complètement plat mais l'arrière de sa tête est bombé et forme deux hémisphères bien distincts. Je pense qu'il porte une sorte de robe sombre, gris-marron (sic) et un capuchon qui est rejeté en arrière. Ce n'est pas comme une robe de moine, elle n'est pas serrée à la ceinture. »

« Je n'ai pas du tout l'impression d'être prisonnier ou surveillé. Je suis libre de jouer dans une salle triangulaire aux angles arrondis. Je m'amuse à courir d'un coin à un autre. Je suis tout seul, parce qu'on a confiance en moi. Il y a un hublot horizontal dans un renfoncement, à un mètre du sol environ. Quand je regarde dehors je vois des étoiles en dessous de nous. »

« Je suis content. J'ai bien travaillé et je vais faire le retour au poste de conduite. On m'a dit :'tu sais, on va aller revoir maman !'. Quelqu'un est à côté de moi, et nous sommes derrière une sorte de barrière basse qui nous sépare de... de la personne qui conduit. Je ne vois que l'arrière de sa tête... Non, ce n'est pas un homme, je ne crois pas, mais il n'est pas non plus comme mon “professeur”. Je vois dehors mais c'est la nuit, je vois aussi des instruments de bord et des lumières devant le conducteur. »

D'autres éléments, qui n'ont pas leur place à ce point de notre étude, se sont fait jour après la régression proprement dite. D'immenses zones d'ombre subsistent, mais l'impression générale est celle de l'instruction prolongée d'un jeune humain par une entité inconnue, au cours d'enlèvements répétés, dans un cadre qui suggère un vaisseau en vol. Les épisodes typiquement « américains » d'examens médicaux et de manipulations sexuelles sont complètement absents. Pierre ressent aujourd'hui beaucoup de respect pour ses « mentors », ce qui est une indication presque certaine qu'il s'est lui aussi senti respecté et apprécié. Il est confusément persuadé d'avoir été préparé pour une tâche future dont il ne **doit pas** se souvenir pour l'instant. L'amnésie qui bloquait sa mémoire semble partiellement levée mais se double d'un verrouillage émotionnel très fort, utilisant de manière originale un sentiment complexe de culpabilité et de loyauté, pour l'instant impénétrable. **Il n'est pas certain que Pierre survivrait à une tentive brutale de destruction de ce barrage**. Nous n'en dirons pas plus pour l'instant.

Dans ce cas précis, la supériorité intellectuelle est évidente, mais ne signifie pas grand chose puisqu'il s'agit d'une relation de maître à élève.

Erreurs d'appréciation

Elles sont nombreuses et surprenantes de la part d'êtres qui semblent par ailleurs bien nous connaître. Elles tempèrent l'impression d'impuissance totale que nous pourrions ressentir devant les évidentes prouesses techniques et mentales de nos visiteurs et sont de ce fait plutôt rassurantes. Dans le domaine de la sexualité ou des sentiments humains, l'incompétence des « étrangers » est presque risible et leurs raisonnements implicites navrants. Contentons-nous de quelques échantillons.

- Les femmes à qui l'on demande de prendre dans leurs bras des bébés hybrides sont souvent révoltées par l'aspect des pauvres êtres que l'on essaie de leur faire cajoler. Les extraterrestres qui les présentent ne semblent pas réaliser que leurs exhortations du genre : « regardez comme il est mignon ! » ne servent rigoureusement à rien. Le sentiment de révulsion subsiste, mais ils ne se rendent compte de rien.
- A l'inverse, il arrive qu'une terrienne à qui l'on fait tenir dans ses bras un petit hybride ressente une forte attirance vis à vis du « bébé » qui lui est présenté, souvent parce qu'elle est émue par sa petitesse et par sa fragilité. Les entités responsables ne semblent pas comprendre qu'une séparation forcée intervenant presque immédiatement peut provoquer une sensation de déchirement chez la femme.
- Les auteurs des rapts ne semblent pas réaliser que des réactions émotionnelles fortes accompagnent notre sexualité ni que cette fonction chez les très jeunes humains, et chez les moins jeunes, est complexe. Ainsi, ils sont capables de dire à une adolescente de 13 ans : « Il faut vous reproduire, vous devez vous unir avec un mâle pour faire des petits » , sans paraître réaliser la brutalité de leur expression et sans imaginer que l'effet produit sur leur victime puisse ne pas répondre à leur attente.
- De même, alors qu'ils contrôlent et provoquent à volonté l'excitation ou l'érection chez leurs cobayes mâles, ils ne sont pas conscients du fait qu'une éjaculation provoquée artificiellement risque d'être perçue comme un viol insupportable. Ils ne comprennent pas non plus pourquoi certains humains cherchent à leur résister ou à éviter

les procédures qu'ils leur imposent. Presque toujours ils passent outre et se contentent d'augmenter le contrôle qu'ils exercent sur leur victime.

D'une façon générale, les responsables des enlèvements et des examens médicaux ne semblent pas avoir une expérience directe de ce qu'ils étudient sur les humains. Il est hautement probable que leurs différences sexuelles sont très diminuées ou inexistantes. Ainsi, et cette observation est générale, les extraterrestres ne manifestent jamais de colère ou d'aggressivité, émotions qui sont presque, chez l'homme, des caractéristiques sexuelles secondaires. Leur registre émotionnel comprend l'impatience, l'irritation, ils sont capables d'être sévères ou de manifester de la compassion, mais ne perdent jamais le contrôle d'eux-mêmes. Il est possible que la peur leur soit tout aussi inconnue que la colère.

L'absence d'émotions incontrôlées et débilitantes, jointe à une sexualité réduite à l'état de vestige, pourrait bien être l'une des principales sources d'incompréhension et de différence entre ces « visiteurs » et leurs victimes. Notre capacité largement démontrée de tuer et de détruire sans autre cause que des émotions aussi violentes qu'irrationnelles doit pour l'instant représenter un obstacle infranchissable à des relations normales, entre toute espèce civilisée et nous-mêmes. Nous mettons bien les fauves dans des cages avant d'oser les approcher !

J'avoue ressentir une identique révulsion pour les fous furieux, les fanatiques et les alcooliques coléreux. Je ne les approche que contraint et forcé, avec la plus extrême prudence. Cependant je conçois parfaitement que ma tolérance et mon calme habituel pourraient être considérés comme bien fragiles, et si l'un de nos « visiteurs » prenait la précaution de m'immobiliser avant de s'approcher de moi, je trouverais le traitement désagréable mais ne pourrais certes pas lui reprocher sa prudence.

Pouvoirs surhumains

Toutes les entités non-humaines semblent capables d'utiliser une forme de projection mentale pour communiquer, ou créer l'illusion de sons « entendus » directement dans le conscient. Tous les témoins décrivent l'effet produit dans les mêmes termes : l'oreille ne reçoit aucun son, mais l'illusion d'entendre « dans sa tête » est parfaite. Il pourrait s'agir d'une forme limitée mais précise de télépathie, ou de toute autre chose. En effet, malgré les travaux du professeur Rhine avec des cartes portant un nombre limité de symboles, nous n'avons aucun exemple bien convaincant de transmission télépathique vraie, c'est-à-dire de transport direct et précis de pensées ou de mots d'un psychisme à un autre. Il est pour l'instant inutile d'essayer de deviner par quels moyens, biologiques ou artificiels, cette forme originale de communication est obtenue. De même, nous ne savons pas si les « visiteurs » entendent par leurs oreilles, réduites à de simples trous, les paroles prononcées ou s'ils captent directement nos pensées. Nous ignorons s'ils maîtrisent les langues parlées de la Terre ou s'ils disposent, dissimulée dans leur équipement, d'une machine traductrice de dimension suffisamment réduite pour ne pas avoir été remarquée à ce jour.

En pratique ils communiquent facilement avec nous sur des sujets usuels ou courants, ils donnent des ordres très compréhensibles et comprennent les questions qui leur sont posées. Ils utilisent pour ce faire des moyens inconnus qui pour l'instant pourraient tout aussi bien être « magiques », dans la mesure où nous ne comprenons pas leur mode de fonctionnement. Nous avons là, de toute évidence, un exemple supplémentaire d'une technologie non-humaine. En effet, avec nos moyens les plus sophistiqués, nous serions incapables de simuler cette forme de communication. Des enfants ou des humains de petite taille pourraient à la rigueur se déguiser en extraterrestres, ils ne pourraient pas imiter de manière convaincante cette technique inconnue.

Un autre détail plaide en faveur d'un rejet de l'hypothèse d'une forme de télépathie comme nous la concevons, c'est-à-dire d'un échange direct de pensées ou de concepts précis. Les entités de grande taille, les « médecins », sont obligés de se pencher très près des yeux de leurs patients pour, semble-t-il, saisir leurs émotions ou les provoquer. Cette procédure appelée en anglais « mindscan », ou « observation détaillée de l'esprit », paraît être hors de portée des « infirmiers » de petite stature et présenter pour les plus grandes entités des difficultés importantes. Elle ne permet pas d'expliquer des échanges de paroles à une distance de plusieurs mètres. Elle représente un « pouvoir » hors de notre portée : celui de déceler et surtout provoquer à volonté des émotions allant jusqu'à une excitation sexuelle irrépressible. Il faudrait à une agence humaine un emploi de drogues et d'une forme d'hypnose qui laisseraient des traces pour induire artificiellement les états que décrivent les victimes. L'expérience montre qu'elles auraient alors des souvenirs différents de ceux qu'elles décrivent.

Les entités observées, quelles que soient leurs tailles ou leurs fonctions exactes, semblent capables de calmer les émotions des humains qu'elles enlèvent, de façon directe, sans faire appel à des moyens techniques visibles. De même, un geste de la main devant les yeux suffit souvent à supprimer la douleur. Certains humains sont capables d'obtenir des résultats semblables en utilisant des méthodes similaires. Un grand calme intérieur est communicatif, et le geste d'une maman ou une caresse peut parfois calmer un gros chagrin ou une petite douleur. Le « pouvoir » des êtres observés semble toutefois plus grand et plus précis que le nôtre dans ce domaine. Les autres capacités surhumaines dont parlent les témoins semblent faire appel à une technologie utilisant au moins en partie un support matériel.

Supériorité technique

Dans ce domaine, les documents sont abondants et nous en avons déjà mentionné quelques uns. Nous conserverons simplement en mémoire, avant de laisser libre cours à notre incrédulité, la mise en garde souvent répétée :

Une science très en avance sur la nôtre doit obligatoirement comporter des éléments qui nous apparaîtront comme irrationnels ou « magiques ». L'absence d'éléments de ce type signifierait presqu'à coup sûr que nous sommes confrontés non pas à une technologie « extraterrestre », ou « plus qu'humaine », mais plutôt à une mise en scène ou à un simulacre, probablement élaboré par une agence gouvernementale. Qu'on se rassure, les éléments « impossibles » ne manquent pas, comme nous l'avons déjà remarqué au début de cet exposé. Nous en citerons quelques uns qui semblent aujourd'hui encore hors de notre portée :

- Accélérations longitudinales ou normales à la trajectoire très supérieures à tout ce que nous pouvons réaliser actuellement. Détectées dès juillet 1952 au-dessus de Washington DC, elles étaient alors déjà plus impressionnantes que celles mesurées en Belgique par le système de tir d'un avion de chasse pendant la vague d'observations de 1989-1990. Elles dépassent de très loin ce qu'un corps humain peut supporter, même avec des combinaisons de vol « anti-g » et suggèrent fortement des moyens de propulsion originaux.
- Vols stationnaires silencieux d'engins massifs capables par ailleurs des accélérations que nous venons de mentionner.

- Disparitions progressives « sur place » d'engins massifs détectés au radar.
- Réduction sans changement de forme d'un « disque volant » posé au sol, dans lequel plusieurs personnes venaient d'entrer. (Décrit en détail par Betty Andreason).
- Découverte supposée à l'intérieur d'une « soucoupe » d'un diamètre extérieur inférieur à 10 mètres d'une salle gigantesque de dimensions bien supérieures à celles de l'engin dans lequel elle était contenue.
- Rayons lumineux courbes ou tronqués, généralement émis par des engins en vol. A Gretz-Armainvilliers, les « phares » avant de l'engin émettaient une lumière opaline dense qui s'arrêtait avant d'atteindre le sol, la zone d'extinction progressive était réduite à quelques dizaines de mètres. Les énormes faisceaux cylindriques horizontaux d'une lumière, ou d'une substance, identique s'interrompaient sur une courte distance alors que sur plus d'un kilomètre de longueur ils ne subissaient aucune diminution d'intensité. Une des photos de Gulf Breeze*, si elle est authentique, montre clairement, sortant d'un engin bizarre, un phénomène du même genre.
- Invisibilité momentanée d'un engin posé au sol qui disparaît et reparaît à la même place. Observé, si les témoignages rapportés sont exacts, par le Président Eisenhower le 20 février 1954 sur la base de Muroc (Californie) et par les résidents de Voronej en Russie, le 27 septembre 1990 à 18 heures 30. Des écoliers, une jeune fille, Julia Sholokhova, et une quarantaine d'adultes furent témoins de ce phénomène**.
- Immobilisation des victimes par un rayon lumineux issu d'un objet tenu à la main. Elles restent paralysées mais conscientes, parfois debout, dans un état de frayeur intense qu'il est facile d'imaginer. Depuis Valensole, en France, les témoignages décrivant ce genre de mésaventures sont nombreux et concordants.
- La capacité de provoquer des amnésies durables, par des moyens qui incluent dans certains cas un signal audible dont les victimes se souviennent. Ce type d'action est une constante présente dans presque tous les enlèvements mais la méthode employée reste à ce jour inconnue. A ma connaissance, nul ne sait vraiment à quoi s'en tenir car les régressions hypnotiques les plus poussées ne

* Voir de Ed et Frances Walters, The Gulf Breeze Sightings, William Morrow and Company, inc., New York, 1990, l'avant dernière page de photos hors-texte situées entre les pages 64 et 65.

** Voir de Jacques Vallée et Martine Castello, UFO Chronicles of the Soviet Union, Ballantine Books, New York, Mars 1992, page 40 et suivantes.

permettent apparemment jamais de récupérer, sur ce point précis, le moindre souvenir qui pourrait orienter les enquêteurs. Nous sommes confrontés à une technique dont nous ignorons tout.

La certitude que les engins observés devaient être, malgré leurs dimensions restreintes, des vaisseaux interplanétaires ou interstellaires ne faisait aucun doute dans les années soixante, sauf pour les chercheurs de l'US Air Force. Ces derniers en effet, avaient noté l'exiguité des disques volants et l'absence de réserves de nourriture. L'idée que l'arrivée de « visiteurs » ne pouvait être que récente, caractérise ce que l'on pourrair appeler l'hypothèse extraterrestre « naïve ». Les chercheurs civils n'imaginaient pas alors que la découverte d'une planète aussi importante que la Terre et d'une espèce aussi intelligente que la nôtre pourrait être autre chose qu'un évènement de première grandeur ! Un contact respectueux, entre pairs, ou une guerre sans merci étaient les seules issues imaginables d'une telle rencontre. Aujourd'hui encore, le mépris ou simplement le manque complet d'intérêt dont font preuve les entités qui nous visitent pour nos grandioses réalisations, est une des raisons avancées par de nombreux terriens pour nier la possibilité d'une présence étrangère. La probabilité d'une présence ancienne, qui se compterait en milliers, ou en centaines de milliers, d'années, nous oblige à réviser ces « certitudes ». Dans cette hypothèse, un transport important de matériel et de « personnel » a dû se produire au moment de la mise en place de la mission. La possession actuelle de tels moyens n'est peut-être plus indispensable. Après l'établissement de bases permanentes relativement proches dans le système solaire ou même sur Terre, la mise en oeuvre de moyens de déplacements interstellaires fréquents n'est plus nécessaire. Toutefois, la dimension des vaisseaux observés, à Gretz-Armainvilliers : 400 mètres de long et 80 mètres de large environ, suggère une autonomie de vol importante, donc un rayon d'action impressionnant.

Est-il besoin de préciser que les performances techniques décrites, attestées par de nombreux témoignages, sont pour l'instant hors de notre portée ? La science qui pourrait les expliquer ou simplement laisser prévoir leur réalisation future est inconnue. La possibilité que des bribes de ce savoir puissent actuellement faire l'objet d'études conjointes entre de petits groupes sélectionnés de techniciens américains et des initiateurs non-humains appartient pour l'instant au domaine des rumeurs invérifiables. Elle ne changerait rien au fait que l'humanité n'a pas accès, collectivement, à cette manne d'informations.

- Variété des « extraterrestres »

Elle est beaucoup plus limitée que ne le laissait prévoir la science-fiction, n'en déplaise aux tenants des théories bien connues « expliquant » tous les témoignages par des causes socio-culturelles. Elle est pourtant assez grande pour englober plusieurs espèces distinctes.

Les entités de taille modeste, au teint grisâtre ou blafard, aux traits du visage peu accentués, aux têtes surdimensionnées par rapport aux nôtres et dont les yeux immenses impressionnent tant les observateurs, semblent comporter quelques variantes. Les êtres, récupérés selon toute probabilité au nord-ouest de Roswell* en juillet 1947, semblent avoir eu des mains différentes de celles dessinées par Betty Andreason. De même, le témoignage de l'embaumeur ayant traité les cadavres et ses croquis précis indiquent des proportions différentes pour les bras, beaucoup plus courts que les avant-bras. Nous avons vu que les entités de relativement grande taille, qui semblent remplir les fonctions de psychologue et de chef des groupes d'examen, sont ressenties comme différentes de leurs subalternes. Elles sont parfois perçues par les patients humains comme vaguement féminines alors que les autres ne semblent pas présenter les signes de la moindre différentiation sexuelle.

En dehors de ces personnages gris, d'autres entités visiblement non-humaines apparaissent dans quelques descriptions. Leur taille peut atteindre 1 mètre 60 ou 1 mètre 70. Vu de profil le visage est curieusement plat alors que l'arrière de la tête forme une double bosse très développée. De face, ils ressemblent un peu aux précédents, mais ils sont facilement reconnus, ce qui pourrait indiquer des traits mieux définis. Ils ne participent à aucun examen médical mais paraissent plutôt spécialisés dans l'enseignement et la formation de jeunes humains. Ils sont respectés, et manifestent toujours une attention bienveillante à leurs « élèves ».

Il est possible que ces variantes soient artificiellement induites pour des raisons pratiques de spécialisation. Nous serions dans cette éventualité en présence d'une seule espèce humanoïde. Si la thèse que nous avions évoquée d'une « pan-spermie » artificielle, répandant des matériaux génétiques de même origine dans toute notre galaxie, doit être retenue, les différents êtres observés pourraient

---

* Voir de K. Randle et D. Schmitt UFO crash at Roswell Avon Books USA 1991 ou de J.G. Greslé O. V. N. I., un pilote de ligne parle, Editions Guy Trédaniel, Paris 1993.

être le résultat de mutations naturelles anciennes à partir d'un matériau de base unique. Ce point n'est pas très important en lui-même mais il serait possible d'y voir un début de confirmation du scénario de dissémination de la vie que nous avions évoqué au chapitre 3, comme extension de la thèse de Von Neuman.

Une autre possibilité fascinante est évoquée par les entités responsables des enlèvements en série de Betty Andreason : ils seraient fabriqués à partir de foetus de quelques mois, dont on ignore s'ils sont totalement humains ou déjà hybrides au moment de l'implantation des ovules fécondées dans les matrices des mères porteuses. A ce niveau, la maîtrise d'une « bio-génétique » venue d'ailleurs permettrait de donner des caractéristiques légèrement différentes, adaptées à des besoins précis, aux différents types « d'entités biologiques extraterrestres » que les témoins décrivent. Si notre hypothèse devait se confirmer, nous aurions un début d'explication aux différences observées par exemple entre les croquis d'humanoïdes exécutés par l'embaumeur de Roswell et les remarquables dessins de Betty Andreasson : les premiers seraient adaptés à une fonction de pilotage, les seconds pourraient être des zoologistes par exemple.

Des êtres que rien ne différencie des humains sont souvent observés. Ils peuvent avoir des fonctions apparentes impliquant une responsabilité, par exemple former l'équipage d'un engin en forme de disque, ou superviser l'ensemble d'une salle d'examen où s'affairent les entités que nous venons de décrire. Ils n'ont jamais été observés en position subalterne ou privés de leur liberté. C'est assez rassurant. Cela pourrait indiquer que nos trop évidentes déficiences, celles qui nous interdiraient pour l'instant d'accéder à une association quelconque avec d'éventuels partenaires non-humains, pourraient être culturelles plutôt que génétiques. Une éducation convenable, au sens où pourraient l'entendre d'autres espèces, permettrait à certains humains d'accéder à des fonctions pour l'instant inaccessibles à ceux d'entre nous qui se comportent comme des primates stupides et brutaux, ou tout au moins considérent que la guerre et la violence sont des activités humaines parfaitement acceptables et même honorables. Plus prosaïquement, les humains observés en liberté, et le plus souvent en uniforme, pourraient être des leurres présentés ostensiblement pour rassurer les victimes d'enlèvements,... ou les enquêteurs.

Dans d'autres cas, si l'apparence est humaine, les dimensions sont inconnues sur Terre. En Russie, dans les années 80, des êtres nous ressemblant mais mesurant deux bons mètres quarante, ont été observés à plusieurs reprises, se promenant dans le plus simple appareil dans des parcs publics. A Voronej, le personnage vu par les témoins était vêtu d'une sorte de scaphandre qui pouvait dissimuler un robot, de trois mètres de haut, ou un humanoïde.

Des êtres pratiquement semblables à nous et de taille inférieure à 2 mètres, beaux, blonds, des deux sexes, portant des cheveux longs curieusement rugueux, ont été plusieurs fois décrits, malheureusement par des « contactés » et non par des victimes d'enlèvements. La certitude de sincérité, à défaut d'exactitude, que donne l'hypnose est alors absente. Puisque les personnes enlevées restent conscientes, leurs souvenirs sont en principe intacts et cette procédure n'est jamais utilisée. A priori, il n'existe aucune raison de ne pas accorder aux « contactés » le même crédit qu'aux observateurs décrivant des lumières, ou des engins exotiques, dans le ciel. Notre prévention vient probablement du souvenir d'Adamski et de ses fidèles, ainsi que des sectes du même genre qui pullulent un peu partout. La réserve dont je fais preuve à leur égard est peut-être injuste car ils peuvent, dans certains cas, avoir été les victimes innocentes d'agences qui ne sont pas humaines ou de manipulations para-militaires à la mode.

Il existe d'autres, beaucoup d'autres, variétés « d'extraterrestres ». Des nains assez laids aux longs cheveux jaunes, d'horribles petits monstres poilus, bipèdes, et qui semblent tout droit sortis de La Guerre des Etoiles. Parfois, si la silhouette est humaine, les êtres observés sont tellement lumineux que leur éclat blesse les yeux des observateurs. Récemment, à Porto Rico, des témoins ont rencontré une « famille » d'humanoïdes graciles, aux longues oreilles et aux visages triangulaires. Leurs pieds à trois doigts évoquaient des oiseaux, des reptiles, ou l'irrésistible Maître Jeddaï créé par Stephen Spielberg !

Le problème des « contactés »

Depuis toujours, des humains ont prétendu avoir été choisis par des entités supérieures pour servir d'intermédiaires à un enseignement venu d'ailleurs, destiné au perfectionnement de l'humanité souffrante. Avec la venue des vagues de disques volants en 1947, peut-être pour exploiter un nouveau filon de crédulité publique, peut-être aussi pour mieux déconsidérer aux yeux des rationalistes et des scientifiques un sujet explosif, à la suite des publications de George Adamski, des associations et des sectes affirmant avoir des contacts avec des « extraterrestres » ont vu le jour. Leurs membres étaient-ils tous des mythomanes ou des escrocs ? Il serait imprudent de l'affirmer mais il serait tout aussi dangereux d'accepter sans examen la moindre de leurs affirmations. En fait, les informations sensationnelles que ces organisations véhiculent sont généralement dénuées d'intérêt, de preuves, et de nouveauté. Quand elles évoquent de vrais problèmes, comme ceux du désarmement et de la pollution, ce sont dans des contextes tellement outrés que le citoyen le mieux disposé en arriverait à douter de leur bien-fondé ! Elles parviennent ainsi avec un certain succès à réaliser l'amalgame souhaité depuis plus de quarante ans par l'exécutif américain entre les témoins pensant avoir observé le passage d'un objet volant inconnu et des illuminés qui se prennent pour de nouveaux Messies. Nous n'utiliserons ici aucune de leurs affirmations et c'est un peu dommage, car la plupart prétendent tout savoir des extraterrestres, et des extragalactiques, dont nous recevons la visite. Ils connaissent, bien évidemment, le nom du commandant en chef et des principaux archanges.

Il existe cependant un nombre non négligeable de « contactés » qui ne sont liés à aucune organisation, ne recherchent aucune publicité, et semblent raisonnablement sains de corps et d'esprit. Sont-ils authentiquement en contact avec certains groupes non-humains ? C'est possible. Ont-ils accès à une connaissance privilégiée ? Si oui, ils n'en font généralement pas profiter les êtres humains « ordinaires ». Les raisons peuvent en être multiples, et nous allons essayer d'en évoquer quelques unes.

- L'enseignement qu'ils reçoivent est difficile à comprendre car il semble faire appel à des notions inconnues de la plupart de nos contemporains, occidentaux ou non. Quelques exemples suffiront :

> « La **lumière** a créé, à nous de refléter sa lueur. L'**âme** doit être le précurseur de cette **lumière** et elle doit refléter sa douceur pour que l'homme retrouve en lui l'union dans sa propre création. »
>
> « Le seul réseau qui amène la volonté de l'homme à guider son **esprit**, c'est la marche vers la **lumière**. »

Il n'échappera à personne que ces phrases et leur choix très particulier de vocabulaire ont une valeur évocatrice mais ne transmettent, faute d'un contrat sémantique précis, aucune information.

- D'autres messages semblent recommander une conduite, ou une attitude morale plus compréhensible, mais particulièrement difficile à suivre :

« ...pour aller vers la lumière, il faut passer par l'amour divin, la tolérance, et la sagesse. »

« Nos peuples peuvent s'unir tous ensemble pour la paix, l'amour et la tolérance. »

Comme aurait dit dans d'autres circonstances un Président de la République célèbre : « Vaste programme ! »,... d'autant que l'amour divin et la sagesse ne sont pas des concepts ou des principes particulièrement accessibles.

- La remise en cause du dualisme est presque toujours implicite, surtout dans le domaine de la morale. Aucune vitupération contre le péché, d'allusion au « mal », ou à de quelconques attitudes diaboliques. Le discours est généralement unitaire, et rassurant. Quand un couple de contraire est cité, c'est pour nier sa réalité :

« Apprenez à faire la différence entre le jour et la nuit. Plus tard, vous verrez qu'il n'y a pas de différence. Le jour éclaircit la nuit, et la nuit a besoin du jour pour être belle. »

« **L'harmonie** est vivante et somptueuse, elle appartient à toute chose qui a **un coeur et une âme**. Seul l'**amour** peut la diriger et l'employer à bon escient. **L'harmonie dans l'unité** devient alors très pure et en même temps très solide. »

Peut-on parler de verbiage moralisateur, de clichés trop connus, ou de banale religiosité, cent fois entendus dans les sectes ? Il est difficile d'accepter ces condamnations trop faciles. Les sectes, ou les religions révélées, se définissent en opposition avec tout ce qui n'est pas leur propre enseignement. On n'y trouve en tout cas jamais d'appel à la tolérance, à l'harmonie, et à l'union.

- Pas non plus de discours apocalyptique, au moins dans les extraits que j'ai sous les yeux :

« Soyez forts et vigilants, continuez de travailler avec la lumière et vos efforts ne seront jamais vains, mais récompensés pour tout le travail effectué. Ne croyez pas qu'il se crée des temps incertains, bien au contraire (ce qui se passe) est dans l'ordre établi des choses... »

« Je vous appelle... à vous unir tous ! Il est temps que ce qui doit être fait se fasse. Rappelez-vous : « point de place pour la suffisance, la bêtise, l'envie et la jalousie ». Soyez les dignes enfants de la lumière, porteurs d'espérance, d'efficacité, de paix et d'amour. »

Est-ce un message chrétien ? Peut-être, mais avec la tolérance et la paix en plus, et sans le moindre soupçon d'inquisition, de condamnation, d'exclusion, ou de guerre de religion. C'est tout de même assez inhabituel.

Nous manquons certainement d'informations pour comprendre et jauger l'importance des groupes de « contactés discrets ». Contrairement aux autres, qui sont « médiatisés » à outrance et plutôt bien organisés, ceux dont nous parlons sont secrets, ils travaillent dans le plus total anonymat, sans prosélytisme et sans même publier l'enseignement qu'ils reçoivent. Si je prends pour modèle ceux que j'ai eu la chance d'approcher, ils œuvrent avec beaucoup de confiance, surtout sur eux-mêmes. La méditation, des techniques de respiration et de relaxation complètent l'enseignement « venu d'ailleurs », entendu directement par des sensitifs ou transmis par écriture automatique.

Représentent-ils la partie à peine visible d'un immense iceberg, d'une sorte de « cinquième colonne » préparant on ne sait quelle invasion, ou quelle mutation ? Cette question est très complexe et fera l'objet de réflexions détaillées. Elle est liée semble-t-il à nos chances de survie dans le monde du XXIème siècle, ainsi qu'aux risques supplémentaires encourus du fait de notre ignorance profonde d'une partie au moins des éléments du problème que nous essayons d'étudier.

Les scientifiques de toutes disciplines portent certainement une lourde responsabilité du fait de leur attitude de rejet sans appel devant un ensemble de faits qui menaçait, croyaient-ils, leurs positions sociales, enviables dans la plupart de nos états modernes.

Bilan provisoire

Il est finalement très mince, ce qui est compréhensible dans la mesure où les « visiteurs » dont nous soupçonnons la présence, font ce qu'il faut pour que leur existence reste à peu près inconnue du public. Pour toute personne un peu curieuse, décidée à consacrer quelques heures à la recherche, simplement livresque, ce que nous évoquons est depuis longtemps un secret de Polichinelle. Nous verrons plus loin, en étudiant la validité de l'hypothèse extraterrestre, que depuis le milieu des années cinquante, tous les chercheurs ayant accepté d'effectuer une étude simultanée de tous les aspects du sujet sont arrivés à des conclusions identiques.

Les visiteurs les plus évidemment « extraterrestres » sont bien entendu ceux dont l'aspect physique n'est pas humain, c'est-à-dire les « entités grises ». Ceux-là ne se présentent dans notre environnement immédiat qu'avec la plus grande prudence. Quand par hasard ils s'aventurent trop près de nous, ils risquent leur vie et mettent en danger le secret de leur existence.

D'autres entités, pas plus humaines que les entités grises, semblent encore plus discrètes; de ce fait, leur aspect physique est moins bien connu. Leur taille est nettement plus grande, 1 mètre 60 à 1 mètre 70 ; vu de profil leur visage est complètement plat mais leur occiput apparaît très développé. Certaines portent sur leur avant-bras gauche une sorte de boîtier plat qui évoque un ordinateur portable, qu'elles consultent très souvent. Les témoins qui les décrivent sous hypnose mentionnent volontiers leur attitude bienveillante, et le respect dont elles font preuve pour les humains qui les approchent. Elles ne procèdent jamais à des examens médicaux, mais semblent surtout employées à des tâches d'enseignement. Leurs élèves, terriens, sont généralement jeunes, et peuvent avoir de 6 à 18 ans, rarement plus.

Les visiteurs que leur aspect identique au nôtre rend indiscernables sont, potentiellement, les plus dangereux. Sans le moindre doute possible, certains d'entre-eux évoluent déjà parmi nous. Pourquoi se gèneraient-ils ? Il possèdent des moyens inconnus mais puissants pour se protéger... depuis plus de trois mille ans, si les « anges » qui rendirent visite à Abraham et à Lot avant la destruction de Sodome et de Gomorrhe appartenaient bien à ce type !

Psychologiquement, si tant est qu'un tel terme ait un sens quand il ne s'applique pas à un humain, certains de nos visiteurs semblent un tantinet débiles. Ils prêchent un enseignement plutôt ennuyeux, mélange d'écologisme et de bons sentiments, à mi-chemin entre Walt Disney et le scoutisme de Baden Powell. Les haussements d'épaules, quand cet aspect un peu mièvre des « extraterrestres » est évoqué, sont-ils vraiment mérités ? Rien n'est moins sûr, et il existe probablement une confusion complète entre deux choses pourtant très différentes : la philosophie, la théorie si l'on préfère, et l'action.

Pour la philosophie spéculative, toutes les propositions sont à peu près équivalentes, pourvu que leur énoncé possède une cohérence interne suffisante. Il en va de même pour la plupart des textes écrits, qu'ils soient scientifiques ou métaphysiques, et bien entendu pour la plupart des raisonnements ou des croyances.

Le monde réel, tel qu'il nous apparaît, présente des caractéristiques bien différentes de celui du monde des idées ou des mots. Les actions y laissent des traces irréversibles, les choix ont des conséquences parfois définitives et les bonnes intentions, tout comme les mauvaises, ont en commun provoquer des effets identiquement nuls.

Notre suffisance, la supériorité trop évidente de nos sciences et de nos techniques sur tout ce que les siècles passés pouvaient offrir, nous amènent à confondre les deux aspects que nous venons d'évoquer. Elles dissimulent en fait une complète ignorance de ce qu'il convient d'appeler les disciplines traditionnelles. L'engouement pour les arts martiaux, pour les techniques de méditation, pour le Yoga ou pour les écoles chinoises de respiration, n'est pas le résultat d'une mode mais la perception d'un besoin réel.

La condamnation sans appel de tout ce que les mouvements du type « New Age » véhiculent comme « philosophie » est souvent le résultat d'une méprise. Ce qu'il faudrait juger n'est pas la cohérence interne ou la richesse d'un discours, mais le résultat d'une pratique. Les adultes qui s'entraînent à la méditation, à l'Aïkido, ou au tir à l'arc dissymétrique, au Kyudo, depuis de longues années, ne sont généralement pas des débiles ou des mythomanes qui jouent au samouraï, mais des êtres humains sérieux, respectueux d'autrui et de la Voie qu'ils suivent. Sans rien renier de leur héritage occidental, ils considèrent que leur démarche est parfaitement rationnelle, d'autant qu'ils en ressentent la nécessité et en mesurent les résultats.

Est-ce à dire qu'il faut ingurgiter n'importe quel brouet métaphysique et croire aux expériences transcendantes dont parlent de façon identique les victimes d'enlèvement et certains « contactés » ? Ce serait aller un peu vite en besogne et se départir du sens critique indispensable à toute recherche.

Doit-on copier l'attitude dogmatique de certains rationalistes qui abandonnent toute raison devant les témoignages concernant des véhicules ou des objets étranges dans le ciel ? Faudrait-il parler d'une dimension religieuse véritable ? Une telle démission serait d'autant plus choquante que nous sommes confrontés à une crise, potentiellement dangereuse pour l'ensemble de l'humanité, et durement ressentie par toutes les victimes. Le risque de se tromper est négligeable au regard des conséquences possibles d'une cécité volontaire.

Assisterions-nous, comme le pensent certains sociologues, à la naissance d'un mythe ou d'une religion nouvelle ? Paraphrasant Lavoisier, nous dirons que nous n'avons pas besoin de ce postulat à ce point de notre étude.

Il n'en reste pas moins que notre actuel niveau de développement ne nous permet pas d'aborder rationnellement certains aspects du problème que pose la possibilité d'un contact entre l'humanité et des entités non-humaines. Sommes-nous capables de porter un regard lucide sur ce qui nous arrive ? Il ne semble pas. Le désarroi de certains scientifiques devant la simple possibilité d'un contact avec des intelligences venues d'ailleurs, montre à l'évidence que non. C'est donc à d'autres formes de réflexion, à d'autres habitudes mentales, bien humaines mais complètement délaissées par nos contemporains, que nous ferons appel.

CHAPITRE 8

LES ÊTRES HUMAINS

Un jour, un de mes élèves en Aïkido me demanda comment je pouvais enseigner cet Art, comprendre et apprécier, apparemment, la pratique du bouddhisme, et aborder de façon rationnelle le problème des ovnis dans ses aspects les plus concrets, ou si l'on préfère les plus matériels. Je lui ai naturellement demandé s'il pouvait concevoir qu'un commandant de bord puisse avoir une vie spirituelle, qu'un professeur de mécanique rationnelle puisse pratiquer la méditation ou qu'un inspecteur des impôts passe ses loisirs à écrire des poèmes ? C'est un peu à cause de cette question, un peu aussi pour le plaisir de lever un coin du voile sur des conceptions originales du monde et de nous-mêmes, que je me risque à écrire ce chapitre.

C'est aussi, bien entendu, parce que nos conceptions dualistes occidentales ont fait la preuve de leur incapacité à décrire correctement le monde qui nous entoure.

Les brefs extraits qui vont suivre ne sont pas destinés à véhiculer un savoir exotique mais à illustrer le gouffre qui nous sépare d'un mystique, d'un bouddhiste pratiquant, ou d'un Maître taoïste. Les textes choisis ne sont pas des divagations métaphysiques mais des « aides-mémoire » précis destinés à guider une pratique très concrète. Ce ne sont pas des enseignements philosophiques ou abstraits au sens où nous l'entendons en occident.

La Bhagavad Gîtâ, Chant II

14 - Fils de Kuntî, le contact avec les sensibles élémentaires procure des sensations de froid et de chaud, de plaisir et de douleur... prends-les en patience : elles vont, viennent, mais ne durent pas.

15 - L'homme ferme qu'elles n'ébranlent pas,... et qui supporte d'une âme égale douleur et plaisir, c'est un sage prêt pour l'immortalité.
16 - Le non-être n'accède pas à l'existence, l'être ne cesse pas d'exister. La démarcation entre les deux est évidente pour ceux qui ont l'intuition de la réalité.
17 - Or, reconnais pour indestructible tout ce par quoi l'univers est issu. Ce qui est immuable, nul ne saurait en provoquer la destruction.
18 - Ces corps ont une fin ; l'esprit qui s'y incarne est éternel, indestructible, incommensurable. Voilà ce qu'on proclame. C'est pourquoi tu combats, fils de Bharata.
20 - Jamais il ne naît, jamais il ne meurt ; il n'a pas été, il ne sera pas à nouveau. Lui qui est inné, nécessaire, éternel, primordial, on ne le tue pas quand on tue le corps.
23 - A la façon d'un homme qui a rejeté ses vêtements usagés et en prend d'autres qui sont neufs, la conscience incarnée, rejetant son corps usé, voyage dans d'autres qui sont neufs.

Chant IV

18 - Qui sait voir dans l'agir le non-agir et dans le non-agir l'action, celui-là entre tous les hommes possède la vigilance de l'esprit, celui-là est unifié en yoga, celui-là s'acquitte de toutes ses tâches.
19 - Celui dont toutes les entreprises sont affranchies du désir et de projets (intéressés), c'est lui que les gens avisés nomment un sage, lui dont l'agir est brûlé par le feu de la connaissance.
20 - Abandonnant tout attachement au fruit de l'acte, éternellement satisfait, ne cherchant nul appui, il a beau s'engager dans l'action, il ne fait absolument rien.
21 - Ne demandant et n'attendant rien, maître de son esprit et de toute sa personne, parce qu'il a renoncé à toute appropriation et n'accomplit d'actes que corporellement, il ne commet aucune faute.

Lao-tseu, Tao-tö king, XXXVIII

La vertu supérieure est sans vertu, c'est pourquoi elle est la vertu.

La vertu inférieure ne s'écarte pas des vertus, c'est pourquoi elle n'est pas la vertu.

La vertu supérieure n'agit pas et n'a pas de but.
La vertu inférieure agit et a un but.

L'humanité supérieure agit mais n'a pas de but.
La justice supérieure agit et a un but.
La politesse supérieure agit et exige qu'on lui réponde, sinon elle retrousse ses manches et insiste.

Ainsi, après la perte du Tao vient la vertu ;
après la perte de la vertu vient l'humanité ;
après la perte de l'humanité vient la justice ;
après la perte de la justice vient la politesse ;
la politesse est l'écorce de la loyauté et de la conscience, mais aussi la source du désordre.

La prescience est la fleur du Tao mais aussi le commencement de la bêtise.
Aussi, le grand homme s'en tient au fond et non à la surface.

Il s'en tient au noyau et non à la fleur.
Il rejette ceci et accepte cela.

Tao-tö king, LVI

Celui qui sait ne parle pas, celui qui parle ne sait pas.

Bloque toutes les ouvertures,
ferme toute porte,
émousse tout tranchant,
dénoue tout écheveau,
fusionne toutes les lumières,
unifie toutes les poussières,
c'est là l'identité obscure.

Tu ne peux approcher du Tao non plus que t'en éloigner;
lui porter bénéfice non plus que préjudice ;
lui conférer honneur non plus que déshonneur.

C'est pourquoi il est en si haute estime dans le monde.

Tao-tö king, LXXVIII

Rien n'est plus souple et plus faible que l'eau,
mais pour enlever le dur et le fort, rien ne la surpasse
Rien ne saurait la remplacer.

La faiblesse a raison de la force.
La souplesse a raison de la dureté.
Tout le monde le sait, mais nul ne peut le mettre en pratique.

Ainsi le Saint a-t-il dit :
« Accepter toutes les immondices du royaume,
c'est être le seigneur du sol et des céréales.
Accepter les malheurs du royaume, c'est être le roi du monde entier. »

Les paroles de vérité semblent paradoxales.

-:===:-

Le texte qui va suivre n'est pas seulement un résumé de certaines thèses bouddhistes mais aussi un guide pratique pour la méditation. Plus que tout autre il est destiné à supprimer tous les supports intellectuels ou philosophiques le plus souvent utilisés pour se rassurer et s'accrocher encore à des conceptions familières.

SUTRA DU COEUR

Le Bhodisattva Avalokiteshvara*, absorbé dans la profonde pratique de la « sagesse suprême », regarda avec compassion les cinq agrégats qui constituent l'existence individuelle et vit que leur nature était identique à celle du vide. Il dit :
« La forme est le vide et le vide lui-même est la forme. Le vide n'est pas différent de la forme et la forme n'est pas différente du vide. Tout ce qui est forme est vide, et tout ce

* Devenu pour les bouddhistes japonais la déesse de la compassion : Kannon.

qui est vide est forme. Il en va de même pour les autres agrégats : sensation, perception, disposition et conscience. De même, toutes les doctrines sont vides, et rien ne permet de les différencier. »

« Les Dharmas* ne sont pas nés et ne sont pas mortels, ils ne sont ni souillés ni purs, sans flux et sans reflux. »

« Ainsi, là où se trouve le vide n'existent en réalité ni formes, ni sensations, ni perceptions, ni disposition, ni conscience. Il ne s'y trouvent pas d'oreilles, de nez, de langue, de corps ou d'esprit ; pas d'apparences, ni de sons, ni d'odeurs, ni de saveurs, ni aucun objet matériel ou mental. Il n'existe pas non plus de modification de la vue, de l'ouïe, de l'odorat, du goût, du toucher ou de l'esprit. »

« Il n'y a ni ignorance ni extinction de l'ignorance. Il n'y a pas de force créatrice, pas de conscience, pas de géométrie de l'espace, de champ de perception, de contact, de sensation, de désir, de compréhension, de devenir, de naissance, de putréfaction, de mort, ni leurs contraires. »

« Il n'y a ni souffrance, ni origine ni cessation de la souffrance. Il n'y a pas de Voie. Il n'y a ni connaissance, ni réalisation, ni leurs contraires ; il n'y a même pas les quatre formes de méditation. »

De cette façon le Boddhisattva, libre de toute entrave mentale, sans notion d'aboutissement ou d'échec, s'appuie avec confiance sur la « sagesse suprême ». Sans entraves mentales il n'est pas prisonnier. Il a sans crainte transcendé tout besoin maladif de permanence, de confort, d'ego ou de jouissance. Alors, le Nirvana devient accessible.

C'est ainsi que les Eveillés de tous les temps, passé, présent et futur, ont atteint l'Illumination la plus haute, la plus authentique et la plus complète...

-:===:-

Ce texte, un peu plus concentré que l'original car il ne comporte pas les redites habituelles, est tout particulièrement « décapant », surtout pour un bouddhiste. Il ne permet aucun faux-fuyant, aucune

---

* Le Dharma est l'un des trois joyaux du bouddhisme. C'est en même temps un ensemble doctrinal et des règles données par le Bouddha afin de guider la pratique. Ils ne contient aucune vérité « révélée » au sens où l'entendent les religions occidentales.

demi-mesure. Il ne peut certainement pas être confondu avec un développement philosophique ou un enseignement livresque car il ne laisse intacte aucune des « idées » qu'un pratiquant pourrait encore avoir. Nous allons très brièvement trouver, chez nos mystiques bien occidentaux ou chez des théologiens comme Maître Eckart, une approche très semblable.

Jean de la Croix, La montée au Carmel, (livre 2 chapitre 3 p105)

« Il est donc clair que, pour arriver ici-bas à s'unir parfaitement à lui (Dieu) par la grâce et l'amour, l'âme doit être dans l'obscurité par rapport à tout ce que l'oeil peut voir, l'ouïe entendre, l'imagination représenter et le coeur percevoir. Elle se met donc dans un grand embarras, quand, pour arriver à cet état élevé d'union avec Dieu, elle s'attache à quelque pensée, à un goût ou imagination, à son jugement, à ses désirs, à sa manière d'agir ou à toute oeuvre ou chose personnelle, et qu'elle ne sait pas s'en délivrer et dépouiller complètement. Nous l'avons déjà dit : le terme où elle tend est au-dessus de tout cela et dépasse tout ce qu'elle pourrait connaître et goûter de plus sublime. Voilà pourquoi, passant par-dessus tout, elle doit s'appliquer à ne rien savoir. Aussi dans cette voie, quitter son chemin c'est trouver le chemin véritable.... Car l'âme qui arrive à cet état n'a plus ni modes ni manières d'agir qui lui soient propres ; elle ne s'y attache pas et ne peut s'y attacher. Je veux dire qu'elle ne s'attache plus à ses manières d'entendre, de goûter et de sentir, bien qu'elle les possède toutes ; elle est comme celui qui n'ayant rien, possède tout éminemment. »

La montée au Carmel, (livre 3 chapitre 1, p 312)

« ... que l'âme adonnée à la vie spirituelle observe bien l'avis suivant : tout ce qui frappera la vue, l'ouïe, l'odorat, le goût ou le toucher, elle veillera à ne pas s'y attacher et à n'en rien conserver dans la mémoire ; elle s'appliquera à l'oublier tout de suite, et y travaillera même, s'il le faut, avec ce zèle que l'on met à se rappeler d'autres souvenirs. Elle ne doit laisser dans sa mémoire aucune connaissance ou impression des choses d'ici-bas, qu'elle considérera comme si elles n'existaient pas ; sa mémoire en sera absolument dégagée et libérée ;... »

Maître Eckhart, Sermon n° 1 (p 47)

« L'homme devrait être ainsi qui voudrait se rendre accessible à la plus haute vérité et y vivre sans avant et sans après, sans être entravé par toutes les oeuvres et toutes les images dont il a jamais eu connaissance, dégagé et libre, recevant sans cesse à nouveau et en ce maintenant le don divin, et en retour l'enfantant sans obstacle dans cette même lumière,... »
« Quand le temple (l'âme) se libère ainsi de tous les obstacles, c'est-à-dire de l'attachement au moi et de l'ignorance, son éclat est si beau, il brille avec tant de pureté et de clarté au-dessus de tout ce que Dieu a créé et à travers de tout ce que Dieu a créé, que nul ne peut avoir autant d'éclat sinon seul le Dieu incréé. »

Maître Eckhart, Sermon n° 2 (p 56)

« J'ai dit parfois qu'il est dans l'esprit une puissance qui seule est libre.Parfois j'ai dit que c'est une garde de l'esprit, parfois j'ai dit que c'est une lumière de l'esprit, parfois j'ai dit que c'est une petite étincelle, mais maintenant je dis : ce n'est ni ceci ni cela, cependant c'est une chose qui est plus élevée au-dessus de ceci et de cela que le ciel l'est de la terre...Il est libre de tout nom, dépourvu de toutes formes, absolument dégagé et libre, comme Dieu est dégagé et libre en lui-même. Il est aussi absolument un et simple que Dieu est un et simple, de sorte que l'on n'est capable selon aucun mode d'y regarder. »
« Voyez, notez le bien ! Si un et simple, au-dessus de tout mode, est ce petit château fort dans l'âme,... que cette noble puissance dont j'ai parlé n'est pas digne de jeter une seule fois, durant un instant, un regard dans ce petit château fort, et l'autre puissance non plus dont j'ai parlé, dans laquelle Dieu arde et brûle avec toutes ses délices, n'ose jamais y regarder ; si vraiment un et simple,... si élevé au-dessus de tout mode et de toutes les puissances est cet un unique, que

jamais puissance ni mode, ni Dieu lui-même ne peuvent y regarder. »

-:===:-

Il est singulier de découvrir dans un document déclassifié de la National Security Agency, l'une des agences de renseignement les plus secrètes des Etats-Unis, une référence indiscutable à ce « petit château fort », cette partie du psychisme humain qui apparaissait tellement impénétrable à Maître Eckhart, qu'il pensait que Dieu lui même n'y pouvait pas entrer. Ce document étudie les réactions de l'être humain confronté à une expérience insupportable par son étrangeté.

> **Objets Volants Non Identifiés** (reste du titre censuré)
>
> (trois pages entièrement censurées)
>
> 2. Découvertes scientifiques: Le Docteur Jacques Vallée, célèbre spécialiste de la science des communications, a étudié des milliers de cas où des êtres humains ont observé des phénomènes inusuels. Il a découvert que les réactions humaines à de telles observations sont prévisibles et peuvent être décrites graphiquement. Que la structure psychologique de la personne soit assaillie par la vue d'un meurtre particulièrement inusuel et choquant ou l'étrangeté d'une observation d'ovnis, l'effet est le même.
>
> e. Si l'information (qui arrive au psychisme) est du plus haut degré d'étrangeté, celui qui provoque la terreur (la plus insupportable), l'une des deux éventualités suivantes se produit :
>
> (1) L'esprit s'évanouit et tombe dans une amnésie qui enterre les évènements, parfois de manière permanente, dans l'inconscient.
>
> (2) La structure psychologique personnelle s'effondre et l'esprit descend au niveau le plus profond, là ou réside « ce qui ne peut pas être détruit » et il s'abandonnera à cette entité pour assurer sa protection et sa survie. La rencontre avec cette entité immuable et indestructible est généralement décrite comme une expérience religieuse*.

Il est particulièrement intéressant de voir une agence officielle, citant un scientifique contemporain, faire allusion à cet élément du psychisme humain que connaissent par expérience tous les prati-

* Ce document, déclassifié au titre de la loi « Freedom Of Information Act », se trouve pages 182 et 183, dans l'ouvrage de Laurence Fawcett & Barry Greenwood, The UFO cover-up- What the Government won't say, Edité par Prentiss Hall Press, New York 1984. (titre original : Clear Intent)

quants des formes Zen ou Dhyâna de méditation. Pour ceux-ci, la découverte que Maître Eckhart, ainsi que la plupart des mystiques chrétiens, connaissaient fort bien cet état de conscience ne sera probablement pas une surprise. Le lecteur qui entend parler pour la première fois de ces techniques anciennes et de l'étonnant parallélisme entre certaines conceptions orientales et des aspects du mysticisme occidental ne doit pas s'en étonner outre mesure : il s'agit tout simplement d'une facette peu connue mais parfaitement normale de l'activité de l'esprit humain. Il ne faudrait pas y voir d'hypothétiques convergences religieuses. Les connaissances nouvelles, le calme profond et le détachement que cet état de conscience très particulier procure, permettent aux vrais mystiques d'avoir une vision plus complète et plus exacte de leur temps et de la réalité que n'en ont leurs contemporains. Pour l'observateur impartial, cette maîtrise du réel perceptible est un excellent moyen de faire la différence entre l'Eveillé authentique et celui qui se trompe. Il suffit pour s'en convaincre d'avoir connu le Fondateur de l'Aïkido, Maître Morihei Ueshiba, ou d'avoir étudié la vie de Saint Bernard de Cîteaux ou la correspondance de Sainte Catherine de Sienne.

Nous devons par ailleurs remarquer, comme l'avait déjà fait le rédacteur anonyme de la NSA, que l'impression très répandue chez les victimes d'enlèvement d'avoir connu une expérience quasi-religieuse, sans pouvoir en expliquer l'origine, pourrait fort bien provenir d'une réaction de panique insupportable qui les aurait projetées dans un état mental inhabituel. Une autre possibilité serait que les entités responsables des rapts activent, volontairement ou non au moment où elles provoquent l'amnésie, le réflexe de protection ultime dont nous venons de parler. Elles modifieraient ainsi directement et sans obtenir l'adhésion consciente de leurs « patients », une partie de leurs conceptions morales ou métaphysiques fondamentales. Toutes les valeurs que l'homme est obligé de rejeter pour survivre dans l'univers infernal de la civilisation moderne : détachement des désirs obsessionnnels de possession et de puissance, respect du monde et des êtres qui le peuplent, compassion pour la souffrance d'autrui, abandon de l'ego et de ses exigences, sont restituées par le moindre séjour dans cet état privilégié.

Plus simplement, au cours des manipulations mentales provoquant l'amnésie chez les personnes enlevées, l'esprit aurait l'expérience fugitive de ce que vivent les mystiques pendant la méditation profonde. Au réveil, les victimes seraient un peu changées par cette brève rencontre avec leur « soi », suffisamment pour que leur égocentrisme soit moins fort, leur détachement un peu plus grand, et certaines de leurs conceptions différentes. Nous avions relaté, page 62, que monsieur et madame Regain avaient gardé l'impression qu'une partie de leur expérience avait été vaguement religieuse. Cette réaction est courante et nous amène à envisager l'hypothèse suivante :

> **-Une modification des conceptions profondes des victimes accompagne toujours les enlèvements. Elle va dans le sens d'une diminution de l'égoïsme, d'une augmentation de la conscience sociale, et d'un certain détachement des contingences habituelles.**
> **-Elle est obtenue en mettant le conscient en contact avec un niveau rarement atteint du psychisme, connu d'ordinaire par les mystiques et les pratiquants de techniques appropriées.**
> **-Cette méthode évite l'intervention du sens critique des humains qui y sont exposés.**

Puisque nous avons abordé la lecture de textes anciens, examinons ensemble quelques extraits qui semblent particulièrement bien s'appliquer à l'objet de notre étude. Maitre Eckhart formule à l'égard des anges des restrictions qui ressemblent à celles que nous faisions, quant à la supériorité des entités responsables des enlèvements.

> **Sermon 1 (page 47)**
> « Les anges les plus élevés eux-mêmes ressemblent un peu à ce temple de l'âme noble, mais non pas pleinement. Il est exact qu'ils ressemblent à l'âme en quelque mesure quant à la connaissance et à l'amour. Cependant un but leur est fixé, ils ne peuvent pas le dépasser. L'âme peut aller bien audelà. Si l'âme d'un homme qui vit encore dans le temps était égale à l'ange le plus élevé, cet homme pourrait encore, selon sa libre possibilité, parvenir incomparablement plus haut au-dessus de l'ange, de nouveau, à chaque instant sans nombre, c'est-à-dire sans mode, au-dessus du mode, des anges et de tout intellect créé. »

> **Sermon 5a (page 71)**
> « ...Est pur ce qui est détaché et séparé de toutes les créatures, car toutes les créatures souillent parce qu'elles sont

néant ; car le néant est une déficience et souille l'âme. Toutes les créatures sont un pur néant ; ni les anges ni les créatures ne sont quelque chose. Elles souillent car elles sont faites de néant. »

Le bouddhisme, à sa manière, considère que les Dévas, entités supérieures à l'homme par leur longévité et les pouvoirs qu'ils ont sur l'univers, sont tout autant que nous prisonniers du monde des illusions et liés à leur karma*. Leur vie, beaucoup moins douloureuse que la nôtre, et les satisfactions profondes que leur état presque divin procure à leurs egos, rendent beaucoup plus improbables que ces êtres recherchent et atteignent l'Eveil, l'Illumination. C'est pourquoi le Dalaï Lama et la plupart des Rimpochés** nomment notre existence la « bonne renaissance humaine », considérant que les heurts et les difficultés de nos vies sont une bien meilleure incitation au progrès et à une éventuelle libération que la satisfaction béate des demi-dieux que sont les Dévas. Nous n'avons pas assez d'éléments pour affirmer que les Dévas de la littérature védantique ou du bouddhisme tibétain sont des « extraterrestres ». En effet, les entités qui nous visitent ressemblent bien peu, pour celles que les témoins décrivent, à des dieux mais plutôt à des êtres de chair, différents mais assez ressemblants pour être des cousins plutôt que des supérieurs inconnus. Notre propos n'est pas d'affirmer que les anges les archanges et les dévas viennent, oh surprise !, d'un autre système solaire, mais simplement de remarquer le fait suivant :

Confrontés au problème général que nous étudions, les rédacteurs des Védas, les maîtres Taoïstes, les théologiens et certains mystiques chrétiens, auraient été moins désarmés que l'ensemble de nos organisations scientifiques et militaires modernes !

C'est pourquoi, devant la pauvreté conceptuelle de la raison ordinaire et devant son incapacité à intégrer l'éventualité d'un contact

* Somme de tous les actes d'une personne, qui conditionnent sa vie actuelle et future. Pour un occidental, pourrait être conçu comme l'ensemble des problèmes non résolus et des conflits vécus par un individu.

** Littéralement « précieux ». Titre attaché aux Lamas ayant atteint un grand éveil spirituel ou aux Maîtres incarnés.

avec des entités inconnues, et non humaines, il nous a paru nécessaire d'effectuer ce survol rapide.

Les textes que nous venons de parcourir suggérent que l'esprit humain possède une forme, ou un état, de conscience très particulier qui lui permet une vision des choses détachée des contingences habituelles. Si cette capacité était réservée à quelques « élus » ou à des adeptes ayant tout sacrifié pour atteindre ce pouvoir, nous ne l'aurions pas évoquée. Mais il semble au contraire que nous puissions tous en avoir l'expérience, presque journellement, à chaque fois que notre attention et notre vigilance sont toutes entières occupées à l'accomplissement d'une tâche difficile. Ce sont probablement des habitudes culturelles, un manque d'information et notre préférence pour les sensations variées que nous procurent nos sens et nos souvenirs qui nous font passer sans le remarquer à côté de cet état mental. Il est vrai que, d'une certaine façon, il est beaucoup plus pauvre, plus vide, que le riche kaléidoscope de nos perceptions habituelles, plus silencieux que le bavardage intérieur qui est souvent l'essentiel de notre activité intellectuelle consciente. Mais alors, pourquoi s'y attarder ?

La réponse à cette question dépend évidemment du libre arbitre de chacun d'entre nous. Certains savourent le silence et le calme, d'autres paniquent quand ils n'ont pas leurs 120 décibels de « hard rock » dans les oreilles. Nous sommes tous, d'ordinaire, occupés à satisfaire nos besoins physiologiques, esclaves volontaires ou non de nos désirs et de nos peurs, assoiffés de sensations mais aussi préoccupés de « bien faire », de ne pas décevoir le groupe social ou familial auquel nous appartenons. S'il nous reste du temps, nous essayons de comprendre les règles ou les lois de l'univers dans lequel nous évoluons, de satisfaire grâce à l'amitié et aux rencontres ce qui nous reste d'instinct grégaire, sans oublier l'injonction biblique : « Croissez et multipliez ! » qui occupe, d'une manière ou d'une autre, une bonne partie de nos existences.

Le résultat de cette activité incessante peut être innocent ou destructeur. Transposés à l'échelle de nations possédant des arsenaux nucléaires et des vecteurs précis, nos jeux touchants, ridicules ou stupides deviennent franchement inquiétants. Observés par des entités extraterrestres, ne possédant peut-être pas le moindre sens de l'humour, ils risquent de provoquer des réactions rapides et prévisibles. Il serait probablement bien utile que les dirigeants du globe fondent leurs décisions politiques sur une vision claire, détachée et impartiale des choses. Pour ceux d'entre nous qui ont la chance de vivre dans des systèmes démocratiques, nous devrions au moins utiliser cette faculté pour choisir avec un peu plus de bonheur nos représentants, ainsi que pour écarter du pouvoir les plus inaptes d'entre eux.

Pour résumer cette brève incursion dans un monde un peu différent du nôtre, nous pourrions dire que l'être humain, c'est-à-dire chacun d'entre nous, peut accéder à une forme de sagesse qui transcende complètement nos habitudes mentales, nos désirs et nos préférences. Par un brutal développement technologique et scientifique, nous possédons depuis peu un pouvoir démesuré, capable de mettre en péril notre planète et des équilibres naturels dont nous soupçonnons tout juste l'existence. Nous sommes contraints par la force des choses à utiliser au plus tôt, individuellement et collectivement, cette sagesse, sous peine de disparaître.

CHAPITRE 9

RECONSTITUTION HISTORIQUE

Dans le cadre limité que nous nous sommes fixé, celui de l'exploration d'une hypothèse, nous allons tenter de reconstituer un enchaînement plausible de faits historiques et d'actions, restés essentiellement secrets, qui auraient eu pour protagonistes des entités non-humaines et certaines autorités politiques terriennes. Nous utiliserons pour ce faire des éléments douteux, des documents discutables, des témoignages tardifs et des suppositions.

Il est très important de garder en mémoire pendant tout ce chapitre le fait que nous cherchons à étudier la validité d'une hypothèse : celle de la réalité d'une présence d'entités « extraterrestres », responsables de la mise en oeuvre d'une technologie inconnue, singulièrement d'objets volants exotiques, décrits par de nombreux témoins. Nous supposerons donc, pendant le développement qui suit, que cette hypothèse est VRAIE, ainsi que les conséquences logiques qu'elle implique :

- ancienneté du contact initial,
- connaissance d'une science de la nature que nous ne possédons pas.

Ces deux corollaires vont nous permettre de rejeter une hypothèse sérieusement envisagée par certains analystes militaires à la fin des années 50, selon laquelle l'activité « extraterrestre » observée pouvait représenter les prémices d'une invasion. Une conquête, similaire à celle des conquistadores, la prise de possession de la Terre et la réduction en esclavage des survivants, si elle avait été un but de nos visiteurs, avait infiniment plus de chances de succès à n'importe quelle époque du passé, en tout cas avant le début de notre développement scientifique et industriel.

Si les détails historiques, les événements avérés, et des faits moins bien établis dessinent une image cohérente et convaincante d'un aspect inconnu de l'histoire contemporaine,... nous nous garderons de considérer notre proposition initiale comme étant démontrée. Elle le sera vraiment quand les autorités responsables auront décidé que leur pesant silence n'a plus lieu de durer, ou que les entités dont nous postulons l'existence accepteront de se manifester moins discrètement. En attendant l'une au moins de ces deux éventualités qui ne se réaliseront peut-être jamais, la reconstitution que nous allons tenter aura le mérite de poser clairement certaines questions. Elle permettra d'envisager des thèses plus complètes ou différentes, en tout cas de faire évoluer notre conscience collective de ce sujet difficile.

-1939 -

Albert Einstein attire l'attention du président des Etats-Unis, Franklin D. Roosevelt, sur la possibilité de mettre au point une arme révolutionnaire : une bombe « atomique ».

-1945 -

- Le 12 avril Harry Truman, élu vice-président des Etats-Unis en 1944, devient président à la mort de Franklin Roosevelt. Sur son ordre, les 6 et 8 août 1945, deux bombes atomiques sont utilisées contre les villes de Hiroshima et Nagasaki, officiellement afin d'obtenir une reddition sans condition du Japon. Les mauvais esprits prétendent qu'il s'agissait plutôt de justifier les énormes dépenses du Manhattan Project, qui avait permis la mise au point de ces armes.
- Le 20 août, capitulation de l'armée japonaise en Mandchourie.
- Le 2 septembre, le Japon capitule sans condition.
- Courant septembre 1945, lors de la première réunion du Conseil des ministres des Affaires étrangères des Cinq, organisme prévu à Postdam, le secrétaite d'Etat J. Byrne, insiste lourdement sur la possession par son gouvernement de l'arme atomique,... au cours d'une négociation concernant les Balkans.
- Pendant l'automne, les premières tentatives internationales de contrôle de l'arme atomique ne font que constater le monopole américain. Harry Truman annonce publiquement qu'il considère l'arme nucléaire comme « un dépôt sacré ».

- 1946 -

Les Etats-Unis disposent d'une majorité écrasante à l'ONU. Jusqu'au milieu des années 50, toutes les propositions faites par ses représentants seront votées sans problème. Ils contrôlent 25% du Fond Monétaire International ce qui leur permet d'imposer aux pays qui sollicitent une aide, des politiques d'austérité et un rétablissement de fait des mécanismes de la libre entreprise.

- En mars, Churchill lance à Fulton une formule choc : « Un rideau de fer s'est abattu sur l'Europe, derrière lequel le pouvoir est en réalité entre les mains de l'Armée Rouge... »

- En juin, le plan Baruch prévoit qu'une commission internationale devrait devenir propriétaire de toutes les matières fissibles et de toutes les installations permettant leur production industrielle dans le monde. Il ne sera jamais suivi d'effet.

- Entre le 9 et le 30 juillet, l'armée suédoise reçoit plus de 600 rapports concernant des objets volants surnommés « fusées fantômes ». Elles sont décrites comme ayant la forme générale de cigares, avec des flammes orangées paraissant sortir de l'arrière. Les observations sont généralement nocturnes. L'état-major déclare que la situation est extrêmement sérieuse; en effet, les objets observés, bien réels, sont détectés par les radars militaires. Les responsables américains partagent l'inquiétude de leurs homologues suédois, car la base de Peenemünde, toute proche, est tombée aux mains des russes à la fin de la guerre. Ce centre d'essais servait à la mise au point des armes secrètes allemandes et peut encore abriter des engins insolites.

- Vers la fin du mois d'août, le général James Doolittle est envoyé en mission secrète sous le couvert d'un voyage d'affaire pour la Shell. Il entame une enquête sur ce phénomène avec le contre-espionnage suédois.

- A la fin de l'été, des rapports d'observation proviennent de Finlande et de Norvège. Ils intéressent ensuite l'Espagne, la Grèce, la Maroc, le Portugal et la Turquie. Aucune conclusion définitive ne peut être obtenue sinon le fait que les engins ne manisfestent jamais la moindre agressivité. Ils évoluent à des altitudes relativement basses, 300 à 1000 mètres, à des vitesses comprises entre celle d'un avion en approche finale et 800 km/heure. Pour des fuselages sans ailes, capables de voler à l'horizontale sans moyens visibles de sustentation, ce sont des performances très intéressantes, hors de portée d'une technologie humaine connue !

Les « fusées fantômes » continueront d'être observées occasionnellement en Scandinavie jusqu'en 1948.

Reférences : Télégramme de l'embassade des Etats-Unis à Stockholm du 11 -07-46. Télégramme top secret du 29-08-46. Article du Daily Telegraph du 06-09-46. Interview du Premier Ministre grec, M. Tsaldaris, à Londres, 05-09-46. (Above Top Secret pp 20 à 24)

- Les tentatives d'accord international pour l'interdiction pure et simple de l'armement nucléaire échouent. Les Etats-Unis entreprennent une fabrication industrielle d'uranium 235, de plutonium, et de bombes qui leur permettra dès 1952 de posséder un arsenal de plusieurs milliers d'ogives nucléaires.

- 1947 -

- En avril, commence une vague d'observation de disques volants qui culminera le 4 juillet, jour de la fête nationale, et se poursuivra jusqu'en août.
- Le 5 juin, le général Marshall, nommé secrétaire d'Etat depuis janvier, annonce le lancement d'un vaste plan d'aide économique aux pays d'Europe. Une clause permettant un droit de regard des Etats-Unis sur les économies des pays concernés assure que l'URSS refusera d'en bénéficier.
- Le 12 juin, s'adressant aux deux chambres du Congrès, le président Harry Truman dresse un bilan très sombre de la situation. Il oppose le « mode de vie libre » qui est de règle dans les pays démocratiques et « le mode de vie fondé sur la terreur et l'oppression » qui caractérise selon lui l'Union Soviétique. Il précise : « Les Etats-Unis se doivent d'aider les peuples libres à résister aux minorités armées et aux puissances étrangères qui tentent de les asservir. » La doctrine Truman conduit à un affrontement direct avec l'URSS.
- Le 24 juin, près du Mont Rainier, un homme d'affaire aux commandes de son avion privé, observe 9 disques se déplaçant à grande vitesse. Il compare leurs mouvements à des ricochets de soucoupes lancées sur une surface d'eau. La presse reprend l'expression « flying saucers », soucoupes volantes, qui sera très vite utilisée par les journalistes pour ridiculiser les témoins. Dans les documents officiels, l'armée continuera à utiliser l'expression « flying disks », disques volants.
- Le 28 juin, sur la base aérienne de Maxwell, près de Montgomery (Alabama) une lumière intense, exécutant des « manoeuvres impossibles » est observée.

- Le 29 juin, dans la zone d'essais de fusées de White Sands (Nouveau Mexique), quatre témoins, observent les évolutions d'un disque argenté. Deux d'entre eux, le docteur Zohn et Curtiss Rockwood sont des experts en fusées.

- Le 2 juillet, un éleveur du Nouveau Mexique, Mac Brazel entend dans la soirée pendant un énorme orage, une sorte d'explosion. Le lendemain, alors qu'il recherche avec un jeune voisin, Timothy Proctor, un nouveau pâturage pour ses moutons, ils découvrent une grande quantité de débris d'origine inconnue. Ils en ramassent quelques morceaux.

- Le 4 juillet, un vol de la compagnie United Airlines, allant de Boise (Idaho), à Seattle (Washington), croise deux formations de disques volants. Le même jour, 88 observations, effectuées par plus de 400 témoins, intéressent 24 Etats et une Province canadienne.

Réferences : pour la vague d'observations d'avril à août, voir de Ted Bloecher : « Report on UFO wave of 1947 ». Edition poche N.Y. 1967. Articles de journaux. Interview de Kenneth Arnold en 1947, archives de NICAP.

- Le 6 juillet, sur les conseils de ses amis Floyd et Lauretta Proctor, à qui il a montré les débris, Mac Brazel prévient George Wilcox, shérif du comté de Chavez, de sa découverte. Celui-ci prévient l'officier de sécurité de la base aérienne voisine : Roswell Air Force Base, qui abrite le seul escadron de bombardement atomique au monde, le « 509th Bomb Group ». Le major Jesse Marcel est chargé de l'enquête.

- Le 7 juillet au matin, l'officier inspecte le champ couvert de débris, remarque leur grande légèreté, leur incroyable solidité ainsi que des caractéristiques surprenantes, à une époque où les matières plastiques sont inconnues. Avec son adjoint, l'agent du contre-espionnage Cavit, ils en ramènent autant qu'il peuvent dans leurs voitures. Le commandant de la base, le colonel William Blanchard, arrange le soir même l'expédition de quelques échantillons par avion vers Washington.

- Le 8 juillet, deux agents du contre-espionnage, Cavit, déjà cité et Lewis Rickett, assistés du Provost Marshall de la base et de 16 membres de la police militaire, bouclent complètement la zone du « crash ». Ils en interdisent l'accès à la famille Proctor et arrêtent le « rancher », Mac Brazel. Ce dernier sera séquestré sous haute surveillance sur la base de Roswell pendant une semaine. Il en sortira réduit au silence, furieux, mais sans dettes et propriétaire d'un camion flambant neuf.

Le même jour, le lieutenant Walter Haut, responsable des relations publiques de la base publie le communiqué suivant :

> ROSWELL ARMY AIR BASE, ROSWELL, N. M.
> 8 juillet 1947 (matinée)
>
> Les nombreuses rumeurs concernant les disques volants sont devenues une réalité hier, quand le service de renseignement du 509ème Groupe de Bombardement, base aérienne de Roswell, a eu la chance d'entrer en possession d'un disque grâce à la coopération d'un éleveur local et du bureau du shérif de Chavez County.
> L'objet volant se posa sur le ranch à une date indéterminée la semaine dernière. Ne disposant pas d'un téléphone, le rancher mit le disque à l'abri jusqu'à ce qu'il ait été en mesure d'entrer en contact avec le bureau du shérif, qui à son tour notifia le major Jesse A. Marcel du service du renseignement du 509 ème Groupe de Bombardement.
> Des mesures furent immédiatement prises et le disque fut récupéré sur la propriété du rancher. Il fut inspecté sur la base aérienne de Roswell et prêté (sic) subséquemment par le major Marcel au Quartier Général.

Le message est repris avec enthousiasme par les agences de presse, les journaux locaux et les stations de radio régionales. Aucune, sauf peut-être celle de Roswell, à laquelle Mac Brazel a accordé une interview avant d'être arrêté, n'est en mesure de détecter les approximations du texte :

- le pauvre Mac Brazel n'avait pas découvert le moindre disque, mais des débris informes,
- ceux-ci formaient une masse tellement importante qu'il aurait bien été incapable de les « mettre à l'abri »,
- il n'appartenait évidemment pas à un agent du renseignement, qui avait un grade équivalent à celui de commandant, de « prêter » une épave au grand quartier général.

De toute évidence, les quelques inexactitudes du document allaient faciliter la tâche de désinformation entreprise le soir même par le brigadier- général Ramey, opérant depuis son bureau à Fort Worth (Texas). Au cours d'une conférence de presse tenue dans la soirée, il présenta aux journalistes des morceaux de matières indéfinissables et de tiges minces, et ses excuses pour une regrettable méprise : il s'agissait d'un ballon météo expérimental.

Avec peut-être un certain soulagement, les agences de presse furent les premières à rire de la méprise.

- Le 9 juillet, les débris continuaient d'arriver à la base de Roswell où ils étaient enfermés dans de solides caisses marquées « Top Secret » pour être ensuite acheminés à Los Alamos, centre du Manhattan Project, via Kirtland Air Force Base, près d'Albuquerque (Nouveau Mexique) où se trouve aussi le centre de recherches ultra-secret de Sandia. Des informations moins nombreuses mais concordantes font état de quatre corps humanoïdes récupérés à quelques kilomètres du champ aux débris. Les témoignages de quelques gardes, d'une infirmière, du directeur des pompes funèbres locales appelé pour embaumer des restes non-humains et celui du pilote chargé de les transporter, ont pu toutefois être recueillis. Il semble au minimum établi qu'une caisse en bois sans marques distinctives a bien été gardée pendant plusieurs heures par six policiers militaires armés et deux sous-officiers, puis a été embarquée dans un avion cargo C-54 ; le commandant de bord était O. W. « Pappy » Handerson.

- Le 11 juillet, des officiers venus de Washington (DC) entreprennent le « debriefing », ou si l'on préfère, la mise en condition, de tous les participants. Rassemblés par petits groupes dans un hangar de la base, il leur est dit que les événements auxquels ils ont participé sont de la plus extrême importance pour le futur des Etats-Unis, ce qui est probablement vrai, qu'ils tombent sous le coup des lois réprimant l'espionnage et que leur divulgation serait un crime de haute trahison justifiant d'un procès à huis clos dont l'issue pourrait être la peine de mort. Tous ou à peu près garderont le secret.

Documents : journaux de l'époque et message de l'Agence France-Presse n° 7 : Le secret des « soucoupes volantes ».

Charles Berlitz & William Moore « The Roswell Incident » Putnams a sons, New York 1980.

Kevin Raudle et Donald Schmitt, « UFO Crash at Roswell », Avon Books, New York 1991.

Jean Sider « Ultra-Top-Secret » Axis Mundi, Ile Rousse, 1990, De Kevin Randle et Donald

Nous avons passé sous silence la récupération probable et presque simultanée d'un second disque en bon état, avec un équipage plus important, posé plutôt qu'écrasé, dans la région de Magdalena, à un peu plus de 100 kilomètres au nord-ouest de Roswell. Les témoignages concernant cet évènement sont moins nombreux, et de moins bonne qualité que ceux qui concernent Roswell. Ils sont surtout impossibles à vérifier aujourd'hui. Peu importe. Nous allons essayer de reconstruire, à la lumière de l'hypothèse extraterrestre, ce que le seul « accident » que nous venons d'étudier aurait suffi à provoquer.

Dans la nuit du 7 au 8 juillet, dès que les premiers échantillons sont reçus à Washington, ils sont analysés d'urgence et la certitude que leur fabrication est hors de portée d'une technologie terrestre connue, est rapidement acquise. La meilleure confirmation de cette thèse est l'arrivée à Roswell d'officiers du Pentagone qui se mettent en civil avant l'atterrissage, et le fait qu'un plan de désinformation active en deux temps est mis en oeuvre :

1° - message du lieutenant Haut à la presse, avec l'approbation du colonel Blanchard commandant la 509ème Escadre,

2° - conférence de presse du général Ramey le soir même, ramenant toute l'affaire à une erreur d'identification.

La découverte des corps ne fait que rendre plus rapide la réalisation que les disques volants, observés depuis plus d'un mois, sont bien, ce que d'aucuns soupçonnaient déjà des véhicules « extraterrestres » se livrant à des activités de reconnaissance, prélude possible à une invasion. La récupération d'un de ces engins après une période d'activité assez courte ne semble pas à priori anormale, même pour une technologie plus avancée que la nôtre. A cette époque les accidents aériens sont considérés comme inévitables, même pour une exploitation civile en temps de paix,. A plus forte raison, des visiteurs connaissant mal l'environnement dans lequel ils évoluent, risquent de perdre quelques uns de leurs engins.

La seconde partie de l'hypothèse extraterrestre, qui considère qu'une présence ancienne est une conséquence probable des faits observés, ne semble pas avoir été envisagée dès l'apparition des disques volants. L'impression donnée par l'arrivée brutale et très visible de ces intrus, aux Etats-Unis en avril 1947, ou l'année précédente en Scandinavie, est évidemment celle d'une découverte récente. Rien dans l'activité observée des « fusées fantômes » ou des « disques volants » ne suggère une présence plusieurs fois millénaire. Il est possible que cette erreur des conseillers du Président et des spécialistes du renseignement ait été délibérément provoquée par une véritable mise en scène des « étrangers ».

Il est probable par ailleurs que la personnalité du président Truman était parfaitement connue. Ses actes politiques parlaient d'eux-mêmes. Il engageait irrémédiablement son pays dans une situation d'affrontement, sans risque immédiat tant la supériorité des Etats-Unis était évidente dans tous les domaines. Il avait pris la décision irréversible de constituer un gigantesque arsenal d'armements atomiques, alors que l'URSS, épuisée par une guerre très dure, ne bénéficiait même pas de l'aide à la reconstruction que venait de lancer le général Marshall, au bénéfice exclusif des « clients » de l'Amérique. Il était évident que le responsable de cet état de fait ne pourrait pas résister à l'espoir d'acquérir, pour le plus grand profit des Etats-Unis, une technologie supra-terrestre qui pouvait mettre son pays définitivement à l'abri de toute menace et de toute concurrence. De ce fait, les décisions de l'exécutif étaient totalement prévisibles :

- dissimulation au public et à ses représentants de la réalité d'incursions d'engins volants d'origine inconnue,
- secret absolu, vis à vis des alliés comme des ennemis potentiels, concernant l'existence d'une technologie « étrangère » plus performante que la sienne,
- mise sur pied de guerre de toutes les installations de recherche qui travaillaient déjà à la fabrication industrielle de matériaux fissibles, à la mise au point de bombes à fusion nucléaire et aux essais de fusées balistiques intercontinentales, afin de confirmer la supériorité militaire des USA,
- étude prioritaire des disques volants afin de comprendre leurs principes de fonctionnement, égaler et si possible dépasser leurs prouesses techniques, et rétablir ainsi la maîtrise de l'armée de l'air dans l'espace aérien national. Il était permis à l'exécutif de rêver. Deux disques volants ne venaient-ils pas de s'écraser, victimes peut-être de l'émission de simples radars ?

Les conséquences de cette décision ne pouvaient pas être correctement prévues, pour des raisons bien simples. Deux hypothèses implicites et inexactes faussaient l'évaluation des conseillers du président. Contrairement à ce qu'ils croyaient, les « intrus » étaient là depuis très longtemps et connaissaient parfaitement leurs « adversaires » humains; ils ne préparaient pas une invasion mais cherchaient à prévenir une destruction massive de la planète. Cependant, le seul fait pour les responsables américains d'être certains, sans le moindre doute possible, de la réalité d'une présence d'extra-terrestres aux pouvoirs incalculables, introduisait une inconnue, une incertitude, dans tous les plans de conquête qu'ils pouvaient échafauder. A la limite, les visiteurs n'avaient même plus besoin d'agir. Leur présence à elle seule suffisait à freiner la constitution d'une hégémonie mondiale de l'Amérique et de ses alliés. Si Harry Truman avait lu « l'Art de la guerre », de sun Tseu, il aurait peut-être compris plus tôt dans quel piège il s'engageait. Il n'est pas certain pour autant que ses décisions auraient été différentes.

Dans la pratique, il se tourne vers des techniciens et des militaires pour extraire leurs secrets aux engins récupérés, et prend la décision parfaitement illégale de tenir le peuple américain et ses représentants dans l'ignorance complète de la situation. Veut-il simplement donner à ses scientifiques le temps d'assurer à son pays une totale supériorité stratégique ? Dans ce cas, cette motivation honorable justifiait certainement à ses yeux une entorse à la loi.

Très logiquement, il fait appel à un scientifique prestigieux, le Dr. Vannevar Bush, pour constituer et diriger une équipe de chercheurs. Le général Marshall, secrétaire d'Etat, très proche du chef de l'exécutif sera mis dans le secret et conseillera très probablement de tenir le général Eisenhower dans l'ignorance du complot. Ce dernier possédait une honnêteté indéniable qui l'aurait probablement amené à refuser de participer à une trahison de la Constitution des Etats-Unis. Il appartenait au parti Républicain alors que Truman était Démocrate. On lui prêtait déjà des ambitions politiques qui devaient se concrétiser lors de sa candidature au poste de Président et de son élection en 1952.

La protection du secret est toujours une tâche difficile. Dans le cas qui nous occupe, elle entraînera une modernisation des structures de l'armée et du renseignement, ce qui de toute façon était devenu une nécessité urgente, mais aussi la constitution de pôles de pouvoir, dépendant officiellement de la présidence, mais qui , au fil des ans, allaient devenir totalement autonomes dans la mesure où ils échappaient au contrôle des législateurs. Dotées de voies de financement dissimulées dans les méandres des budgets militaires, certaines de ces structures parallèles semblent n'avoir été créées que pour faire face aux problèmes posés par la présence d'engins « extraterrestres » et de leurs occupants. Nous les rencontrerons sous des sigles variés :IPU, Interplanetary Phenomenon Unit, Majic ou Majestic 12, les projets Blue Bolt, Sigma, Aquarius, Snow Bird, Whirlwind et bien d'autres. Nous découvrirons des niveaux de classification très spéciaux, comme : **Top-Secret/Ultra, Cosmic, Cabal, Eyes Only**, ou « compartimentés », qui nous feront penser à Enrico Fermi, l'enfant terrible du Manhattan Project. Pour ridiculiser le responsable de la sécurité militaire, il avait prétendu que ce dernier avait inventé un niveau encore plus secret que tous ceux qui existaient alors, un tampon rouge sur l'enveloppe précisait : détruire AVANT de lire !

Toutefois, la situation devient rapidement délicate. Le petit groupe de chercheurs constitué par Vannevar Bush ne trouve pas le secret des disques volants, le système de propulsion et de sustentation est incompréhensible, la source d'énergie semble absente. Il est donc nécessaire de continuer d'observer les évolutions des véhicules, de mettre à l'épreuve leurs moyens de défense en autorisant les pilotes de chasse à les attaquer, et de mesurer avec précision leurs performances à l'aide des radars militaires. La possibilité d'une invasion en masse, faisant suite à une période d'observation et d'exploration de notre planète est encore considérée comme plausible. Sa probabilité est évaluée initialement à 50% !

L'incertitude quant aux intentions réelles des intrus est renforcée par des rapports venant de l'étranger, qui font état d'atterrissages et de prélèvements d'échantillons. Elle devient gênante en 1948, quand, faute d'une doctrine bien définie, les officiers subalternes des services techniques de l'US Air Force, l'ATIC, l'Air Technical Intelligence Center, tenus pour la plupart à l'écart du secret, rédigent une étude de 600 pages qui conclut sans le moindre doute possible à l'origine extraterrestre des « Disques Volants ». Le rejet pur et simple de ce document par le général Hoyt Vandenberg, chef d'Etat-Major de l'US Air Force, membre présumé du groupe secret poursuivant l'étude des « disques volants », est un exercice périlleux. Il s'accompagne d'un ordre de destruction de tous les exemplaires de cette « Evaluation de la situation ».

Indispensable au maintien du secret, cette décision diminue sérieusement la confiance que des officiers subalternes, comme par exemple le capitaine Eduard Ruppelt, ancien chef du projet Blue Book, pouvaient avoir dans la hiérarchie militaire. L'existence d'un malaise sera confirmée par un certain nombre de démissions.

En fait, l'exécutif américain s'est engagé, avec les raisons les plus patriotiques qui soient, dans une série d'actions illégales, dont la première et la plus grave était, nous l'avons vu, de tenir les représentants du peuple américain dans l'ignorance de faits intéressant la sécurité nationale :

- des incursions d'engins étrangers se produisaient dans l'espace aérien des Etats-Unis,
- le gouvernement détenait la preuve que ces véhicules étaient mis en oeuvre par des créatures qui n'étaient pas humaines,
- les forces aériennes étaient incapables d'exercer leur mission de protection du territoire, du fait d'une infériorité technologique certaine,
- une ou plusieurs agences officielles séquestraient illégalement des véhicules aériens et des cadavres, ce qui risquait de déboucher sur un état de guerre ouverte avec des entités étrangères à la Terre.

Bien que ce cas précis n'ait pas été formellement prévu par la Charte des Nations Unies, il est évident que la dissimulation d'un contact, quel qu'il soit, avec des entités étrangères à la Terre, était un manquement grave aux principes de cette organisation.

- 1949 -

- Le 30 janvier à 22 heures 55, plus de cent observations d'un objet aérien inconnu sont effectuées par des témoins dans les villes d'El Paso, Albuquerque, Alamogordo, Socorro et Roswell, ainsi que par du personnel attaché aux installations de recherche de la Commission de l'Energie Atomique (AEC), et à la base d'essais d'armements de White Sands, tous situés au Nouveau Mexique. Tout semble indiquer un accident ou un atterrissage.

- Le 31 janvier - Le mémorandum qui suit est envoyé au directeur du FBI :

PROTECTION DES INSTALLATIONS VITALES

> destinataire : Directeur du FBI
> origine : station locale du FBI à San Antonio (Texas)
>
> Dans le cadre d'une récente Conférence Hebdomadaire sur le Renseignement rassemblant des représentants de G-2 (contre-espionnage de l'Armée), de l'Office of Naval Intelligence (Marine), de L'Office of Special Intelligence (US Air Force) et du FBI, dépendant de la 4ème Armée, des officiers de G-2 ont discuté du problème des « Aéronefs non-identifiés » ou « Phénomènes aériens non-identifiés » connu sous les noms de « Disques Volants », « Soucoupes Volantes » et « Boules de Feu ». *Ce sujet est considéré comme top-secret par les officiers de renseignement de l'Armée et de l'Air Force.* (souligné sur l'original)
>
> ....
>
> Durant les deux derniers mois, différentes observations de phénomènes inexpliqués dans le voisinage des installations de la Commission de l'Energie Atomique à Los Alamos (Nouveau Mexique), où il semble que ces phénomènes se concentrent actuellement, ont fait l'objet de rapports. En décembre 1948, les 5, 6, 7, 8, 11, 13, 14, 20 et 28, de telles observations inexpliquées ont été effectuées par des agents spéciaux de l'Office of Special Investigations; des pilotes de ligne; des pilotes militaires; des inspecteurs de sécurité (des installations atomiques) de Los Alamos; et des citoyens privés. Le 6 janvier 1949, un autre objet similaire a été observé dans la même zone.
>
> ....
>
> Il existe neuf raisons scientifiques de rejeter l'hypothèse que les phénomènes observés puissent être des météorites. Les seules conclusions qui ont pu être

proposées à ce jour sont qu'il ne peut s'agir que d'une phénomène naturel complètement inconnu ou d'objets manufacturés.

- Toujours en janvier, le colonel Poland, du G-2* confirme dans un mémorandum adressé de la part du général commandant la 4ème Armée, au Directeur des services de renseignement de l'Armée, au Pentagone :

> « Les Agences (de recherche) du Nouveau Mexique sont grandement concernées par ces phénomènes... Une théorie envisage qu'il puisse s'agir d'essais de guerre radiologique par une puissance ennemie, dans la mesure où certains rayons semblent mortels et pourraient avoir été responsables de pertes d'avions qui se sont produites à une date récente... Ces événements sont considérés comme étant de la plus extrême importance dans la mesure où ils se produisent à proximité des intallations américaines les plus sensibles... «

- Le 20 août, le célèbre astronome Clyde Tombaugh, qui avait découvert la planète Pluton en 1930, observe un de ces engins volants énigmatiques et le décrit en détail.
- Le 21 septembre, proclamation de la République populaire de Chine par Mao Zedong dont les armées ont pris Pékin en janvier de la même année.
- Le 25 septembre, L'URSS procède à l'essai de sa première bombe atomique
- Le 27 décembre, le rapport annuel du projet **Grudge**, qui est surtout une opération de relations publiques destinée à entretenir l'illusion que l'US Air Force s'acquitte correctement de sa tâche et ne cache rien au public, reconnaît que 23% des observations d'objets inconnus dans le ciel résistent à toute explication.

- 1950 -

- Le 14 février, l'URSS et la Chine concluent un traité d'amitié et d'assistance mutuelle. Les Etats-Unis accélèrent leur mise au point de la bombe thermo-nucléaire. Ils refusent de reconnaître la République populaire de Chine, dont le siège à l'ONU restera occupé par les représentants des réfugiés chinois de Taïwan.

---

* G-2 Service d'espionnage et de contre-espionnage de l'US Army.

- Le 8 mars, un « disque volant » est observé à la verticale de la base aérienne de Wright-Patterson, Dayton (Ohio), qui abrite les installations de l'ATIC, Air Technical Intelligence Center, probablement chargé d'étudier une partie des débris récupérés à Roswell. Un équipage de la TWA confirme l'observation. La Garde Nationale est mise en alerte et un « Mustang » P-51 décolle pour tenter une interception.

- Le 22 juin, la Corée du Nord, encouragée par la Chine et l'URSS, bien préparée militairement, traverse le 36ème parallèle, et pénètre profondément en Corée du sud, avant que les Etats-Unis ne puissent réagir.

- Le 30 juillet, des objets de forme ronde apparaissent au-dessus de la centrale atomique de Hanford, à l'altitude de 15.000 pieds (4600 mètres). Une tentative d'interception par des réacteurs de l'US Air Force échoue.

- Dès l'automne 1950, la décision d'inclure l'Allemagne de l'ouest dans une défense unifiée de l'Europe est prise, contrairement aux accords internationaux en vigueur.

- Le 21 Novembre, un physicien canadien,le Dr Wilbert Smith, envoie à son gouvernement le mémorandum suivant :

> Ottawa, Ontario, 21 novembre 1950
> sujet : géomagnétisme
>
> ... A la suite d'une enquête discrète, effectuée par l'ambassade du Canada, nous avons pu obtenir les informations suivantes :
>
> a. Ce sujet a reçu la plus haute classification de la part du gouvernement des Etats-Unis, son niveau est supérieur à celui de la bombe à hydrogène.
>
> b. Les Soucoupes Volantes existent.
>
> c. Leur « modus operandi » est inconnu mais un effort important est poursuivi par un petit groupe dirigé par le Dr Vannevar Bush.
>
> d. L'ensemble du sujet est considéré par les autorités américaines comme étant de la plus extrême importance...

Ce document est confirmé par deux autres : un extrait manuscrit de ses mémoires, conservé par son épouse, et une lettre du Dr Sarbacher, l'interlocuteur auquel il fait allusion dans son journal personnel*. Dans le premier de ces documents nous lisons :

....

Wilbert Smith : Alors, les « Soucoupes Volantes » existent ?

---

* Voir en annexe du présent ouvrage les photocopies de ces documents (note n° 10)

Dr. Sarbacher : Oui, elles existent.
W. Smith : Emploient-elles des principes fondés sur le magnétisme ?
Dr. Sarbacher : Nous n'avons pas été capables de reproduire leurs performances.
W. Smith : Viennent-elles d'une autre planète ?
Dr. Sarbacher : Tout ce que nous savons c'est que nous n'avons pas réussi à les construire. Il est à peu près certain qu'elles ne sont pas d'origine terrestre.
W. Smith : Je comprends pourquoi toute cette affaire est classifiée.
Dr. Sarbacher : Oui, elle est même classée deux niveaux au-dessus de la bombe à hydrogène. En fait, il s'agit du sujet le plus secret à l'heure actuelle au sein du gouvernement des Etats-Unis.

Dans une lettre du 29 novembre 1983, envoyée à un chercheur américain, William Steinman, le Dr. Sarbacher, alors directeur du Washington Institute of Technology devait confirmer et compléter les informations obtenues en 1950, mais restées longtemps secrètes. Nous apprenons par exemple que John von Neuman, dont nous avons présenté la thèse pages 38 et 39, avait très probablement participé à l'étude des « disques volants » récupérés et de leurs occupants. En voici quelques extraits :

> « A peu près la seule chose dont je me souvienne avec certitude est que certains matériaux réputés provenir de soucoupes volantes récupérées après des « crash », étaient extrêmement légers et très résistants. Je suis sûr qu'ils ont été très soigneusement analysés par nos laboratoires. »
> « Il y avait des rapports disant que les instruments ou les êtres dirigeant ces machines étaient aussi d'un poids très léger,... Je me souviens qu'en parlant avec des gens au bureau, j'avais eu l'impression que parmi ces « extraterrestres » certains étaient construits comme des sortes d'insectes que nous avons observés sur terre... »

Le recoupement de ces trois documents est remarquable. Les lecteurs français en trouveront le détail dans le livre de Jean Sider : « Ultra Top-Secret » déjà cité, pages 95 à 105. Ils montrent à l'évidence que les gouvernements des Etats-Unis et du Canada devaient en 1950, à un niveau qu'il est difficile de déterminer, partager une partie du secret, et connaître l'existence d'engins d'origine inconnue, pilotés par des êtres n'appartenant pas à l'espèce humaine, et qui évoluaient impunément dans l'espace aérien des deux pays. Cela implique bien évidemment qu'au Royaume-Uni, les hauts fonctionnaires du Ministry of Defense et le Premier Ministre lui-même, faisaient eux-aussi partie du complot. Le terme n'est pas trop fort, puisque les membres du Parlement britannique et de la Chambre des Lords n'ont jamais pu obtenir, au moins en séance publique, la moindre confirmation d'un quelconque intérêt des autorités pour le problème général posé par les observations d'objets inconnus dans le ciel.

- En décembre, dans la région de Del Rio (Texas) un « disque volant » semble avoir eu un accident et s'être écrasé très près de la frontière mexicaine, au lieu dit El Indio Guerrero. L'ouvrage de Randle et Schmitt, « UFO crash at Roswell », déjà cité, mentionne pages 248 à 250 le témoignage officiel du colonel Willingham, confirmé par un « affidavit », c'est-à-dire une déclaration sous serment effectuée devant un juge.

- Au cours de l'année, quelques observations en Espagne et en Afrique du Nord passent pratiquement inaperçues tandis qu'en France des scientifiques comme Jacques et Jacqueline Vallée ou G. de Vaucouleurs commencent à prendre conscience de l'existence d'un problème.

- 1951 -

- En juillet, la guerre de Corée continue, malgré un début de négociations. Le front est stabilisé aux environs du 38 ème parallèle.

- Le 25 août, plusieurs dizaines de témoins voient passer à grande vitesse au-dessus d'eux, des groupes de lumières qui dessinent une structure ressemblant à un boomerang ou à une aile volante. La première observation, confirmée par une station radar, a lieu dans les faubourgs d'Albuquerque (Nouveau Mexique), les suivantes à Lubbock (Texas). Un groupe de professeurs, dont le Dr W. I. Robinson, géologue, observe que le phénomène apparaît au nord à une élévation angulaire de 45° environ au-dessus de l'horizon et disparaît dans la direction du sud. Un étudiant de Texas Tech, Carl Hart Junior, prendra quelques photos.

- Le 26 août, au-dessus de la ville de Washington (DC), deux stations radar détectent simultanément un écho non-identifié dont la vitesse est de 900 milles à l'heure (1300 km/h). Aucun avion terrestre n'est capable d'une telle vitesse. Les intercepteurs en service aux Etats-Unis sont incapables de dépasser les 800 km/h.

- Le 10 septembre, à Fort Monmouth (New Jersey), pendant la démonstration de canons anti-aériens pointés automatiquement par radar, un écho non-identifié, trop rapide pour pouvoir être suivi apparaît. Pendant la période d'essais qui dure deux jours, 4 cas semblables se produisent; l'un des échos détectés se déplace à l'altitude constante de 93.000, soit 28.300 mètres ! Parmi les témoins se trouve un groupe d'officiers supérieurs chargés de l'évaluation de ce matériel de pointe.

- Deux jours plus tard, le projet Grudge, officiellement chargé de l'étude des objets volants non-identifiés pour le compte de l'US Air Force, mis pratiquement en sommeil depuis décembre 1949, est réactivé.

documents : de Kevin Randle, « UFO Case Book » *Warner Books Inc, New York, septembre 1989, pages 56 à 65.*

de Ralph et Judy Blum, « Beyond earth » *Bantam Books, New York 1974, page 93.*

Teletype report from : army Signal Corps radar center to: Wright-Patterson Air Force Base.

- 1952 -

- En avril, le Secrétaire d'Etat à la Marine, Dun Kimball, ministre de l'administration du Président Truman, effectue un vol officiel vers les îles Hawaï. Pendant la croisière, il observe, ainsi que l'équipage de son avion, deux vaisseaux aériens en forme de disque, qui se dirigent dans leur direction. Voici sa description de l'incident, recueillie quelques années plus tard par le Major Keyhoe :

> « Leur vitesse était surprenante. Mes pilotes l'ont estimée entre 2.500 et 3.000 kilomètres à l'heure. Ces vaisseaux aériens ont fait deux cercles autour de nous puis ont disparu vers l'est. Un autre avion de la marine nous suivait, avec l'amiral Arthur Radford à bord, à une distance d'environ quatre-vingt kilomètres. Mon commandant de bord a signalé la rencontre par radio. Presque aussitôt, celui de Radford a appelé, manifestement très ému. Les ovnis faisaient maintenant des cercles autour de son appareil. Ils avaient donc couvert les quatre-vingt kilomètres en moins de deux minutes (2400 km/h). Quelques secondes plus tard, nouvel appel : les appareils, ayant repris leur route, avaient disparu. »

A l'atterrissage, le Secrétaire d'Etat fait envoyer un rapport par radio à l'US Air Force, qu'il croyait, comme tout un chacun, chargée d'étudier ce problème. Revenu dans son ministère à Washington, il demande tout naturellement à ses services quelle suite avait été donnée à l'affaire et s'entend répondre que cela ne le regarde pas, et que des ordres permanents interdisent de discuter de ce sujet, même avec les témoins.

Dun Kimball est outré. Il convoque le contre-amiral Calvin Bolster, chef de l'Office of Naval Research, c'est-à-dire le directeur des services d'espionnage, d'études secrètes et de renseignement de la marine et lui donne l'ordre, comme il en a le droit, d'effectuer une enquête complète sur le sujet des objets volants non-identifiés. Les chefs d'état-major et les membres du National Security Council sont horrifiés : un ministre ose s'intéresser aux ovnis et il a, théoriquement, l'autorité nécessaire pour exiger toutes les informations qu'il désire. Il n'obtiendra finalement rien, ni de ses services, ni de l'US Air Force. L'élection d'un républicain à la présidence des Etats-Unis, en novembre, entraînera un changement d'administration et privera Dun Kimball de son poste ministériel, au grand soulagement des vrais détenteurs du pouvoir.

- Le 12 avril, le projet **Blue Book** remplace le projet Grudge. Saluée par les civils comme un signe encourageant, cette création n'est qu'une opération de relations publiques. Son premier chef, le capitaine Ruppelt, ne dispose d'aucun moyen d'étude. Lui-même et un simple sous-officier ne serviront en réalité que de centre de tri. Les rapports intéressants seront envoyés à l'Air Technical Intelligence Center, à Wright Patterson. Les erreurs d'observation, phénomènes atmosphériques ou avions volant à basse altitude, seront immédiatement communiqués aux médias. Un astronome pas trop regardant servira de caution scientifique aux « explications » les plus invraisemblables. Chacun aura reconnu l'honorable Dr Hynek !

- Deux jours plus tard commence une gigantesque vague mondiale d'observations sans aucun équivalent. Les régions les plus éloignées du globe ne sont pas épargnées. Tous les ouvrages étudiant le sujet qui nous occupe lui font une large place et le détail des rapports couvrirait plusieurs milliers de pages.

Les réactions des différents protagonistes à Washington sont intéressantes. Il devient évident que l'US Air Force et la Marine sont au mieux des exécutants et que la CIA, curieusement, prend l'initiative de bloquer les enquêtes et de provoquer des réunions d'experts. Au mois de mai, sous la présidence du général Samford, directeur du renseignement au Pentagone, un groupe de réflexion, étudiant les innombrables rapports qui affluent, évoque une fois de plus l'hypothèse extraterrestre.

- A trois reprises, les 19, 26 et 29 juillet, des échos non-identifiés apparaissent au-dessus de Washington, dans la zone interdite qui couvre la Maison Blanche et le Pentagone. Détectés simultanément par les radars des bases aériennes de Bolling et de Andrews, et celui de l'aéroport national, ils déclenchent à chaque fois des tentatives infructueuses d'interception. Dans tout le territoire des Etats-Unis, les radios retransmettent la nouvelle. J'en suis moi-même témoin, en Caroline du nord, au Cadet Club de la base d'entraînement de Kinston.

- Le 1er novembre, les Etats-Unis expérimentent la première bombe à fusion, ou « bombe à hydrogène ». Une bombe atomique classique sert de détonateur, ou d'allumette, pour amorcer le processus.

- La vague mondiale d'observations s'arrêtera en décembre mais se poursuivra en janvier 53, en Australie et en Nouvelle Zélande.

Une remarque s'impose : le phénomène dépasse le stade d'un dialogue privilégié avec des « autorités » triées sur le volet, pour commencer à apparaître, avec une certaine prudence, au public. Cette indiscrétion ne pouvait pas arriver plus mal. Les responsables de l'Exécutif et certains militaires de grades élevés dissimulent au peuple américain et à ses représentants, depuis plus de cinq ans, des informations d'une exceptionnelle gravité. Leur seule justification serait d'avoir obtenu, dans le domaine de la technologie, une avancée notable. Il ne semble pas que cela ait été le cas. Les disques récupérés gardent leur secret. L'étude des matériaux a peut-être stimulé la recherche dans le domaine des fibres synthétiques et des matières plastiques, mais pour l'essentiel, c'est-à-dire la sustentation, la propulsion et la génération d'énergie, aucun progrès n'est accompli.

Est-il possible d'imaginer la raison de ce qui ressemble à une étude systématique du globe ? Il ne semble pas. Pourtant, notre hypothèse va nous permettre d'éliminer un certain nombre de théories.

La probabilité d'une présence ancienne, nous amène à rejeter, non seulement l'idée d'une exploration du globe, qui depuis des millénaires n'a plus rien à apprendre à nos surveillants, mais aussi celle d'une invasion, ou bien encore d'un génocide. En effet, ces deux dernières opérations n'auraient présenté aucune difficulté quand nos seules armes étaient des armes blanches, et que la médecine, hormis quelques tisanes et la pose de sangsues, était inexistante.

Les « extraterrestres » eux-mêmes ne semblent pas avoir fait grand'chose pour rassurer les responsables de l'Air Force. Il est maintenant connu qu'ils ont rendu coup pour coup, et quelques indiscrétions récentes de généraux à la retraite font état d'un certain nombre d'intercepteurs américains détruits en vol pour avoir essayé d'abattre un disque volant. Avec les progrès des armements aéroportés, les plus notables étant des canons à tir rapide puis des fusées téléguidées, il semble possible que des disques volants, en très petit nombre, aient pu finalement avoir été détruits à l'issue de poursuites ou de combats tournoyants. Heureusement pour les pilotes de chasse terriens, ces jeux meurtriers ont rapidement cessé, et quelques témoignages indiquent par la suite des engagements non-violents, où les ciné-caméra remplaçaient sans doute les armes.

Les autorités terrestres, bien que sachant sans le moindre doute possible que les incursions étaient réelles et matérielles, que les engins volants étaient parfaitement identifiés comme n'étant pas issus d'une technologie humaine, restaient complètement ignorantes des intentions réelles de leurs adversaires. Les quelques spéculations datant de cette époque témoignent d'un certain désarroi.

- 1953 -

- Le 13 janvier, débute au Pentagone une série de réunions secrètes organisées par l'Office of Special Investigations*, qui, comme son nom ne l'indique pas, était chargé de l'espionnage scientifique. Son président est un scientifique de haut rang, le Dr Robertson, qui allait donner son nom à cette entreprise, connue aujourd'hui sous le nom de « Robertson Panel ». Les minutes des réunions, partiellement déclassifiées pour apparaître en annexe du rapport Condon, (Appendix U, pages 905 à 921) font partie des Archives Nationales. Ce sont des documents officiels historiques, indiscutables, disponibles à Washington (DC).

Participent à cette réunion :

- Samuel Goudsmit, proche d'Albert Einstein et venu peut-être faire connaître les conclusions de ce dernier,
- Louis Alvarez, futur prix Nobel,
- Thornton Page, astrophysicien,
- Dr Lloyd Berkner, géo physicien, spécialiste du magnétisme

---

* Ce service, l'OSI dépend de la CIA, et ne doit pas être confondu avec l'AF OSI, Air Force Office of Special Intelligence, chargé comme son nom l'indique de missions spéciales, le plus souvent de contre-espionnage.

Voir mon livre précédent, « ovnis... un pilote de ligne parle » Editions Guy Trédaniel, Paris, avril 1993.

terrestre, réputé membre du groupe d'étude secret, étudiant les restes de disques volants récupérés, sous la direction de Vannevar Bush*.

- Les noms de la plupart des participants militaires étaient encore censurés seize ans plus tard, au moment de la parution du rapport Condon en janvier 1969. Le Dr Hynek, conseiller du projet Blue Book n'assistera qu'à une seule réunion, le 14.

Les décisions de cet auguste aréopage sont officiellement connues et rédigées dans un style alambiqué :

> 2. Comme résultat de ses délibérations, la commission conclut
> a. Que les preuves présentées sur les objets volants non-identifiés ne montrent aucune indication que ces phénomènes puissent constituer une menace physique directe à la sécurité nationale.
> Nous croyons fermement qu'il n'existe aucun résidu de cas indiquant que ces phénomènes puissent être attribués à des artéfacts étrangers capables d'actes hostiles, et qu'il n'existe pas de preuve que le phénomène indique un besoin de révision des concepts scientifiques courants.
>
> 3. De plus, la commission conclut :
> a. Que l'emphase continuelle mise sur les rapports concernant ces phénomènes, quant à elle, constitue une véritable menace, en ces temps difficiles, au bon fonctionnement des organismes protecteurs du corps politique.
> Nous citons comme exemple... la culture d'une psychologie nationale morbide, grâce à laquelle une adroite propagande hostile pourrait induire un comportement hystérique et une méfiance dangereuse à l'égard de l'autorité duement constituée.
>
> 4. Afin... de minimiser les dangers concomitants auxquels il est fait allusion ci-dessus, la commission recommande :
> a. Que les agences nationales de sécurité prennent des mesures immédiates pour dépouiller les Objets Volants Non-Identifiés du statut spécial qui leur a été donné et de l'aura de mystère qu'ils ont malheureusement acquise ;
> b. Que les agences nationales de sécurité mettent en oeuvre une politique de recueil du renseignement, d'entraînement et d'éducation du public, afin de préparer les défenses matérielles et morales du pays, afin de pouvoir reconnaitre le plus rapidement possible, et de réagir de la manière la plus efficace, à de véritables indications d'intentions ou d'indications hostiles.
>
> Nous suggérons que ces buts pourraient être atteints grâce à un programme intégré, destiné à rassurer le public quant à l'absence totale de preuves que

* Les curriculum vitae des membres "civils" de cette commission se trouvent en annexe pp. 246 et 247.

des forces inamicales pourraient être à l'origine du phénomène, à entraîner du personnel afin qu'il apprenne à identifier et à rejeter rapidement et efficacement les fausses indications, et à renforcer les voies habituelles (de communications) pour une évaluation et une prompte réaction à des indications réelles de mesures hostiles.

/signé/ H. P. Robertson, Chairman
California Institute of Technology
Luis W. Alvarez, University of California
Lloyd Berkner, Associated Universities, Inc.
S. A. Goudsmit, Brookhaven National Lab.
Thornton Page, John Hopkins University

- Le 29 avril, promulgation de l'Air Force Letter 200-5, réglementation prévoyant que les informations concernant les ovnis doivent être envoyées télégraphiquement en double exemplaire, l'un destiné au projet Blue-Book à Wright-Patterson, l'autre au Pentagone. En 1966, l'étude de ce sujet sera classée, suivant le règlement de l'Air Force AFR 80-17A sous la rubrique « Recherche et Développement » qui recouvre les projets techniques les plus secrets.
- La « Joint Army and Navy Publication », JANAP 146, nous apprend que toute « déclaration publique sans autorisation » concernant des observations d'ovnis est passible de 10 ans de prison et de 10.000 dollars d'amende.

La section 102a. précise que ce type d'informations est « d'importance vitale » pour la sécurité des Etats-Unis d'Amérique et du Canada ». Les messages sont affectés du code CIRVIS s'il sont transmis par des avions ou des troupes au sol, MERINT s'ils proviennent de navires de guerre. La base légale de ce règlement se fonde sur des textes plus anciens :

208. Militaires et civils. La transmission de rapports CIRVIS est assujettie à la loi « U.S. Communication Act » de 1934, et à ses amendements, ainsi qu'au « Canadian Radio Act » de 1938 et à ses amendements. Toute personne contrevenant aux stipulations de ces lois peut être poursuivie comme suit. Ces rapports contiennent des renseignements affectant la défense nationale des Etats-Unis et du Canada. Toute personne effectuant une transmission ou une divulgation non autorisée d'un tel rapport s'expose à des poursuites prévues par le titre 18, chapitre 37 du « US Code », ou par le « Canadian Official Secret Act » de 1939 et ses amendements.

Finalement, JANAP 146 précise les catégories d'informations qui doivent être transmises sous le code CIRVIS :

(a) Avion hostile ou non-identifié, isolé ou en formation, qui semble être dirigé contre les Etats-Unis, le Canada, ou leurs forces armées.
(b) Missiles.
(c) Objets volants non-identifiés.
(d) sous-marins hostiles ou non-identifiés.

Les textes législatifs que nous venons de présenter, contredisent bien évidemment les conclusions négatives du « Robertson Panel » et d'ailleurs du rapport Condon lui-même. Aucun législateur ne confondrait le délit d'espionnage avec des hallucinations ou des erreurs d'interprétation. Personne n'aurait l'idée d'appliquer aux affabulateurs des textes réprimant la trahison. Par contre, il est certain que le fait d'avoir doté les forces armées d'un tel arsenal répressif permettait d'imposer légalement le silence aux témoins les plus gênants.

- En mars, mort de Staline.
- Le 19 juin, exécution dans la prison de Sing Sing des époux Rosenberg, pour livraison de secrets atomiques à l'Union Soviétique, après un procès qui ne semble pas avoir été un modèle d'objectivité.
- En août, l'URSS fait exploser sa première bombe à hydrogène.
- Le 23 novembre, rumeur de la destruction ou de l'enlèvement par un ovni de grandes dimensions, d'un intercepteur F-89, piloté par le lieutenant Felix Moncla Jr..*(Voir de Kevin Randle « UFO Case Book », Warner Books, New York, 1989).*

- 1954 -

- Le 20 février, le Président Eisenhower disparaît pendant quarante huit heures de sa résidence de Palm Spring. Il manque de ce fait une conférence de presse hebdomadaire, et des explications embarrassées et contradictoires - un os de poulet malencontreusement avalé, et un plombage perdu nécessitant l'intervention d'un dentiste - éveillent, pour une fois, la curiosité des journalistes. Deux versions existent à ce jour dans la littérature consacrée aux ovnis :

1/ Au cours d'un « briefing » spécial, plusieurs disques volants auraient été présentés au Président, ainsi que des corps non-humains conservés dans des enceintes cryogéniques permettant le transport.

Cette première hypothèse est peu probable. Une visite d'une telle importance et d'un tel niveau de confidentialité aurait été prévue longtemps à l'avance, et pouvait bénéficier d'une « couverture » à toute épreuve, alors qu'une disparition et des explications bâclées étaient certaines d'attirer l'attention.

2/ Le Président aurait été prévenu in-extremis de l'arrivée sur la base aérienne de Muroc en Californie de cinq disques volants et de leurs pilotes, humanoïdes, de taille normale, mais possédant des caractéristiques non-humaines. D'après un témoignage plutôt suspect, provenant d'un pilote d'essais connu qui aurait accompagné Dwight Eisenhower, les visiteurs l'auraient adjuré d'arrêter les essais nucléaires et de détruire l'arsenal d'armes atomiques stocké par les USA. Ils auraient de plus annoncé leur intention de faire connaître publiquement leur présence. La réponse du président aurait fait état des graves conséquences pour la société américaine qu'une telle révélation entraînerait, et de l'impossibilité dans laquelle il se trouvait de faire droit à leurs demandes.

Avant de partir, les visiteurs auraient fait une démonstration d'invisibilité, de vol stationnaire silencieux puis des étonnantes capacités d'accélération des vaisseaux.

Dans l'optique d'une présence extraterrestre récente, par exemple celle de l'arrivée sur Terre d'une expédition interstellaire peu après l'explosion des premières bombes atomiques, une telle rencontre, après quelques années d'observation, aurait été parfaitement concevable. Dans la mesure où la version la plus probable de l'hypothèse extraterrestre postule une présence très ancienne, une telle initiative est plus surprenante, ou si l'on préfère, l'ensemble de l'événement tel qu'il est décrit est suspect. Faut-il pour autant rejeter la possibilité d'une rencontre, à un très haut niveau, entre des humains et quelques « visiteurs » ? C'est beaucoup moins sûr. Nous allons voir que les manifestations publiques d'objets volants inconnus vont reprendre au cours de l'année 54 et devenir une seconde « vague », toute aussi indiscrète que celles de 1947 et de 1952. Or ces manifestations sont autant de contacts du phénomène avec le public; contacts incomplets, purement visuels, n'apportant ni certitude ni preuves, mais contacts tout de même.

- Pendant l'été, une vague mondiale touche entre autres pays : les Etats-Unis, l'Amérique du sud, l'Europe, l'Afrique occidentale, la Nouvelle Zélande et l'Australie. En France, elle avait commencé depuis le mois de janvier par des observations à Marignane, Arras et Lunéville, en Algérie à Sétif, Ouled Djellal et Constantine.

- Le 28 août, à Oklahoma City, plusieurs centaines de personnes observent une formation de 15 disques volants. A l'approche d'avions de chasse à réaction, ils se regroupent en demi cercle et s'échappent à grande vitesse.

- De septembre à octobre, la vague européenne dépasse en importance celle de l'année 1947 dans le monde entier.

- 1955 -

- Tandis que nous nous retirons en bon ordre du Tonkin, et que les premiers officiers américains arrivent dans le sud, ostensiblement pour prendre notre place mais surtout pour empêcher les élections prévues par les accords de Genève, le phénomène ovni se montre relativement discret.

- Le 23 août, trois avions de chasse engagent un combat tournoyant avec un disque volant. Ils sont observés par les radars du Strategic Air Command. Aucune victime n'est à déplorer.

- Le 9 octobre, dans une interview accordée au New York Times, le général Mac Arthur déclare :

« Les nations du monde devront s'unir car la prochaine guerre sera une guerre interplanétaire. Les nations de la Terre devront un jour constituer un front commun contre une attaque par des habitants d'autres planètes. »

S'agissait-il d'un début de sénilité, ou bien d'une allusion à des faits qu'il aurait appris alors qu'il occupait les très hautes fonctions que l'on sait ? A-t-il effectivement contribué à la création de l'Interplanetary Phenomenon Unit ? Nous en serons réduits aux hypothèses tant que les agences de renseignement américaines refuseront de livrer aux historiens les documents si importants qu'elles détiennent.

- Le 11 décembre, un combat tournoyant oppose un disque volant à trois chasseurs de l'US Navy. Ces derniers sont très largement dominés par leur adversaire. Le combat simulé est une fois de plus suivi au radar.

- 1956 -

- Daté du 9 février, un mémorandum intitulé : « Responsabilité en ce qui concerne les Objets Volants Non-identifiés », assigne à la section des Sciences Appliquées (Applied Science Division) de l'OSI (Office of Scientific Intelligence), l'archivage des dossiers concernant ce sujet. Parmi ces rapports, ceux qui présentent un intérêt dans les domaines des *armements « étrangers »* ou contiennent des informations sur des *développements scientifiques « étrangers »*, doivent être transmis à la Zone des sciences fondamentales (Fundamental Science Area).

Réference : « Clear Intent » *page 135*.

- En novembre, réélection du Président Eisenhower.

La Cour Suprême condamne la ségrégation dans les transports publics. Jusqu'à cette date, dans les autobus ou les autocars de la plupart des états du sud par exemple, la moitié avant du véhicule était réservée aux blancs. En Louisiane, il était interdit à des personnes de couleurs de peau différentes de prendre place dans un même taxi, même si l'une des deux était le chauffeur.

- 1957 -

Cette année, riche en événements, marque le début de l'ère spatiale avec le lancement par l'URSS des deux premiers satellites artificiels de la Terre : Sputnik I et Sputnik II. Elle verra aussi les difficiles débuts de la déségrégation aux Etats-Unis.

- Une vague importante d'observations se déroule en Amérique du sud.

- Le 12 septembre, à Ubatuba, Brésil, « quelque chose » explose au bord de la mer et crible la plage de débris métalliques. Les pêcheurs en ramassent une grande quantité, un journaliste évoque l'explosion d'une soucoupe volante, et le Dr Olavo Fontès, représentant local d'une des plus actives organisations civiles d'étude des ovnis, en recueille un certain nombre et essaie, par l'intermédiaire de ses correspondants aux Etats-Unis, d'en obtenir une analyse précise.

Il est évident que le secret n'est pas préservé car les échantillons se perdent, certains sont détruits au cours de l'analyse, et les militaires se mèlent de l'affaire. Nous retrouverons la trace d'Ubatuba et des échantillons recueillis dans le rapport Condon. L'organisation dont le Dr Fontes est membre, APRO, dirigée par Jim et Coral Laurenzen, est mise sous surveillance depuis 1953, par décision du Robertson Panel et de ce fait certainement infiltrée par la CIA ou d'autres services encore plus obscurs.

Notre hypothèse de départ, mais aussi tous les documents que nous venons de voir, montrent à l'évidence que les responsables de la sécurité militaire, du renseignement et du contre-espionnage ne pouvaient pas laisser fonctionner sans contrôle des organisations civiles disposant de nombreux correspondants à l'étranger et manipulant des informations considérées comme sensibles.Une lettre d'Olavo Fontes adressée au représentant d'APRO en Arizona en 1958 donnera une idée précise de la situation, au Brésil, à cette époque. Les faits relatés par ses deux visiteurs militaires ne sont pas forcément exacts dans la mesure où ils ne sont pas de première main, mais proviennent des services secrets américains. Ces derniers ne semblent pas avoir toujours fait preuve d'une franchise parfaite, même avec leurs alliés. Cependant, un certain nombre de faits mentionnés dans ce document, amplement vérifiés depuis, ne pouvaient pas être connus du Dr Fontes, qui par ailleurs, semble avoir été un parfait honnête homme.

LETTRE DU DR OLAVO FONTES A A.P.R.O.

27 février 1958

... Connaître des informations secrètes dissimulées par nos Gouvernements et nos Forces Armées ne doit pas, à mon avis, nous satisfaire quand cette information est cachée au public — c'est-à-dire à ceux qui ont le droit de savoir. Nous n'avons pas la moindre justification si nous gardons nos lèvres figées, comme des paysans russes devant un Commissaire du peuple, acceptant des jugements vides et dénués de sens venant d'officiers de renseignement anonymes. Eux, ces créatures sans visage qui ont usurpé nos droits, ne doivent pas être laissés libres de faire ce qu'ils veulent dans un domaine aussi important pour notre futur— notre futur à tous. Le secret n'engendre pas la sécurité mais la peur. Je ne suis pas du tout intéressé par ce que les militaires pourraient avoir à dire à ce sujet. Ils ne nous font pas leurs rapports à nous, le peuple, mais à leurs supérieurs qui eux, ne font de rapport à personne. (Le Président du Brésil, par exemple, sait très peu de chose sur l'ensemble du sujet ; il en va de même en ce qui concerne les autorités civiles et les scientifiques, au moins dans mon pays). Est-ce une chose juste ? Les militaires ont-ils le droit de prendre des décisions qui pourraient affecter l'ensemble de l'humanité ? Peut on leur faire confiance et leur laisser l'entière responsabilité en matière d'ovnis ? De toute évidence non. Au moins dans les pays libres situés de ce côté-ci du rideau de fer. Ainsi, nous devons continuer de lutter contre la censure quel qu'en soit le prix. Notre magnésium (des échantillons de métal très pur récupérés après le « crash » d'un engin volant inconnu à Ubatuba) sera une arme puissante contre leurs tactiques vicieuses pour dissimuler la vérité...

Votre décision d'envoyer les échantillons de magnésium à ce physicien de haut niveau était sage. S'ils affirment publiquement qu'il ont trouvé que cette matière est d'origine extraterrestre, notre affaire est gagnée. Il existe toutefois un danger — il essaiera d'y intéresser un nombre suffisant de scientifiques. Si l'un d'eux connait déjà la vérité, nous sommes perdus... Il fera un rapport immédiat aux autorités et notre ami sera instantanément soumis à des restrictions de sécurité nationale. Bien sur, si aucun rapport concernant les tests ne nous parvient, nous comprendrons ce qui est arrivé. Mais je crains une éventualité pire; une déclaration mensongère imposée par les censeurs — pour déformer la vérité et nous envoyer sur une fausse piste. A cause de cette possibilité, nous devons prendre des précautions pour l'éviter. Ainsi, s'ils disent que le magnésium n'est pas extraterrestre, ou qu'il n'ont pas trouvé suffisamment de preuves qu'il l'est, nous ne pourrons pas accepter ce genre de rapport sans vérification. La seule chose que nous ayons à faire est de répéter l'analyse dans un autre endroit. Une spectrographie de masse pourrait être effectuée, par exemple, grâce à Lex Mebans. Comme vous le savez c'est un chimiste, et il ne travaille pas pour le gouvernement. Je pourrais lui envoyer l'échantillon. Une autre chose que vous pourriez faire c'est d'alerter votre physicien afin qu'il soit prudent dans son choix d'autres scientifiques; et faire en sorte qu'il puisse nous prévenir (en utilisant un nom de code sélectionné par avance) si les choses tournaient mal. Pouvez vous le faire ? Ne croyez surtout pas que je vois des fantômes. Par le passé, je n'avais pas très bien compris les précautions que vous aviez prises pour éviter l'interférence de la censure dans certaines de vos lettres (qui m'étaient adressées). Je sais maintenant que vous aviez raison — tout peut arriver...

....

Le lendemain deux hommes sont arrivés à mon cabinet médical. Il était 6 heures 30 du soir. Mon infirmière venait de partir quelques minutes plus tôt — et j'étais seul. Ils m'ont montré leurs cartes d'identité, c'étaient des officiers du renseignement de la Marine. Ils m'ont dit qu'ils venaient à cause de ma visite au Ministère de la Marine, ce matin là. Leur attitude semblait amicale, mais leurs premiers mots m'ont donné l'impression qu'ils cherchaient d'une certaine manière à me faire peur.

« Vous savez des choses que vous n'avez pas le droit de connaître », dit l'un d'entre eux. « Nous n'aimons pas ça. D'autre part, votre activité concernant les fragments que vous possédez est très indésirable et pourrait être dangereuse pour vous. Nous voulons vous prévenir d'avoir à cesser toutes vos recherches concernant ces fragments. Nous exigeons que les échantillons en votre possession nous soient remis dès que possible.... »

A ce moment je l'ai interrompu. Je n'étais pas inquiet mais en colère — et j'essayais avec difficulté de contrôler ma mauvaise humeur. « Mon cher ami « , lui dis-je, « j'ai bien peur que vous n'ayez pas la moindre conception du genre de pays dans lequel nous vivons. Nous sommes dans un pays libre et vous n'avez pas à me dire ce que je peux et ce que je ne peux pas faire. Si vous êtes venus me menacer, vous pouvez arrêter immédiatement et sortir par cette porte. Et dites à vos chefs que je ne crains pas leurs menaces ridicules. J'ai aussi des amis dans les forces armées et ailleurs, et je sais que vous n'avez aucun moyen légal d'interférer avec mes activités. »

Il a changé instantanément d'attitude. « Vous avez mal compris mes paroles », répondit-il. « Je vous donne seulement un conseil. Vous pouvez le suivre ou non, naturellement. Je veux que vous compreniez que notre visite est non officielle et privée. Il semble que vous ayez découvert des informations de la plus haute importance concernant les soucoupes volantes, mais nous pensons que vous n'avez pas une image complète (de la situation). Nous allons mettre à votre disposition certaines informations et conseils qui seront pour vous d'un grand intérêt. En échange, nous voulons votre coopération dans certains domaines. En tant qu'enquêteur civil, vous avez certainement de nombreuses sources d'information qui évitent de transmettre quoi que ce soit aux militaires, à ce sujet. Nous vous demandons votre aide pour corriger cette situation, et pour nous transmettre toutes les informations qui vous parviendont — principalement sur les observations et les atterrissages d'ovnis dans notre pays. Notre organisation est petite et nous avons besoin de l'aide des civils. Dans d'autres pays la situation est différente et ils peuvent se permettre de refuser la coopération civile — vous le savez probablement; c'est peut-être la raison de votre surprise et de votre attitude hostile. Maintenant vous pouvez vous détendre. »
Je décidais d'accepter son explication et de discuter des renseignements qu'ils voulaient me donner. Je ne suis pas convaincu, cependant, que j'ai mal compris ses premiers mots. Au contraire, je crois qu'il n'auraient pas utilisé cette approche cordiale s'ils avaient réussi à me faire peur dès le début. Mais cette tactique avait échoué, et ils ont ont du changer leur méthode pour une attitude plus conciliante.

Pendant des discussions qui ont duré presque deux heures, ils m'ont révélé les informations suivantes concernant le problème des soucoupes volantes :
(1) Ils m'ont dit que tous les gouvernements et les autorités militaires du monde entier savent que les soucoupes volantes existent — et que ce sont des vaisseaux venant d'une autre planète. Ils possèdent la preuve absolue concernant ces deux points.
(2) En fait, six disques volants se sont déjà écrasés sur terre, ont été capturés et démontés par les pays concernés — en utilisant les mesures de sécurité les plus rigides et les plus brutales afin de maintenir le secret le plus absolu. L'un de ces disques s'est écrasé au Sahara mais il était trop endommagé pour être d'une quelconque utilité. Trois autres se sont écrasés aux Etats-Unis, deux d'entre eux en très bonne condition. Le cinquième s'est écrasé quelque part dans les Iles Britanniques, et le dernier est tombé dans les pays Scandinaves; ces deux derniers étaient eux aussi en bonne condition. Ces six vaisseaux étaient tous de petites dimensions — 10 mètres, 22 mètres ou 30 mètres de diamètre (32, 72, ou 99 pieds). Tous contenaient les corps des membres de leurs équipages. Il s'agissait de « petits hommes » dont la taille s'échelonnait entre 82 centimètres et 1 mètre 17 (32 et 46 pouces). Ils étaient morts dans tous les cas, tués par les accidents. L'examen des corps montra qu'ils étaient sans le moindre doute « humanoïdes » — mais de toute évidence n'étaient pas originaires de notre planète. Dans un certain nombre de cas la cause de

l'accident a pu être déterminée avec précision (?); elle n'était pas évidente pour les autres. Tous les aéronefs avaient la forme générale d'une soucoupe avec une cabine sur le dessus; tous étaient faits d'un métal très léger qui était assemblé par segments qui s'emboitaient dans des rainures profondes et étaient chevillés au niveau de la base. Aucun signe (de ce montage) n'était visible à l'extérieur. Certains des vaisseaux étaient équipés de hublots faits d'un type inconnu de verre; de nombreux matériaux inconnus furent découverts à l'intérieur de ces engins.

(3) L'examen des instruments et des systèmes découverts à bord de ces disques montrèrent qu'ils étaient propulsés par des champs électro-magnétiques extrêmement puissants. Il existe des présomptions sérieuses qu'il s'agisse d'un champ rotatif oscillant de très fort voltage. Ce genre de champ produit de toute évidence une sorte d'effet de type gravitationnel qui n'est pas encore compris.

(4) Tous les vaisseaux ont été soigneusement démontés et étudiés. Malheureusement, le problème le plus important n'a pas été résolu : comment ces champs sont produits et quelle est la source de l'énorme quantité d'énergie électrique qu'ils mettent en jeu. Aucune indication n'a été découverte dans aucun des disques examinés. Apparemment, l'énergie qu'ils utilisent ne provient de nulle part. Il y a, par ailleurs, des preuves que les très grands ovnis utilisent une forme de moteurs atomiques comme source d'energie (ce qui) suggère qu'ils sont capables de transmettre de la puissance électrique grâce à des faisceaux radio, comme nous le faisons avec des cables. Certains équipements trouvés à l'intérieur des disques les plus petits pourraient fort bien servir à concentrer la puissance électrique arrivant de cette façon. Si c'est exact, une centrale nucléaire opérant à l'intérieur d'un vaisseau ou d'un satellite de grandes dimensions, placé à l'extérieur de notre atmosphère, pourrait fournir de l'énergie électrique à toute une flotte d'engins plus petits opérant à l'intérieur de notre atmosphère. Aucun de ces ovnis de plus grande taille n'a été capturé à ce jour.

(5) Nos scientifiques pourraient construire un vaisseau propulsé par un champ électro-magnétique oscillant et tournant — s'ils savaient transformer directement l'énergie produite par le réacteur nucléaire directement en puissance électrique. Le problème n'est pas encore résolu.

(6) Ces visiteurs d'outre-espace sont dangereux quand on les appréhende et sans le moindre doute hostiles quand on les attaque. Nous avons déjà perdu de nombreux avions en essayant d'abattre l'un d'entre eux. A ce jour, nous ne disposons contre eux d'aucune défense. Leur capacité de manoeuvre est très largement supérieure à celle de nos avions de chasse qui n'ont aucune chance contre eux. Les missiles téléguidés sont inutilisables; ils peuvent voler plus vite qu'aucun d'entre eux et même manoeuvrer autour d'eux comme s'ils étaient des jouets (inoffensifs); ou bien ils peuvent interférer avec leur système de guidage et les rendre inutilisables peu de temps après leur lancement ; ou bien, s'ils le désirent, ils peuvent les faire exploser bien avant qu'ils arrivent à proximité. Ils ont provoqué la destruction d'avions militaires

(à hélice ou à réaction) et d'avions de ligne en faisant arrêter leurs moteurs par interférence avec leurs systèmes électriques (nous ne savons pas encore s'il s'agit d'un effet secondaire de leur puissant champ magnétique, ou de l'action d'une espèce d'arme — peut-être une sorte de faisceau à haute fréquence). Ils ont aussi une arme à longue portée horriblement destructrice, qui a été utilisée sans pitié contre nos chasseurs à réaction. Dans un cas, par exemple, un intercepteur de l'US Navy avec un équipage de deux hommes a décollé en alerte pour intercepter un ovni. Leur mission était, comme d'habitude, de l'obliger à se poser (?) ou si nécessaire de l'abattre. Ils utilisèrent leurs armes de bord. La réponse fut immédiate et terrifiante : instantanément toutes les pièces métalliques de leur avion se désagrégèrent, se rompirent en milliers de morceaux, et ils se retrouvèrent brutalement assis en l'air (les pièces ou les objets non métalliques ne sont pas affectés par ce phénomène); l'un des hommes fut tué, mais l'autre survécut pour racconter son aventure. Nous avons la preuve que cette arme remarquable utilise une sorte de faisceau concentré d'ultra-sons, qui annule la cohésion moléculaire de toute structure métallique. Ils ont aussi les moyens de paralyser nos systèmes radar, d'interférer avec nos appareils de radio et de télévision, et de court-circuiter nos centrales électriques.

(7) Ils n'ont pas manifesté, à ce jour, le moindre intérêt à nous contacter. De toute évidence, ils préparent contre nous une gigantesque opération militaire. Nous ne savons pas en quoi elle consistera. il existe toutefois trois possibilités :

(a) une guerre totale suivie par un atterrissage en force, pour détruire notre puissance (militaire), réduire en esclavage les restes de notre population et coloniser la planète;

(b) une action de police destinée à bloquer nos plans de conquête de l'espace, et à éviter nos dangereux progrès dans le domaine des armements atomiques; ce plan prévoirait des atterrissages massifs à des points stratégiques avec occupation en force de zones limitées d'intérêt vital pour leurs intentions;

(c) une « interférence non-violente », suivie d'une intimidation militaire, pour nous amener à accepter leurs plans à notre sujet —quels qu'ils puissent être — évitant tout conflit ouvert ou toute autre sorte d'intervention directe; des patrouilles et des actions de police pourraient avoir lieu seulement en dehors de notre atmosphère.

(8) Toutes les autorités militaires et tous les gouvernements sont informés de la situation. Il existe un échange d'informations par l'intermédiaire des services de renseignement, et de conférences militaires ultra secrètes tenues périodiquement pour discuter de l'évolution du sujet. La Marine Brésilienne, par exemple, reçoit tous les mois des rapports secrets de la Marine des Etats-Unis et leur renvoie toute information locale disponible. Un contact similaire existe au niveau de notre Armée de Terre et de notre Armée de l'Air, ainsi qu'avec plusieurs organisations militaires étrangères. Ici, au Brésil, les seules personnes qui connaissent la situation réelle sont celles qui sont chargées de

suivre ce problème : quelques officiers supérieurs du Haut Commandement, le Conseil National de Sécurité et quelques scientifiques chargés d'activités annexes; quelques membres d'organisations civiles effectuant des recherches pour des projets militaires.

(9) Toutes les informations d'origine militaire concernant les ovnis sont non seulement classifiées ou réservées à l'usage officiel, elle sont classées top-secret. Les autorités civiles et les officiers de l'armée ne sont pas, en général, habilités à les connaitre. Même notre Président n'est pas informé de toute la vérité.

(10) Les autorités militaires dans le monde entier sont d'accord sur le fait que les citoyens n'ont pas à savoir quoi que ce soit concernant ce problème.Quelques groupes militaires pensent qu'une telle découverte provoquerait un choc énorme, capable de paralyser pour de nombreuses années la vie de nos pays. Par ailleurs, ils pensent que les missions de reconnaissance des soucoupes volantes (telles qu'elles se déroulent actuellement) pourraient encore durer une dizaine d'années — les populations ne pourraient pas être contrôlées pendant une aussi longue période et le risque d'une panique irrépressible serait important. D'autre part, la probabilité d'une interférence violente de la part des ovnis (décrite au 7) est toujours estimée à 50%; il existe toujours une probabilité de 10% pour que leur hostilité soit seulement une conséquence de nos attaques contre leurs vaisseaux; à cause de cette possibilité, nous essayons de leur faire comprendre que nous souhaiterions un contact pacifique — les ordres sont donc, dorénavent, d'éviter toute attaque ultérieure contre leurs vaisseaux. En général, cette politique a été suivie, à l'exception de quelques pays dont l'Armée de l'Air compte encore des inconscients — qui ont une opinion différente. Nous ne savons pas si les ovnis réagiront (favorablement) à ces mesures qui viennent récemment d'être mises en oeuvre. Nous espérons que oui.

(11) Pour dissimuler la vérité au public, une censure soigneusement planifiée est mise en oeuvre depuis plusieurs années. La politique de désinformation active (debunking) de l'ensemble du sujet ovnis est la meilleure arme dont nous disposions. Le ridicule est un outil efficace contre la plupart des gens qui essayent d'informer le public, mais d'autres mesures sont parfois nécessaires. Principalement contre des personnes qui possèdent des preuves, qui, si elles étaient publiées, ouvriraient les yeux de la population. Dans quelques pays la force a été utilisée pour en réduire quelques uns au silence. Quand ce n'est pas possible, tous les moyens sont bons pour rendre leurs preuves inutilisables. Dans un certain nombre de cas, malheureusement, la violence a du être employée; nous le regrettons mais nous n'avons pas le choix. Nous garderons cette chose secrète à tout prix. Nous ne sommes pas intéressés par les soi-disant « droits inaliénables » du peuple. Que nous soyons ou non dans le vrai, nous — les militaires — allons faire notre travail et personne ne nous arrêtera.

....

Ainsi j'arrive à la fin de mon récit, ______. Vous pouvez refuser de le croire. Je n'ai pas de preuve pour vous convaincre... Ma seule preuve c'est l'histoire elle-même, dont je vous ai rapporté tous les détails. Il est possible, naturellement, que les officiers de renseignement de la Marine (je ne connais pas leurs noms car ils ne se sont pas présentés) ne m'aient pas dit la vérité. Mais je ne vois pas quel intérêt ils auraient eu d'agir de cette façon. Par ailleurs je soupçonnais la plupart des choses qu'ils m'ont revélées. La seule information qui m'a surpris est celle qui concerne l'arme à ultrason qui détruit nos avions; je n'ai jamais rien entendu à son sujet par le passé. Si elle existe vraiment, je pense qu'elle a été utilisée contre l'avion de Mantell.

Je n'ai aucune confiance dans les militaires. Ils ont échangé leurs informations contre un petit morceau de notre magnésium. Bien évidemment, je ne leur ai rien dit de nos projets. Ils ont eu l'échantillon qu'ils voulaient. Ils ont promis de me donner le résultat de leurs analyses, mais seulement officieusement. Il m'ont conseillé de ne mêler la Marine à rien de ce qui concerne les échantillons; ils nieraient tout, me traiteraient de menteur et ridiculiseraient mes déclarations — si je me risquais à le faire. Officiellement ils ne sont pas intéressés, ils ont été très emphatiques sur ce point, et n'ont pas l'intention de faire la moindre déclaration officielle à ce sujet — ou sur quoi que ce soit d'autre, concernant le problème des ovnis. Ils m'ont aussi interdit de publier la plus minime des informations qu'ils m'ont données. « Ce que nous vous avons dit serait nié », m'a dit l'un d'eux. « Nous nierons aussi vous connaître ou vous avoir jamais rencontré. Vous seriez traité de menteur et si vous insistiez, de malade mental. Comme vous n'avez aucun élément de preuve, personne ne vous croira. »

La fin de la lettre et les formules de politesse manquent.

Ce document résume assez bien la situation à l'approche des années soixante :

1/ un très petit nombre de personnes connaît une partie de la réalité, c'est-à-dire l'existence de *preuves matérielles* d'une présence inconnue, étrangère au sens le plus fort de ce terme, capable si elle le désire de détruire les avions de chasse les plus modernes, ou de survoler impunément les installations militaires les plus secrètes,

2/ les meilleurs spécialistes des Etats-Unis, (c'est-à-dire à cette époque, du monde), sont incapables de comprendre les principes de fonctionnement des engins récupérés, alors qu'ils disposent d'au moins *deux disques volants en bon état,*

3/ la possibilité d'une attaque, d'une invasion, ou de destructions massives d'installations industrielles produisant des armements nucléaires est sérieusement envisagée, la possibilité d'un contact officiel pacifique aussi. Cette dernière éventualité effraie les autorités au moins autant que celle d'un conflit, l'une et l'autre devenant de moins de moins probables au fur et à mesure que le temps passe.

4/ *Les principes de la démocratie sont bafoués* dans la mesure ou les citoyens et leurs représentants sont tenus dans l'ignorance d'une situation grave. Les services de renseignement et les état-majors ont, de fait, confisqué à leur profit un pouvoir de décision sans contrôle. Nul ne sait s'ils en abusent, mais en tout cas ils font ce qu'ils peuvent pour le protéger.

Personne à cette époque n'évoque sérieusement la possibilité d'une présence ancienne, peut-être pour la simple raison que les agents de renseignement et les décideurs croient rarement aux fées. Pourtant, la dite présence devient encombrante. Le refus par le président des Etats-Unis d'infléchir sa politique, si la rencontre sur la base aérienne de Muroc est autre chose qu'un faux, ou les choix politiques suicidaires des deux blocs, ne sont pas au goût de nos visiteurs. Ils vont, dans la décennie qui suit, faire pression sur l'exécutif américain avec une dextérité qui aurait dû montrer clairement qu'ils connaissaient très bien leurs adversaires.

- 1959 -

- Le 20 janvier en Suède, le 26 février à Londres Heathrow, le 12 mars en Norvège, des objets lumineux non-identifiés sont observés dans de bonnes conditions par de nombreux témoins.

- le 1er avril, un cargo C-118 qui a décollé de la base aérienne militaire de Mac Chord dans l'état de Washington, entre en collision avec un objet lumineux inconnu. Plusieurs témoins déclareront avoir vu deux lumières jaune-orangé s'approcher de l'avion. L'équipage a le temps d'envoyer un message de détresse avant de s'écraser :

« Nous avons touché quelque chose... ou quelque chose nous a touché ! MAYDAY, MAYDAY, cette fois ça y est, cette fois ça y est ! »

- Le 27 juin, un pasteur, le révérend William Booth Gill observe près de la mission qu'il dirige en Nouvelle Guinée, deux engins inconnus posés sur le sol. Sur l'un d'eux, des personnages semblent effectuer des réparations. Il fait des gestes de salut auxquels l'équipage répond, pour la plus grande joie des indigènes présents.

- En juin et juillet, 79 rapports d'observations d'ovnis proviennent pour la plupart des villages de Boianai, Baniara, Giwa, Manapi, et la plaine de Ruaba, en Nouvelle Guinée.

- Le 17 août, à Uberlandia, au Brésil, de nombreux témoins observent un objet volant lumineux qui suit une ligne à haute tension. A son approche les commutateurs sautent et plongent la région dans l'obscurité. Après son passage les appareils se repositionnent et le courant se rétablit. Aucun dégât n'est constaté par la suite sur les installations. Cet événement, bien connu, ne peut avoir manqué d'attirer l'attention des spécialistes de la sécurité militaire du Brésil et de leurs homologues américains.

- Du 15 au 28 septembre, Nikita Krouchtchev est en amérique, invité de Dwight Eisenhower. Un nouvel esprit, celui de « Camp David », semble annoncer une embellie dans les relations entre les deux « grands ». Comme gage de bonne volonté, l'URSS interrompt unilatéralement ses essais nucléaires.

- Le 24 décembre, un ordre de l'inspecteur général de l'US Air Force est expédié à chaque commandant de base aérienne aux Etats-Unis :

-L'AFFAIRE SERIEUSE DES OVNIS-

> Les Objets volants non-identifiés, parfois traités de façon humoristique par la presse et appelés « soucoupes volantes » doivent être rapidement et précisément considérés comme étant une affaire sérieuse pour l'US Air Force. Comme le précise le règlement de l'armée de l'air AFR 200-2, l'intérêt de ces observations est triple. Premièrement, représentent-t-elles une menace pour la défense des Etats-Unis ? Deuxièmement, peuvent-elles améliorer nos connaissances techniques ou scientifiques ? Finalement,l'US Air Force a, vis-à-vis du peuple américain, la responsabilité inhérente de tenir le public informé de ce qui se passe dans son espace aérien.
> ... des considérations de défense nationale et de technologie continueront d'exister dans ce domaine.

Cette note de service, quand elle sera connue, inspirera le titre d'un excellent ouvrage du journaliste d'enquête, Frank Edwards : « *Flying Saucers - Serious Business* », Ed. Lyle Stewart, New York, 1966.

- 1960 -

- En avril 1960, explosion de la première bombe atomique française.

- En mai, pendant le sommet est-ouest, un avion espion américain U-2 est abattu au-dessus de l'Oural, mettant brutalement fin aux pourparlers de paix et à la politique de détente.

- En octobre, John Fitzgerald Kennedy est élu président des Etats-Unis.

- A la fin de l'année, les USA possèdent officiellement 100 missiles intercontinentaux, 80 fusées de portée intermédiaire embarquées sur des sous-marins, et 1700 bombardiers stratégiques à long rayon d'action.

- Création du NRO, National Reconnaissance Office, qui va très rapidement être doté d'un budjet de trois milliards de dollars, et emploiera plus de 50.000 personnes dans les années 80. Cet organisme sera chargé de la mise en oeuvre et de la gestion des satellites militaires.

- 1961 -

- En avril, dès son accession à la présidence, John Kennedy connaît des difficultés avec ses propres services spéciaux qui tentent de le mettre devant le fait accompli d'une invasion de Cuba. Son refus d'une intervention militaire consomme le désastre de la baie des Cochons et conforte Fidel Castro dans sa position.

- Mac Namara, Secrétaire de la Défense reçoit l'ordre de créer la DIA, Defense Intelligence Agency, en partie pour ramener la CIA à sa tâche originelle de synthèse des informations, et limiter ses initiatives dangereuses. La CIA est en effet devenue très importante, et manipule sans la moindre gêne des services parallèles qui interviennent dans la plus complète illégalité sur le territoire des Etats-Unis, bousculant ainsi les prérogatives du FBI et le peu de souveraineté restant aux Etats qui composent l'Union.

- En septembre, enlèvement possible de Barney et Betty Hill dans un engin inconnu posé au sol. (voir pages 63 à 70)

- Les observations d'ovnis continuent un peu partout sur Terre, et des informations similaires commencent à provenir d'Union Soviétique et des pays du pacte de Varsovie.

- 1962 -

- Le 30 avril, un vol d'essai de l'avion le plus rapide du monde, le Bell X-15, piloté par Joe Walker, est suivi par un engin volant inconnu.

- Le 25 mai, une photo d'ovnis prise par un journaliste de la « Nueva Provincia » est confirmée par l'observatoire de Cordoba en Argentine.

- Le 17 juillet, un autre vol d'essai du Bell X-15 est suivi par un engin volant.

- de mai à août une vague d'observations, souvent de très bonne qualité, intéresse l'Argentine.
- En octobre, survient la crise la plus grave depuis la seconde guerre mondiale. Fidel Castro accepte, ou demande, l'implantation à Cuba de missiles nuclaires qui seront pointés vers les Etats-Unis. Kennedy organise un blocus de l'île et obtient par sa fermeté le démantèlement de toutes les fusées.
- Fin octobre, les USA possèdent entre 450 et 500 fusées balistiques intercontinentales.
- Le satellite géodésique « Anna », surnommé « Firefly » (luciole) car il scintille dans la nuit, s'arrête brusquement de fonctionner et résiste à toutes les tentatives de remise en route. Il se dépannera (spontanément ?) en août 1963.

- 1963 -

- Le 7 mai, mise en orbite du satellite Telstar II. Il tombe en panne le 2 juillet et repart (tout seul ?) le 12 août.
- En juin ; de violentes émeutes raciales éclatent en Alabama. Elles provoquent des interventions télévisées du président Kennedy.
- En août, marche sur Washington pour les droits civiques. Le pasteur Martin Luther King prononce son discours célèbre : « I had a dream... »
- Le 5 août, à Fairfield, Illinois, une famille entière est bloquée pendant plusieurs heures dans sa ferme par un objet lumineux éblouissant patrouillant à très basse altitude.
- Le 22 novembre, à Dallas, Texas, assassinat du Président Kennedy. Le vice-président Lyndon Johnson lui succède.
- De septembre à décembre une vague d'observations se déroule au Portugal, au Brésil, en Argentine et en Afrique du sud.

- 1964 -

- Le 24 avril, à Socorro, Nouveau Mexique, le sergent de police Zamorra observe de très près un objet volant inconnu posé dans un ravin et des silhouettes plus petites que celles d'êtres humains adultes. Les petits personnages, vêtus de blanc, remontent dans leur appareil qui décolle en émettant un flamme bleue. Des traces au sol sont relevées. Une autre patrouille de policiers confirme l'observation. Pour la première fois, l'US Air Force reconnaît n'avoir aucune explication « naturelle » à fournir. Le Pr Hynek enquête pendant plusieurs jours pour essayer de trouver le moindre indice qui pourrait jeter un doute sur cette affaire. Il n'en trouve pas.

- En juin, vote de la loi sur les droits civiques.

- De juillet à août, émeutes dans les ghettos des villes du nord des Etats-Unis.

- Novembre, réélection du président Johnson.

- Au cours de l'année, quatre nouveaux satellites tombent en panne, sans raison apparente, et se remettent en marche sans intervention humaine.

- En Angleterre, réorganisation du Ministère de la Défense. Le « secrétariat 6 », qui s'occupait des ovnis, devient le « Central Staff Defense Secretariat 8 » qui est rattaché directement au Secrétariat d'Etat. Le service chargé des relations avec le public ne reçoit plus aucune information concernant ce sujet.

- 1965 -

- En juin et juillet, les missions scientifiques britanniques et chiliennes en Antarctique sont visitées par des vaisseaux volants de grande taille. Des photographies sont prises, les témoins sont pour la plupart des scientifiques. Des documents déclassifiés attestent que la DIA était au courant.

- Le 1er août, à Shawnee, dans l'Oklahoma, plusieurs patrouilles de police décrivent des objets lumineux inconnus maintenant une formation en losange. L'observation initiale commence vers 9 heures du soir et dure près de 40 minutes. A Oklahoma City, les différents bureaux de police reçoivent durant la nuit près de trente rapports.

- Dans la nuit du 2 au 3 août, des dizaines de milliers de témoins observent un véritable carousel de lumières dans le ciel. Le spectacle dure plusieurs heures. Curieusement, seules quelques rares photos sont prises.

- Le 3 septembre, se déroulent simultanément au Texas, à Houston, et dans le New Hampshire à Exeter, des rencontres très rapprochées de témoins avec d'énormes vaisseaux silencieux.

- Après une répétition générale le 23 septembre à Cuernavaca au Mexique, une série de pannes de courant inexplicables va se dérouler aux Etats-Unis entre le 9 novembre et le 4 décembre. Pour faire bonne mesure, ou pour bien montrer que les particularités du réseau de distribution des USA ne sont pas en cause, une panne gigantesque frappe la ville de Buenos Aires. C'est l'été dans l'hémisphère sud, et de ce fait, un surcroît de consommation hivernal ne peut pas être incriminé !

- Les Etats-Unis possèdent officiellement 864 missiles intercontinentaux, et 496 fusées embarquées à bord de sous-marins nucléaires. L'Union Soviétique déclare en posséder respectivement 270 et 120.

- 1966 -

- Le 13 janvier, une station de réception du satellite de communication Telstar est frappée par une panne de courant qui affecte une zone de 120 kilomètres de diamètre et dure près de 7 heures. En guise d'explication, le communiqué d'un représentant de la compagnie d'électricité responsable, la « Central Maine Power Company » a de quoi surprendre :

« Il s'agit apparemment d'une panne d'équipement qui s'est corrigée d'elle-même. »

Traduite en clair cette déclaration signifie que la cause de la panne n'a pas pu être découverte en sept heures de recherches, et que le rétablissement de la tension sur le réseau est tout aussi incompréhensible.

- Le 21 mars, un télex de l'United Press International mentionne que : « ... 40 personnes, dont 12 policiers, ont déclaré avoir vu un objet étrange qui semblait gardé par quatre vaisseaux d'accompagnement, se poser dans un marais proche, pendant la nuit de Dimanche. » L'incident a eu lieu à Ann Harbor, Michigan.

- Dans une lettre adressée au leader de la minorité du Congrès, à l'attention du député Rivers, Chairman du Comité des Forces Armées, le futur Président des Etats-Unis, Gerald Ford, demande l'ouverture d'une enquête sur la manière dont l'US Air Force s'acquitte de sa tâche en ce qui concerne les ovnis. Il ignore, de toute évidence, que le projet Blue Book n'est qu'une opération de façade, destinée à cacher au public la réalité du phénomène et les études que les différents services de renseignements et d'expertise technique poursuivent en secret. Il ne sera probablement mis au courant, très partiellement, qu'au moment de son accession à la présidence, à la suite de la démission du président en exercice, Richard Nixon.

- Le 5 avril, la décision de charger une université indépendante d'une étude civile des ovnis calme l'opinion publique et permet à l'Exécutif d'éviter les risques d'une commission d'investigation du

Congrès. Le très bref intervalle de temps entre l'intervention du futur président des Etats-Unis et cette décision, montre combien les responsables militaires craignent un débat public.

L'étude menée par l'Université du Colorado ne pouvait pas être autre chose qu'un subterfuge destiné à rassurer l'opinion publique. Elle se devait toutefois d'être assez bien documentée et authentifiée par des textes officiels. Elle devait comporter un certain nombre de cas d'observations bien connus et quelques autres que l'US Air Force gardait dans ses cartons. Elle devait apporter un commencement d'explication aux mensonges officiels, démontrables et détectés par d'excellents journalistes de la vieille école. Finalement, cette étude allait devoir être approuvée par des scientifiques indépendants, et serait à n'en pas douter attaquée par quelques autres.

Cette mission impossible allait finalement réussir grâce au Dr Condon, ancien du Manhattan project. Avec beaucoup d'adresse, il réussit à donner l'impression qu'il ne croyait absolument pas à l'existence des objets volants non identifiés, tout en présentant une étude qui prouvait le contraire sans le moindre doute possible. Certes, les quelque neuf cents pages du rapport sont particulièrement indigestes et plus de la moitié du texte parle d'autre chose de la façon la plus ennuyeuse possible. Il n'en reste pas moins qu'avec les seuls documents présentés en annexes et les textes de loi rappelés vers le milieu de l'ouvrage, la réalité des « disques volants » et des autres types d'ovnis, au moins pour les autorités militaires, ne peut plus faire aucun doute pour qui sait lire.

Que cette manoeuvre ait abusé la majorité du public américain est un fait historique. Qu'elle continue de nos jours à servir d'alibi à quelques thèses discutables est un point beaucoup plus surprenant.

- Le 10 octobre 1966, l'intervention du Dr James Mac Donald, éminent physicien, et membre de l'Académie des Sciences, va dans le même sens... et se trompe de cible car il ne peut pas connaître les décisions du Robertson Panel. Elles ne seront déclassifiées (en annexe U du rapport Condon) que deux ans plus tard. Comme la plupart des américains il ne peut pas imaginer que tous les gouvernements successifs, depuis juillet 1947, bafouent l'esprit de la Constitution et les lois de son pays. Il ne peut surtout pas imaginer l'ampleur du complot qui protège le secret des ovnis, et la situation enviable des complexes militaro-industriels et politiques, des grands pays du monde.

- 1967 -

(vagues d'observations aux Etats-Unis et en Angleterre)

- En mars, plusieurs bases de missiles intercontinentaux, situées à proximité de la frontière canadienne, comme Minot (nord Dakota), Malstrom et Great Falls (Montana), sont visitées par des objets lumineux qui descendent à très basse altitude au-dessus des installations. Sur ces deux derniers sites stratégiques, plusieurs dizaines de missiles sont mis hors service.

- Le 18 octobre, création en URSS du comité Stolyarof, du nom de son président, général à la retraite. Le vice-président, Felix Ziegel, déclare à la télévision de Moscou le 10 novembre : « Les objets volants non-identifiés sont un sujet très sérieux qui doit être étudié complètement. »

- 1968 -

- En janvier, l'URSS annonce la prochaine dissolution du comité Stolyarof, créé paraît-il pour répondre à la demande du public. Les observateurs se demandent quel évènement a pu modifier aussi rapidement cette demande, et depuis quand les autorités sont devenues si respectueuses des avis populaires.

- Le 3 avril, le pasteur Martin Luther King est assassiné à Memphis, ce qui déclenche de violentes émeutes raciales.

- En avril, plusieurs incursions d'ovnis en Chine Populaire sont notées par les services de renseignements américains, mais resteront ignorées du public pendant plus de 10 ans.

- En France, « mai 68 » secoue l'autorité du général de Gaulle, débouche sur les « accords de Grenelle » et amène peu après, par contre-coup, l'élection d'une majorité gaulliste à l'assemblée.

- En juin, assassinat à Los Angeles de l'Attorney Général Robert Kennedy. Les Etats-Unis prennent la décision de construire un réseau de missiles antimissiles.

- En novembre, élection de Richard Nixon à la présidence des Etats-Unis. Arrêt des bombardements au nord Vietnam.

- Le 31 octobre, le « rapport Condon » est remis au secrétaire de l'Air Force Harold Brown, par le président de l'université du Colorado.

- La NSA, National Security Agency, agence tellement secrète qu'elle est surnommée dans les milieux du renseignement « No Such Agency », publie à usage interne un document intitulé :

« UFO HYPOTHESIS AND THE SURVIVAL QUESTION » c'est-à-dire « L'hypothèse ovni et le problème de la survie ». En voici quelques extraits.

> Le but de cette monographie est de considérer brièvement quelques implications concernant la survie de l'humanité, suggérées par la nature du phénomène nommé sans grande précision ovnis.
> ...Le fait que le phénomène ovnis ait été observé dans le monde entier depuis les temps anciens, et par un nombre considérable de scientifiques réputés plus récemment, indique assez fortement que les ovnis ne peuvent être tous des trucages... la tendance moderne est celle d'une augmentation du nombre des rapports, toutes sources confondues. Durant une période de trois mois en 1953 (juin, juillet et août) les archives de l'Air Force font état de 35 observations dont la nature n'a pas pu être déterminée. Si les ovnis, contrairement à toutes les informations dont nous disposons, étaient tout de même des fabrications - des fabrications à l'échelle mondiale -... de telles aberrations auraient des conséquences sérieuses quant aux chances de survie de nations équipées de jouets nucléaires.
> (Nous continuons de recevoir) un pourcentage important de rapports d'objets aériens inusuels provenant de personnes exerçant des responsabilités importantes dans les sciences, le gouvernement, et l'industrie. La somme de tels témoignages milite fortement contre la possibilité que les ovnis puissent être le résultat d'hallucinations. Si, contrairement à toutes les preuves dont nous disposons, une partie importante des ovnis devait se révèler être des illusions, alors, les conséquences psychologiques d'un tel état de chose mettraient fortement en cause la capacité humaine de distinguer la réalité du fantastique. L'effet négatif sur la capacité de l'humanité à survivre dans un monde toujours plus complexe serait considérable, et devrait rendre impératif qu'une telle infirmité croissante des capacités de jugement rationel soit étudiée scientifiquement, toute affaire cessante, afin que cette maladie soit contrôlée avant qu'elle atteigne l'ampleur d'une épidémie...
> 3. Tous les ovnis sont des phénomènes naturels. Si cette hypothèse est exacte, la capacité de tous nos systèmes d'alerte aérienne de diagnostiquer correctement une situation d'attaque doit être sérieusement remise en question.
>
> a. De nombreux ovnis ont été décrits par des observateurs militaires entraînés, comme ayant les caractéristiques d'avions ou de fusées capables de performances impressionnantes. L'apparente solidité des objets et leur aspect de vaisseaux aériens ont été souvent confirmés par des détections

radar. Si de tels objets...étaient détectés par du personnel entraîné comme semblant provenir de Russie et se diriger vers les Etats-Unis, ils pourraient déclencher une détection intempestive d'attaque de missiles.

b. De nombreux officiers, par ailleurs responsables, ont développé une sorte de « cécité sélective » à l'égard de tout objet semblant avoir les caractéristiques d'un ovnis. Une telle attitude est une invite à l'ennemi de mettre au point une réplique du phénomène, afin de pénétrer cette faille dans notre défense.

c. Parfois, le phénomène semble défier toute détection au radar et causer des interférences électromagnétiques massives. Il est très important de découvrir la nature de ces objets ou plasmas avant qu'un ennemi potentiel n'utilise leurs caractéristiques pour circonvenir nos systèmes de détection aériens et spatiaux.

....

5. Les ovnis sont liés à une intelligence extraterrestre. Selon d'éminents scientifiques associés de très près à l'étude de ce phénomène, cette hypothèse ne peut pas être écartée. (Les observations bien documentées au-dessus de Washington DC en 1952 confortent très sérieusement cette opinion.) Les conséquences de cette hypothèse sont de la plus extrême importance pour la survie de l'humanité.

....

c. Quelques peuples qui étaient inférieurs culturellement et/ou technologiquement aux nations conquérantes ont survécu - ont conservé leur identité - ont effacé les différences qui existaient entre eux et leurs adversaires. Le peuple japonais nous a donné un excellent exemple des méthodes nécessaires à une telle réussite...

Jusqu'à ce jour, une approche scientifique tranquille a été trop souvent utilisée pour aborder la question des ovnis. Si vous marchez dans un chemin forestier et que quelqu'un hurle : « Un serpent à sonnette ! », votre réaction sera immédiate et défensive. Vous ne prendrez pas le temps de réfléchir avant d'agir... Toute investigation aura un caractère d'urgence absolue pour isoler la menace et déterminer sa nature précise. Elle sera toute entière subordonnée à la mise en oeuvre de mesures défensives dans le minimum de temps.

Ce genre d'attitude adaptée à la survie devrait un peu plus souvent présider aux mesures prises pour faire face au problème des ovnis...

Ce document très important, (obtenu en 1984 en application d'une loi permettant l'accès des chercheurs à certaines archives militaires) réalise une réfutation des théories le plus souvent utilisées pour évacuer le problème que nous étudions. Il montre clairement que les explications du phénomène ovni par la psychologie, les trucages ou des objets naturels inconnus ne résoudraient pas pour autant les difficultés. Nous pourrions rajouter que si les autorités américaines avaient eu le moindre doute quant à la nature des engins observés, elles auraient fait appel à toutes les disciplines scientifiques et à tous les observateurs entraînés, pilotes, météorologistes, contrôleurs de la navigation aérienne, policiers et astronomes, pour résoudre au plus vite un problème dont certains aspects mettaient de toute façon en danger la sécurité des Etats-Unis. La seule décision historiquement établie fut en 1953 de faire précisément le contraire. Les décisions du Robertson Panel, imposées et mises en œuvre grâce à l'arsenal législatif que nous avons signalé page 189, montrent à l'évidence que les responsables savaient, sans le moindre doute, qu'ils n'étaient pas confrontés à des phénomènes naturels ou psychopathologiques inconnus, pas plus qu'à des plaisantins de génie inondant le monde de fausses soucoupes volantes. Nous venons de voir que les risques étaient si graves, que de vagues suppositions n'auraient pas été suffisantes. Seule une certitude absolue pouvait expliquer l'inaction apparente des autorités.

- 1969 -

- Le 3 mars, lancement d'Apollo 9 en orbite terrestre où il restera jusqu'au 13 mars.
- Le 10 mai, lancement d'Apollo 10 qui effectue le tour de la Lune, pour une répétition générale du vol historique et rentre le 26 mai.
- Le 16 juillet, Neil Armstrong et Michael Collins se posent en douceur sur la Lune tandis qu'Edwin Aldrin reste en orbite basse et filme les faces visibles et cachées de notre satellite naturel. Des amateurs interceptent des bribes de conversation entre les astronautes et « Mission Control » qui semblent indiquer la présence de visiteurs imprévus, très près de la zone où se trouve le vaisseau américain. Ces conversations ne parviennent pas aux téléspectateurs qui comme moi, depuis une chambre d'hôtel à New York, suivent ces moments passionnants.
- Le 14 novembre, la mission Apollo 12 commence à 600 mètres d'une station instrumentale posée quelques mois plus tôt, après un

alunissage automatique. La caméra de télévision en couleur qui doit filmer la marche des astronautes vers ce laboratoire tombe officiellement en panne. En fait, l'image est coupée dans la salle des journalistes et ne sera pas retransmise au public. Notre hypothèse, jointe à ce que nous savons des pannes bizarres des satellites américains depuis 1962, nous autorise une supposition : la NASA ne voulait pas risquer de filmer, autour du laboratoire, des traces de pas difficiles à expliquer si d'aventure « quelqu'un » avait marché sur la Lune avant les terriens.

- Le 17 décembre, le projet Blue Book disparaît discrètement.
- Le 26 décembre, l'American Association for the Advancement of Science, refuse de cautionner le rapport Condon.
- La fin de l'année est marquée par les difficiles négociations SALT, pourparlers sur la limitation des armements stratégiques, qui aboutissent finalement et permettent la signature d'un accord entre Leonid Brejnev et Richard Nixon.

- 1970 - 1971 - 1972 -

Tandis que les missions Apollo se déroulent infiniment mieux qu'il n'était permis de l'espérer, puisque même l'explosion gravissime du module de service d'Apollo 13 n'empêche pas le retour, sains et saufs, des membres de l'équipage, les ovnis ont pratiquement disparu du territoire américain. Seules quelques observations ont lieu en Chine.

- Le 5 janvier 1972, Richard Nixon approuve le développement de la navette spatiale, et garantit de ce fait qu'aucune mission vers la Lune ne pourra plus avoir lieu avant la fin du XX ème siècle.
- Les 26 et 29 mai 1972, une convention provisoire permet une limitation des armements stratégiques.
- Entre le 7 et le 19 décembre, la mission Apollo 17 marque (et pour combien de temps ?) la fin des vols interplanétaires habités.

- 1973 -

- Tandis que « Pionneer 11 » vogue vers Jupiter et Saturne, le 14 mai, le laboratoire habité « Skylab » est mis sur orbite.
- Du 9 au 25 juin, neuf accords, conventions et déclarations communes sont signés au cours d'un voyage de Leonid Brejnev au Etats-Unis. Ils marquent le début d'une véritable coopération pacifique entre les deux « Grands » pour éloigner le spectre d'une guerre mondiale atomique.

- Le 6 novembre, à Pascagoula (Mississipi) deux pêcheurs, Charles Hickson et Calvin Parker, affirment avoir été enlevés par des êtres d'origine inconnue à bord d'un engin lumineux. Un certain nombre de documents attestent de la réalité historique des faits, en particulier des messages envoyés par les Garde-Côtes. (voir « The UFO Cover-up », déjà cité, pages 70 à 73)

- Le 29 novembre, un sondage publié dans le New York Times montre que la désinformation officielle, utilisant les moyens considérables que nous savons, a finalement échoué :

51% des personnes interrogées croient à la réalité des ovnis,
46% croient à l'existence de la vie sur d'autres planètes,
11% pensent avoir personnellement vu un ovni,
96% ont lu un article à ce sujet ou en ont entendu parler.

- En décembre, une vague d'observations débute en France, elle provoquera en février 1974, l'intervention publique de Roger Galley, ministre de la Défense.

Nous pourrions considérer comme pratiquement prouvée la réalité des disques ou objets volants exotiques, observés par tant de témoins et attestés par tant de documents précis. Continuer à les affubler de l'adjectif saugrenu de « non-identifiés », relève presque de la désinformation. Pourtant, tel n'est pas notre propos. La richesse de l'hypothèse que nous étudions nous réserve encore quelques surprises.

CHAPITRE 10

PREMIER BILAN

La rédaction du rapport Condon est terminée au mois d'octobre 1968. Il est confié le 15 novembre à l'Académie Nationale des Sciences pour évaluation. Une édition bon marché, à destination du public est disponible en janvier 69. Ses conclusions sont donc connues dès cette époque, mais aussi toutes les annexes et les textes de loi que nous avons évoqués précédemment. Pour les spécialistes du renseignement et quelques chercheurs indépendants, une analyse de ces documents indique, avec une marge d'erreur très faible, que les disques volants sont réels, et probablement d'origine non-terrestre. La preuve qu'un secret, décidé par le gouvernement américain, couvre l'ensemble du sujet est indiscutable.

Le Professeur Condon avait accepté, d'une certaine façon, une mission impossible. Il devait rassurer l'opinion publique, donner l'illusion d'avoir effectué une étude honnête, bien que limitée, et faire face à ses pairs, dont certains comme le Dr Mac Donald ou David Saunders, avaient éventé la manipulation. La loyauté des américains vis-à-vis de leur président et de leurs institutions jouait en sa faveur, ainsi que sa réputation scientifique. Les craintes inconscientes devant l'éventualité d'une présence non-humaine inconnue, donc effrayante, devaient logiquement amener le public à ressentir beaucoup plus de soulagement que de déception devant les conclusions apparemment négatives du rapport. La suite appartient à l'histoire. Trois années de succès dans la conquête spatiale, de nombreuses difficultés politiques, sans parler des revers militaires et du Watergate, allaient éclipser jusqu'en 1973 le problème des « soucoupes volantes ».

Pour les chercheurs sérieux, l'hypothèse extraterrestre, sous une forme ou une autre, paraissait déjà, et de loin, la plus probable. Ses implications se trouvaient largement confirmées par les annexes du rapport Condon, et par la découverte, dans les pages 529 à 533, de l'arsenal législatif répressif mis au point par l'armée. Les minutes du Robertson Panel, partiellement censurées mais lisibles, attestaient s'il en était besoin de la réalité d'une désinformation active du public, décidée en 1953. Sans justifier entièrement l'inertie apparente de l'US Air Force, ce dernier document fournissait une explication plausible.

Il est probable qu'à cette époque, les Etats-Unis, le Canada, le Royaume-uni, l'Union Soviétique, le Brésil, la France, l'Australie et l'Afrique du Sud étaient au moins partiellement dans le secret, à un très haut niveau. Le NATO, pour être en mesure d'effectuer sa mission, devait avoir une antenne qui connaissait une partie des faits et servait de liaison avec le petit groupe de responsables américains, qui étaient en quelque sorte les maîtres d'oeuvre, ou les contacts humains privilégiés.

Les pays suivants, dotés de services de renseignement efficaces devaient avoir déjà tiré des conclusions précises quant à la réalité des « disques volants » et de leurs occupants : la République populaire de Chine, Israël, Taïwan, la Suède, l'Allemagne de l'est et le Japon. Il est tout à fait possible que ces deux derniers pays aient été mis au courant avant cette date par leurs protecteurs respectifs. Les Indes, le Pakistan et d'autres pays comme par exemple l'Algérie, le Maroc et l'Iran, où des apparitions d'ovnis s'étaient déjà produites, avaient très certainement des soupçons précis que l'analyse serrée du rapport Condon ne pouvait que conforter. L'histoire nous dira peut-être un jour, avec plus de précision, qui savait quoi et à quelle date.

La situation des Etats-Unis au regard du problème des ovnis est nécessairement très particulière. Tout indique de la part des intrus un intérêt pour les installations de recherche nucléaire, les bases militaires, les silos de missiles intercontinentaux,... et les avions de chasse, surtout les plus performants. Toutefois, le problème apparaît très tôt comme beaucoup plus complexe : les « visiteurs » semblent vouloir obtenir quelque chose des responsables américains et se livrent à une série d'actions graduées pour imposer par la menace ce que leurs interlocuteurs leur refusent de bon gré. Pour ce faire, les forces extraterrestres administrent la preuve qu'elles sont capables de surclasser les meilleurs armements aériens du monde, d'arrêter et de remettre en marche les satellites en orbite, ce qui signifie évidemment qu'elles pourraient les détruire sans difficulté. Leur capacité de bloquer les véhicules à moteur en saturant leurs circuits d'allumage est déjà connue, ainsi que leur maîtrise de formes originales de sustentation, de propulsion, de génération, ou de stockage, d'énergie. Puisque ces preuves incontestables de supériorité ne semblent pas leur suffire, des pannes de génération électrique, la paralysie des bases de recherche nucléaire du Nouveau Mexique, et l'isolation pendant plusieurs heures du président Johnson vont finalement amener les américains à résipiscence.

Nous ne pouvons qu'imaginer les exigences des visiteurs, mais il est bien probable que le démantèlement à terme des arsenaux nucléaires en fait partie, et dans l'immédiat la neutralisation du danger qu'ils représentent. Les quelques démonstrations de désarmement forcé, effectuées en mars 67 sur les bases stratégiques du Montana, sont assez claires. Pour le reste, les partenaires sont restés discrets. En URSS, la création puis la disparition du comité Stolyarof, à peu près à la même époque, suggère que les russes ne sont pas eux non plus considérés comme quantités négligeables. Une compensation notable pourrait bien avoir été, aux USA, le succès des missions Apollo ou tout au moins une garantie de non-intervention. Il est de toute façon indiscutable que les extraterrestres disposaient de moyens très suffisants pour interdire, s'ils l'avaient voulu, toute incursion dans l'espace. Les autorisations d'effectuer une exploration limitée de la Lune et des séjours plus prolongés dans des laboratoires permanents en orbite terrestre, comme Spacelab, ont dû s'assortir de quelques interdits. Comment expliquer autrement que la NASA ait renoncé à la mission prévue dans le cratère Aristarque, qui est certainement avec la vallée de Schröter l'endroit le plus intéressant de la Lune ? Comment expliquer le choix désastreux de la navette spatiale, qui, en drainant la totalité des ressources dévolues à l'espace, interdisait tout retour sur notre satellite naturel et toute exploration sérieuse de ses curiosités ?

Les conséquences logiques de l'hypothèse que nous développons rendent nécessaire, sous une forme ou une autre, l'existence d'une voie de communication précise entre les Etats-Unis et certains des « visiteurs ». Des documents insuffisamment authentifiés font état d'un contact radio, établi en 1959 et devenu permanent en 1964, par l'intermédiaire d'un projet Sigma, mis en oeuvre dans le cadre plus vaste du projet Aquarius. Les photocopies existantes ne permettent pas de démontrer le bien-fondé de ces informations, mais des actions en justice entreprises par l'association américaine CAUS, Citizen Against UFO Secrecy, permettront peut-être un jour de les complèter.

En tout cas, si une forme ou une autre de pacte est hautement probable, il est hélas certain qu'il fut imposé par la force, même si les manifestations de supériorité sont restées à ce jour suffisament discrètes pour que la plupart des commentateurs ne soient pas persuadés de leur réalité. Cet accord comprenait-il des clauses inavouables ? Par exemple une autorisation d'enlever un certain quota d'êtres humains pour prélever des matériaux génétiques, suivant les thèses les plus douces, pour les mutiler de façon horrible si l'on en croit certaines affirmations sans grand fondement ? Il est impossible de choisir entre ces deux alternatives ou de décider même si l'une d'elle est exacte. Il est toutefois hors de doute que les entités qui *semblent* procéder aux rapts de « mères porteuses » ou de pères potentiels, n'ont pas besoin de demander la permission des autorités des pays concernés.

Les mutilations humaines sont mal authentifiées, rares, et rien ne prouve à ce jour que des entités extraterrestres en soient responsables. Un accord formel sur ce sujet est d'autant plus improbable que les enlèvements semblent avoir commencé avant 1946, à une époque où les autorités américaines n'avaient pas encore acquis la certitude d'une présence étrangère à la Terre.

L'idée d'un accord, ou simplement d'un contact plus ou moins officiel, ne doivent pas nous faire perdre de vue un fait très probable : **aucune forme d'égalité ne peut exister pour l'instant entre nos visiteurs et nous**. Dans l'hypothèse la plus favorable pour l'humanité, les différences concerneraient seulement les développements scientifiques et technologiques. Pour le reste, aucune supériorité trop marquante ne viendrait interdire des échanges de concepts ou d'idées, et l'intelligence de nos visiteurs ne serait pas trop différente de la nôtre. Malheureusement, ce genre d'espoir est très optimiste. Même en imaginant, ce qui est improbable, des évolutions similaires, c'est un gouffre de plusieurs millénaires ou beaucoup plus qu'il nous faudrait combler. Nous avons réalisé depuis peu que les sciences ne se développent pas en vase clos, ou dans un espace idéal, mais au sein de nos sociétés humaines. Elle sont autant le résultat de choix politiques, de préférences émotionnelles, et certainement de postulats inconscients, que de contraintes naturelles imposées par la structure de l'univers. Sans rien connaître ou presque de l'organisation sociale de nos visiteurs, il y a peu de chance qu'elle trouve son équivalent sur Terre. En survolant, au chapitre 8 quelques exemples de conceptions *humaines* très différentes de celles qui ont cours aujourd'hui dans les pays occidentaux, j'ai voulu donner une idée des difficultés qui nous attendent si demain un contact moins fragmentaire devait se réaliser entre des entités non humaines et nous.

Une seconde remarque semble découler des faits que nous venons d'examiner depuis le début de cet essai : **il n'y a pas un, mais plusieurs « phénomènes ovnis »** qui donnent l'impression de se superposer, de s'enchevêtrer, ou de se contredire.

1/ Une entreprise ancienne, ou plutôt antique, dont certaines chroniques et traditions semblent garder la trace, et qui aurait eu pour but, dans certains cas, l'enseignement de techniques nouvelles comme l'agriculture, le travail des métaux, la musique ou les mathématiques.

2/ Des incursions, parfois armées, intéressant surtout des établissements militaires américains et se traduisant, rarement, par des combats aériens, réels ou simulés, des atterrissages à proximité de zones sensibles et des déprogrammations de missiles à longue portée, confirmées par des documents authentiques.

3/ Des enlèvements d'êtres humains, dont le souvenir est effacé en général par une amnésie provoquée, mais qui est récupérable sous hypnose. Ces rapts *semblent* avoir pour but la production de foetus, prélevés après quatre mois de grossesse, et l'extraction de matériaux génétiques, ovules et liquide spermatique, obtenus par des opérations dégradantes ou douloureuses, qui laissent chez les victimes des traces émotionnelles graves.

4/ Des missions d'exploration et de prélèvement d'échantillons de plantes ou de terre, effectuées le plus souvent dans des lieux reculés à l'abri des regards.

5/ Des défilés, qui ne semblent pas avoir d'autre but que de fournir aux témoins l'impression qu'ils ont vu passer « quelque chose » qui ne semblait pas appartenir à ce monde. Nul ne connaît la véritable raison de ces spectacles aériens, qui relèvent bien d'une science que nous ne possédons pas. Ils peuvent être simulés, comme par une sorte de cinéma en relief, ou bien être réels. Dans ce cas, il est possible que les témoins observent des opérations de transit de véhicules inconnus, dont les occupants ne se soucient pas le moins du monde de l'effet qu'ils produisent sur les populations indigènes.

6/ Des actions d'intimidation à destination exclusive des responsables politiques, puique ces derniers sont les seuls qui puissent comprendre l'origine non-humaine des pannes qui frappent les satellites ou paralysent les réseaux de distribution d'électricité. Certaines manifestations publiques, comme les visites répétées du réservoir de Wanake ou les carousels lumineux de la nuit du 2 au 3 août 1965 sont peut-être à classer dans cette catégorie dans la mesure où elles provoquent de la part du public et de ses représentants des accusations d'incompétence contre l'US Air Force. Ces interventions représentent pour l'exécutif une menace, donc une pression supplémentaire.

En résumé, les « extraterrestres » se manifestent dans cinq domaines très différents :

- Education
- Surveillance active des installations militaires stratégiques
- Exploration ou échantillonnage des espèces vivantes
- Examens médicaux et prélèvement de matériel génétique
- Intimidation, directe ou non, des responsables politiques

Les buts évidents, ou apparents, de ces interventions sont tout à fait cohérents et complémentaires.

L'éducation représente, selon toute probabilité, le type d'action le plus ancien, si l'on excepte la possibilité de manipulations génétiques ou sélectives ayant facilité l'émergence de l'homme sous sa forme actuelle. Dans toutes les traditions, l'éducation, l'introduction de techniques ou de concepts nouveaux, par des entités venues d'ailleurs, est une constante beaucoup plus avérée que les récits d'enlèvements ou les manifestations magiques.

L'interférence avec les installations militaires, et l'intérêt pour les applications nucléaires sont nécessairement des développements récents. La menace pour la survie même de la planète que représente la constitution d'arsenaux atomiques énormes, par les USA et l'URSS, à un moindre degré par la France et l'Angleterre, date de la fin des années quarante, c'est-à-dire précisément du début des vagues d'observation de disques volants.

Notre hypothèse d'une présence non-humaine ancienne rend peu probable l'idée d'une exploration actuelle de notre planète. Dans ce cas, l'échantillonnage des espèces vivantes et les prélèvements de sperme, d'ovules fécondés, ou de foetus viables, seraient à ranger dans la même catégorie. Le but probable de ces actions serait alors la **constitution d'un réservoir génétique**, conservé assez loin de la Terre pour être à l'abri d'une conflagration mondiale. Si les efforts déployés pour prévenir une guerre atomique avaient échoué, une partie au moins des espèces vivantes aurait été préservée.

Tous les efforts d'intimidation, toutes les démonstrations de force, toutes les pressions politiques indirectes n'auraient eu qu'un seul but : **éviter une catastrophe nucléaire** dont le risque se faisait toujours plus menaçant. Il est certain que des actions directes, relevant plutôt de la **persuasion clandestine** que de l'éducation, dirigées vers un nombre aussi grand que possible d'électeurs potentiels, ont pu constituer dans certains pays démocratiques un complément indispensable à la pression exercée sur les gouvernements. Les traces de cette action psychologique se retrouvent dans un pourcentage important des récits d'enlèvements. Dès la fin des années soixante, les responsables politiques semblent avoir coopéré d'assez bon gré à cette entreprise d'assainissement des conceptions humaines.

Souvenons-nous toutefois que cette reconstitution découle d'une hypothèse que nous avons posée *en principe*. Si elle n'était pas acceptée, les actions que nous évoquons seraient attribuables au génie humain, à une réalisation tardive mais saine du cataclysme vers lequel nous nous dirigions. Le fait que ce génie humain soit pour l'instant une réalité moins bien établie que celle des ovnis ne doit pas nous amener à confondre une hypothèse avec une certitude.

Dans un autre domaine, celui des enlèvements, la plus grande prudence est de mise. L'hypothèse plausible que les prélèvements biologiques effectués par certaines entités puissent servir à préserver une partie de l'espèce humaine sous la forme d'embryons ou d'ovules fécondés, pour parer à l'éventualité d'une catastrophe nucléaire, ne doit pas nous masquer le fait que d'autres scénarios sont envisageables. Après tout, nous avons vu que certaines entités, celles par exemple que décrit Betty Andreasson, prétendent au contraire que les prélèvements de foetus servent à fabriquer des humanoïdes de petite taille, hybrides d'humains et d'*étrangers*. Finalement, l'hypothèse la plus raisonnable est celle d'une réalisation simultanée de **projets scientifiques distincts**, complémentaires, et complexes, à l'image de l'objet de leur étude: l'homme, dans toutes ses dimensions. Nous voyons une fois de plus que l'existence d'une multiplicité d'entités « extraterrestres », au sens large du terme, constituant des sortes d'**équipes scientifiques spécialisées**, ne s'occupant que de tâches limitées, s'intègre assez bien dans notre hypothèse et semble correspondre aux faits observés.

L'examen de ce premier bilan fait apparaître plusieurs détails cachés, très intéressants dans la mesure ou ils tempèrent certaines de nos certitudes concernant les ovnis et leurs occupants. Ils permettent de rejeter sans grand risque d'erreur bon nombre d'idées reçues qui stérilisent, depuis des décennies, la recherche ufologique.

1/ **Les extraterrestres sont arrivés à une date récente** : cette hypothèse est contredite par de nombreux témoignages anciens. Elle est improbable car elle suppose une relative coïncidence entre les développements technologiques de deux civilisations proches.

2/ **Un seul groupe d'extraterrestres a découvert notre planète** : la variété des témoignages concernant l'aspect physique des visiteurs rend cette hypothèse peu probable. Il faudrait en effet pour qu'elle soit exacte que plusieurs espèces intelligentes physiologiquement différentes se soient développées simultanément sur la même planète.

3/ **La vie intelligente est d'une extrême rareté** : les deux remarques précédentes suggèrent au contraire un développement assez important pour que plusieurs groupes de visiteurs soient présents simultanément dans notre système solaire. La thèse de Von Neuman, et sa conséquence possible d'une *pan-spermie artificielle rapide*, offre un premier modèle de dissémination galactique de la vie. La détection dans certains nuages interstellaires de corps complexes comme l'urée par exemple, rend toute aussi probable l'*apparition spontanée de structures vivantes.*

4/ **Les moyens techniques des visiteurs sont illimités** : l'analyse des rapports d'observation depuis la guerre suggère au contraire que ces moyens sont limités. Les formations de disques volants mentionnées dans le document Twining ne dépassent pas neuf engins. Le 8 juillet 1947, une foule de touristes observe les évolutions de 35 disques, ce qui représente un maximum absolu, si l'on excepte les « lumières dans le ciel » dont la matérialité n'est pas certaine.

5/ **La supériorité intellectuelle des visiteurs est totale, leurs moyens d'action sur l'humanité irrésistibles** : tout semble indiquer au contraire que les entités observées sont assez proches de nous pour que les témoins puissent comprendre ce qu'elles disent, et converser avec elles. Si les moyens d'actions sont effectivement importants, alors ils ne sont pas tous utilisés. La course aux armements par exemple n'a pas été arrêtée par des actions irrésistibles, dont les visiteurs étaient techniquement capables comme nous l'avons vu à Minot AFB, mais par une *persuasion* très lente, débouchant sur des *décisions politiques terriennes.*

6/ **Certains groupes d'entités étrangères nous sont hostiles** : c'est possible, mais ils n'ont pas réussi à empêcher les missions Apollo, le développement de nos arsenaux nucléaires, ou plus simplement notre prolifération. Tout semble indiquer un réel consensus entre nos visiteurs, au moins sur un point important. Nous restons responsables en fin de compte de nos décisions politiques les plus graves. Que nous soyons pour l'instant en quarantaine est une évidence, mais il est possible que ce soit en partie pour notre protection.

7/ **Les autorités humaines, militaires et politiques, ne sont pas persuadées de la réalité d'une présence extraterrestre** : en ce qui concerne les pays industriels développés, cette affirmation est au coeur de toutes les entreprises officielles de désinformation active. Ainsi que nous l'avons vu, la législation en vigueur aux Etats-Unis, à elle seule, rend cette supposition indéfendable.

8/ **Les autorités militaires et politiques mentent pour protéger le public d'un choc culturel insupportable** : le traumatisme, s'il avait lieu, menacerait certainement beaucoup plus certaines *structures de pouvoir* que le psychisme du public. Nous vivons depuis la fin des années cinquante sous la menace d'un holocauste nucléaire imminent et nous avons bravement supporté ce fardeau. Dans les pays civilisés, le choc ne serait probablement que *conceptuel*, et la majorité des humains y est déjà préparée.

9/ **Les extraterrestres méprisent l'humanité et nous utilisent pour leurs besoins personnels**, (comme nous le faisons par exemple avec les animaux de laboratoire) : il est bien possible que certains de nos visiteurs aient la même opinion que les plus lucides d'entre nous, sur nos tendances meurtrières ou quelques unes de nos habitudes les moins ragoûtantes. Cependant, ils semblent faire preuve d'un certain respect pour tout ce que nous avons construit jusqu'ici. Alors qu'ils sont probablement en mesure de détruire les fondements de la plupart de nos religions organisées et de ridiculiser bon nombre de nos prétentions scientifiques ou philosophiques, ils s'abstiennent de le faire.

10/ **L'étude scientifique du phénomène ovni est impossible car il n'est pas reproductible en laboratoire** : il en est de même pour la foudre en boule, le procès de Louis XVI ou la chute des météorites, ce qui n'a jamais empèché les sciences de s'y intéresser. Le manque d'enthousiasme évident, et c'est un euphémisme, des scientifiques pour l'hypothèse extraterrestre est double : ils craignent que leur savoir ne soit rabaissé au niveau d'un assortiment de croyances *, ils forment eux-même un groupe détenteur d'un pouvoir indiscutable, qui se sent menacé par la révolution d'idées qu'un contact public entraînerait.

Ce qui est exactement le statut de la médecine jusqu'à la fin du 18ème siècle, ou de la physique à l'époque de Platon.

11/ **Il n'existe aucune loi non-humaine qui puisse nous protéger des exactions**, dont sont victimes par millions peut-être, certains de nos congénères (au cours des enlèvements par exemple). Nous ne savons pas en effet si des lois nous sont applicables, en l'absence d'un accord formel conclu entre l'humanité et nos visiteurs. Il est en revanche certain que la variété des espèces observées et le bon ordre qui semble règner entre elles supposent à tout le moins des règles de conduite communes. Des différences profondes de conceptions peuvent exister, en ce qui concerne les meilleurs moyens de gèrer notre évolution, mais la solution des problèmes engendrés par ces points de divergence doit respecter des principes acceptés par tous.

12/ **Les extraterrestres et les pouvoirs constitués terriens ont partie liée** dans la mesure où tous deux maintiennent le secret sur une présence intelligente étrangère à notre planète. Même sur ce point précis, les motifs du secret ont bien des chances d'être fondamentalement différents. Les autorités politiques terrestres cherchent à dissimuler aux yeux de leurs mandants leur totale impuissance. Qu'elles souhaitent conserver leurs privilèges et leur pouvoir le plus longtemps possible ne fait aucun doute. Les visiteurs, quant à eux, souhaitent sans doute conserver en l'état nos structures sociales et culturelles, pour les étudier ou pour toute autre raison. Il leur est peut-être interdit, par des règles dont nous pouvons seulement postuler l'existence, d'intervenir dans notre développement normal au-delà de certaines limites, sauf si la survie de l'expérience que nous représentons est mise en danger. (Ce qui semble avoir été la cas depuis 1947.)

13/ **L'ufologie peut se contenter d'étudier des témoignages et d'enquêter sur des observations, et devrait se garder de toute hypothèse et de tout débat d'idées**. Cette conception restrictive est peut-être la plus perverse de toutes celles qui viennent d'être évoquées. Elle stérilise toute recherche et maintient, mieux que tout « debunking »*, les études civiles dans un véritable ghetto ! Suivre cette voie reviendrait à s'interdire de penser ou de réfléchir dans un domaine déterminé sans qu'aucune justification rationnelle puisse expliquer cette limitation.

Ces treize idées reçues sont probablement fausses, ou pour certai-

---

* Terme argotique américain. Evoque un procédé mis en place à la suite des décisions du Robertson Panel et qui a consisté le plus souvent à ridiculiser les témoins afin d'affaiblir leurs témoignages par tous les moyens possibles. Nous l'avons plusieurs fois traduit par : « désinformation active ».

nes, vraies seulement dans un petit nombre de cas. Nous pouvons admettre pour tempérer notre propos que (re-8/) les autorités mentent *aussi* pour nous protéger d'un choc éventuel, et que, pour des croyants intégristes par exemple, le traumatisme ne serait pas seulement abstrait, mais qu'il pourrait remettre en cause les fondements même de plusieurs dogmes religieux. En (9/), il est possible que certains visiteurs utilisent ce qu'ils considèrent comme des sous-produits remplaçables de l'activité sexuelle des humains. Ces actions désagréables du point de vue des victimes ne mettent toutefois pas en cause, pour ce que nous en savons, l'essentiel de l'évolution humaine. Le point évoqué en (12/) est plus délicat. Si les extraterrestres voulaient que la réalité de leur présence soit connue de tous, ils pourraient, c'est vrai, apparaître au même instant dans toutes les capitales du monde. S'ils ne le font pas encore, c'est probablement parce que des raisons précises, ou des règles impératives, leur interdisent *pour l'instant* de le faire. Une des questions que doivent se poser avec anxiété certains responsables est : « pour combien de temps ? »

Nous pourrions dès maintenant énoncer sous sa forme définitive *une* hypothèse extraterrestre valide, c'est-à-dire possédant une cohérence interne tout en étant conforme aux faits les mieux connus. Il serait pourtant bien imprudent de négliger l'évolution du phénomène ovni et les bouleversements survenus sur Terre, pendant les vingt dernières années.

D'autre part, le but de cet essai, pour modeste qu'il soit, n'est pas seulement de mettre un peu d'ordre dans une confusion soigneusement entretenue depuis 1947 : il est aussi « opérationnel », dans la mesure où il est destiné à préparer la prise de conscience d'une situation, inouïe si elle est bien telle que nous l'imaginons, inquiétante dans le cas contraire. En tout cas, aucune donnée objective ne saurait être négligée sans risque.

CHAPITRE 11

L'HISTOIRE INCOMPLÈTE

Le 21 février **1974**, Robert Galley, ministre de la Défense, déclare à la presse au cours d'une interview célèbre que de nombreux rapports d'observation d'objets inconnus dans le ciel sont reçus par la gendarmerie et transmis au CNRS, Centre National pour la Recherche Scientifique. Il confirme d'autre part la « vague » de 1954 en France ainsi que des interventions de la DST.

De l'autre côté de l'Atlantique, principalement dans les états du sud-ouest, commence une « épidémie » de mutilations d'animaux, des bovins en majorité. Après le Nouveau-Mexique, les états du Wisconsin, du Kansas, du Nebraska, de l'Iowa, du sud Dakota, du Colorado, du Texas, de l'Arizona et de la Californie sont touchés. Des vaches et des boeufs disparaissent de leurs pâturages, dans des conditions qui indiquent parfois une intervention aérienne. Ils sont retrouvés quelques jours ou quelques heures plus tard, totalement vidés de leur sang. Des excisions des pis, des organes sexuels, de la langue et des yeux accompagnent ces enlèvements. La coupe nette des poils, qui suit exactement celle de la peau, exclut la responsabilité d'éventuels prédateurs, tout autant que la cautérisation des chairs qui pourrait suggérer, quant à elle, l'utilisation de bistouris électriques ou utilisant le principe du laser.

La situation devient plus incompréhensible encore dans la mesure où des documents en provenance du FBI envisagent froidement que les responsables de ces exactions pourraient être les utilisateurs des mystérieux objets volants qui sont observés sur les lieux, en compagnie d'hélicoptères noirs ne portant aucun numéro d'immatriculation. Les organisations ufologiques des Etats-Unis se jettent sur ce nouvel aspect du phénomène sans remarquer l'empressement suspect des autorités qui attisent leur intérêt par des déclarations contradictoires.

- Le 8 août, la démission du président en exercice, Richard Nixon, amène à la tête de l'exécutif Gerald Ford, dont l'intérêt pour le problème des objets volants avait mis l'US Air Force sur la sellette en avril 1966. Faute de pouvoir faire toute la lumière sur ce sujet, il fait voter deux très importantes modifications aux lois existantes. Grâce à des amendements au « Freedom of Information Act » et au « Privacy Act », tout citoyen a le droit d'exiger la communication de tout dossier personnel que l'administration ou les services secrets pourraient détenir sur lui; tout chercheur peut demander la déclassification d'un document secret. L'autorité concernée devra le cas échéant faire la preuve, devant un juge fédéral, de la nécessité de refuser la communication de la pièce incriminée. Tout ce qui concerne les objets volants inconnus est curieusement classé à un très haut niveau, la déclassification est généralement refusée, ou bien alors si lourdement censurée que le texte devient incompréhensible.

- 1975 à 1976 -

- En janvier, les dernières troupes américaines quittent le Vietnam.

- A partir d'août, toutes les bases américaines stratégiques du nord et quelques bases canadiennes proches de la frontière sont visitées par des objets volants qui semblent inspecter les dépôts d'ogives nucléaires et les zones de lancement de missiles intercontinentaux. Des documents du NORAD, déclassifiés dans les années 80 en application de la loi que nous venons de citer, et en dépit des réticences de l'armée, attestent de cette activité. Des observations civiles confirment et complètent un tableau surprenant. A Cascade, dans le Montana, entre août 75 et mai 76, c'est-à-dire pendant la vague d'observations militaires, 130 rapports d'observations d'ovnis, seuls ou accompagnés des mystérieux hélicoptères noirs, sont recueillis par des chercheurs indépendants. A Great Falls (Montana), dans la nuit du 16 au 17 octobre, neuf observations sont transmises au NORAD.

- Le 3 novembre 1975, dans un document en provenance de l'Alaska, nous trouvons pour la première fois une transcription originale d'UFO : Unidentified *Foreign* Object !*

- En 1976, pendant sa campagne pour les élections présidentielles, Jimmy Carter promet de rendre publics tous les documents concer-

* Objet *Etranger* Non-Identifié, au lieu d'objet volant.

nant les ovnis détenus par l'administration américaine. Elu, il ne tiendra pas sa promesse.

- Le 20 octobre 1976, un chercheur espagnol, Juan José Benitez, reçoit de son gouvernement un dossier de 78 pages concernant les 12 cas les mieux authentifiés d'ovnis. Cette documentation contient des photos et un film pris par un pilote militaire.

- 1977 à 1978 -

Des explosions aériennes sont détectées en haute altitude, sans qu'aucune confirmation matérielle ne vienne suggérer une explication. Une publication du Naval Research Laboratory à Washington DC, intitulée : « Investigation of East Coast acoustic events » peut être consultée. En moins de deux mois, du 28 novembre 77 au 16 janvier 78, l'observatoire de Western (Massachussett) enregistre 200 explosions. La dernière observation de ce type a lieu le 15 février, mais le 2 avril, à Terreneuve, dans l'île de Bell, face à la ville côtière de Anglee, trois violentes explosions se produisent au-dessus de la maison de Jim Bickford. Le téléphone est arraché du mur, la télévision implose, de fortes surtensions se manifestent et trois trous de 50 centimètres apparaissent dans la neige.

De mars à juillet, de longs objets cylindriques sont observés dans le ciel au-dessus du lac Michigan. Un « long cigare » en vol stationnaire est photographié par des gardes-côte à Saint Joseph, près de Cleveland (Ohio).

- 1979 -

- En mai, Victor Marchetti, auteur de l'ouvrage : « CIA and the cult of Intelligence », dont le titre est un jeu de mot intraduisible, écrit dans un article paru dans le magazine « Second Look », que les ovnis n'étaient pas un sujet de conversation courant à l'époque où il était membre de cette organisation. Chacun savait que ce genre d'information était considéré comme « extrêmement sensible ». Aux plus hauts niveaux de la hiérarchie, il avait parfois entendu des allusions discrètes concernant des récupérations de disques accidentés et des corps de « petits hommes ».

- Le 18 juin, Brejnev et Carter signent les accords SALT-II.

- Le 12 septembre, une panne de génération électrique frappe les villes de Xuginglong et de Haihua dans la province du Hunan, en Chine. Un objet volant brillant, émettant des nappes de rayons lumineux est observé par de nombreux témoins. Il s'éloigne sans bruit en laissant derrière lui deux nuages luminescents de 100 mètres de diamètre.

- Le 22 septembre, le satellite militaire Vela, spécialement conçu pour détecter les explosions atomiques détecte un éclair de grande intensité en Afrique du Sud. Les caractéristiques d'une bombe nucléaire (rayons gamma, flux de neutrons, nuage radio-actif) sont absentes. Un document en provenance de la NSA, révèle que des milliers de détections intempestives (zoo events) se sont produites dans le passé.

- Le 27 décembre, commence l'intervention de l'armée soviétique en Afganistan.

- 1980 -

- Une vague d'observations se déroule en Chine. 98 rapports parviennent à la « China UFO Research Organization ». En août, des centaines de milliers de personnes observent des ovnis dans le ciel de Tien Tsin et le golfe de Zhili.

- Le 16 octobre, à 21 heures 53, les contrôleurs d'approche de l'aéroport de Tien Tsin confondent pendant quelques minutes l'écho radar d'un ovnis et celui du vol 402 en provenance de Pékin.

- Le 15 décembre, de nombreux témoins, dont Timothy Good, auteur d'ouvrages importants sur l'ufologie, observent au sud-est de Londres et dans le Kent un objet volant lumineux de forme conique. L'avant est rouge, le centre argenté et l'arrière bleu étincelant. Un objet identique sera observé à Pékin quatre mois plus tard.

- Le 17 décembre, une chaîne de télévision anglaise diffuse un court extrait d'un film de 30 minutes, tourné près de Sevenoaks (Kent) et authentifié par 15 témoins. Il montre l'objet inconnu de l'avant-veille.

- Les 27 et 29 décembre, près des bases anglaises de Bentwaters et Woodbridge, prêtées à l'US Air Force, atterrissage possible d'un objet volant inconnu dans la forêt de Rendlesham.

- 1981 -

- Le 13 janvier, un rapport officiel du lieutenant-colonel Charles Halt, commandant en second de la base de Bentwaters, décrit les évènements des 27 et 29 décembre.

- 600 rapports sont parvenus au Ministère de la Défense. Ils représentent une fraction des observations effectuées en Angleterre.

- En janvier, dans une interview accordée par Felix Zigel à un journal italien, les révélations suivantes concernant l'Union soviétique sont faites :

- de nombreux ovnis de formes variées ont été observés,
- les vitesses mesurées atteignaient dans certains cas 100.000 km/h soit 28 kilomètres par seconde,
- ils ne font aucun bruit car ils créent un vide pneumatique (?) autour d'eux,
- ils apparaissent et disparaissent à volonté,
- ils sont capables d'arrêter des stations de génération électrique, des stations radio et des moteurs sans provoquer de dommages permanents,

Tous ces effets sont provoqués par une intelligence supérieure à celle de l'homme. L'institut d'aviation de Moscou possèderait 50.000 rapports d'observations précises et 7 cas d'atterrissages d'engins extraterrestres entre juin 1977 et septembre 1979.

Dès le début de l'année 1982, un nouveau type de manifestations va apparaître. Les vagues d'observations seront plus réduites dans l'espace; elles pourront se dérouler sur plusieurs années mais dans une zone bien définie. La première intéresse la haute vallée de l'Hudson, au nord de New York, et une partie du Connecticut. Commencées peu avant minuit le 1er janvier 1982, les observations d'engins en forme d'ailes volantes ou de triangles, se déplaçant très lentement à basse altitude dans un silence total, se termineront le 10 juillet 1986. Les années 1983 et 1984 fourniront les rapports les plus nombreux.

De novembre 1989 à mars 1991, une de ces vagues d'observations, gérée par une organisation civile, la SOBEPS, avec la coopération de la Gendarmerie Royale et de l'Armée de l'Air, se déroule en Belgique. Les engins observés sont le plus souvent triangulaires, ils portent à chaque angle une grosse lumière dirigée vers le sol et au centre un éclairage rouge. Les engins inconnus sont d'abord observés par des gendarmes en patrouille au sud-est de la ville de Liège, puis un peu partout par de nombreux témoins. Se déplaçant lentement dans un parfait silence, s'arrêtant parfois au-dessus d'une autoroute ou se posant dans un champ, les triangles sont aussi capables d'accélérations foudroyantes. Ils échappent ainsi par deux fois à des avions de chasse lancés à leur poursuite. Une photographie exceptionnelle d'un de ces objets mystérieux illustre le livre édité par la SOBEPS : « Vague d'ovnis sur la Belgique ».

Des endroits plus limités en superficie, comme par exemple l'île de Porto Rico, sont depuis plus de dix ans visités par des engins qui interfèrent visiblement avec des avions de chasse américains, descendent à basse altitude au-dessus des bases aériennes, et détruisent en quelques heures, sous les yeux médusés des habitants des villages voisins, une station de transformation d'électricité. Des rumeurs de base souterraine, d'enlèvements et des observations d'humanoïdes d'un type nouveau abondent. Des chercheurs civils suivent attentivement le déroulement des opérations, sans grandes interférences de la part des autorités militaires.

En France, le 5 novembre 1990, se déroule en moins d'une heure une vague d'observations de structures volantes de grandes dimensions. Vers 19 heures, des triangles similaires à ceux observés en Belgique sont décrits, mais aussi des engins monstrueux, de plusieurs centaines de mètres de long, comme à Gretz-Armainvilliers, où plusieurs groupes de témoins voient comme une poutre de section triangulaire, balisée de lumières et de phares énormes, descendre à moins de 400 mètres du sol, se stabiliser en palier et changer deux fois de direction, dans un silence impressionnant. L'engin étant entré sous les yeux de deux techniciens de l'aéronautique dans un nuage bas, de faible développement vertical, dont l'altitude était connue. Il a été possible de calculer ses dimensions avec une bonne précision :

longueur totale = 300 à 400 mètres,

section : base = 70 à 90 mètres - hauteur = 60 à 80 mètres

Si cette structure avait été un hangard, elle aurait pu contenir sans difficulté une demi-douzaine de Boeings 747. L'équipage d'un Embraer-120 « Brasilia » en vol au-dessus du Massif Central a, quant à lui, vu un groupe de dix à douze lumières suivies de traînées brillantes, croiser sa route alors que leur avion se trouvait en palier à 25.000 pieds (7.600 mètre).

Il est probable que ce genre d'actions limitées se déroule un peu partout dans le monde et ne représente que la partie visible d'un ensemble de grande envergure. D'autres rapports, obtenus le plus souvent sous hypnose, dans le secret des cabinets médicaux, font état d'enlèvements très courts, en nombres croissants. Au Etats-Unis le problème est devenu si grave que des organisations d'entraide bénévoles, souvent dirigées par d'anciens « abductés », prodiguent soins et conseils aux victimes des rapts perpétrés par des entités non-humaines. Concrètes ou imaginaires, ces exactions paraissent bien réelles aux victimes, comme nous l'avons vu dans un précédent chapitre, et servent de contrepoint au silence pesant, absurde et inquiétant des autorités, de toutes les autorités.

Ces données complémentaires ambigües, peuvent-elles nous aider à préciser les termes de notre hypothèse ? Cette question est importante dans la mesure où les faits indiscutables que nous venons d'évoquer : vagues d'observations limitées, épidémie d'enlèvements, vrais ou imaginaires et silence des responsables, concernent d'une manière ou d'une autre la nature du contact que nous pourrions avoir avec des entités inconnues.

Le silence des autorités. Il pourrait avoir un certain nombre de « justifications », allant de la protection d'informations intéressant la défense nationale jusqu'à un constat d'impuissance difficile à avouer au public. Cette hypothèse, plausible si l'on considère seulement les militaires et les gouvernements qui les contrôlent, n'explique aucunement le silence des représentants du législatif, des membres des oppositions parlementaires et moins encore celui des autorités religieuses ou scientifiques. Que dire enfin des complexes industriels et financiers, de la presse, ou des philosophes qui, dans leurs sphères respectives, possèdent d'indéniables moyens de faire entendre leurs opinions ? Faut-il penser, comme Dante Minazzoli, que ces groupes se taisent pour protéger leurs positions sociales ou leurs privilèges ?

Les manifestations publiques du phénomène sont un de ses aspects indiscutables et paradoxaux. Elles sont difficilement conciliables avec la discrétion réelle qui préside généralement aux apparitions d'ovnis. Leur but pourrait être de provoquer une accoutumance progressive du public à une présence « étrangère », accessoirement de mesurer l'ampleur des réactions que ces manifestations provoquent. En effet, comme nous l'avons plusieurs fois noté, si les extraterrestres voulaient faire connaître la réalité de leur présence, ils en auraient les moyens.

La réalité des enlèvements Pour les victimes, elle est indiscutable, bien que totalement subjective. Ces évènements peuvent ainsi se multiplier indéfiniment sans avoir d'impact immédiat sur nos sociétés. Les enlèvements réalisent très probablement *quelque chose* dont ne se souviennent pas les personnes enlevées et qui résiste aux régressions hypnotiques. Une modification durable de l'attitude des victimes paraît accompagner très souvent, et compenser dans une certaine mesure, l'angoisse ressentie.

Prises simultanément, ces trois données ne sont pas contradictoires. Elles pourraient signifier que, pour les extraterrestres, nous ne sommes collectivement pas prêts à un contact public officiel. Nous pouvons imaginer que nous ne remplissons pas encore un certain nombre de conditions impératives. Nos charmantes habitudes de « sauvages cultivés », pour reprendre une expression trop belle de Dante Minazzoli, ou de « primates meurtriers » pour être plus précis, nous interdisent, pour l'instant, d'être admis dans une collectivité d'entités civilisées. Toutefois, nos visiteurs agissent comme si nous étions vraiment capables de progresser, au moins individuellement. Acceptons-en l'augure.

Il ne semble pas que ce genre de progrès soit vu d'un très bon oeil par les autorités constituées de la Terre, et pour une fois, nous les voyons réunies dans un même silence, dans une même apathie, dans un même consensus inavouable. Il est hélas évident que nous ne pouvons pas attendre grand chose de ces structures sociales, paralysées par un problème qui menace leur propre existence.Nous pouvons sans grand risque d'erreur jeter un regard sans passion et sans indulgence sur les détenteurs du pouvoir et sur leurs actions depuis l'*horrible découverte de Roswell*, qui menaçait d'abord leurs privilèges, ensuite les structures sociales morales et religieuses du monde occidental, enfin, et de façon très marginale, la défense nationale. La guerre froide, l'inflation des arsenaux militaires, et les tentations d'hégémonie, mettaient infiniment plus en danger la planète que les extraterrestres !

Les responsabilités de chacun et l'aveuglement de tous apparaîtront bien assez tôt au grand jour. Ils ne doivent pas nous empêcher de poursuivre la construction de notre hypothèse.

Il est évident que l'intérêt du public ne se confond pas toujours avec celui des autorités ou même des gouvernements élus. Il s'agit simplement de la conséquence logique d'un fait indéniable : un responsable doit faire face à des obligations et à des contraintes que n'ont pas à subir ses mandants. Les commandants d'un avion en vol ou d'un navire n'ont pas exactement les mêmes obligations ni les mêmes buts immédiats que leurs passagers, bien qu'ils espèrent tous ensemble arriver à bon port.

Les dirigeants politiques des grandes nations disposent nécessairement de moyens considérables pour faire face à leurs multiples responsabilités. Leurs problèmes sont très différents de ceux des citoyens qui les ont élus. Même quand ils se considèrent sincèrement comme des « serviteurs du public », ce qui est plutôt rare, leur fonction les place dans une autre catégorie que ceux qu'ils « servent ». De plus, gardiens de l'ordre, de la tradition, des lois ou des coutumes, il ne leur est pas loisible de modifier les règles du jeu à leur guise. Cette tâche appartient au législatif, c'est-à-dire à l'ensemble des citoyens, à nous-mêmes, et à nos représentants.

Si nos suppositions sont exactes, et qu'une présence ancienne accompagne notre développement, nos règles du jeu politique, notre organisation sociale et bien d'autres détails nous concernant sont connus. Dans le plan d'urgence mis en oeuvre par les forces extraterrestres depuis 1946, nous ne pouvons pas douter que toutes les données du problème ont été soigneusement évaluées. De ce fait, la pièce ne s'est jamais jouée entre l'humanité et les « autres », mais entre trois acteurs :

1/ Des groupes extraterrestres en nombre indéterminé mais travaillant pour les mêmes buts,

2/ Les gouvernements terrestres des nations les plus importantes, c'est-à-dire les plus dangereuses pour la survie du globe,

3/ Les peuples de la Terre dans toute leur variété. C'est théoriquement de leurs votes que les gouvernements tiennent leur légitimité.

Toutes les péripéties que nous venons d'étudier sont faciles à comprendre, un fois que ce schéma est connu. Nous pouvons très brièvement en retracer les grandes lignes :

En **1947**, l'épave de Roswell et les cadavres humanoïdes étaient destinés aux responsables politiques et militaires, les manifestations de « soucoupes » au public.

En **1952**, les apparitions au-dessus de Washington étaient destinées à faire pression sur l'exécutif, *par l'intermédiaire du public.*

En **1953**, les responsables politiques obtiennent, grâce aux décisions prises par le Robertson Panel, que le public soit maintenu éloigné de toute information sérieuse concernant les ovnis. Les textes législatifs règlementaires qui ont été présentés, *promulgués sans consultation des députés*, garantissent le maintien de la censure.

Dès **1954**, le président Eisenhower, ses proches conseillers, et les membres du National Security Council, connaissent la réalité de la situation, c'est-à-dire les conditions exigées pour une admission de la Terre dans une communauté civilisée. D'un commun accord ils décident de repousser autant que possible l'*échéance de cette éventualité qu'ils redoutent.*

De **1955** à **1961**, les extraterrestres sont incapables, ou empêchés par leurs lois, de s'opposer directement à la constitution des gigantesques arsenaux nucléaires des Etats-Unis et de l'Union Soviétique. Certains d'entre eux vont commencer à *familiariser les humains à leur présence*, d'autres vont mettre à l'abri des échantillons du biotope terrestre, y compris des embryons viables, cependant que des enfants et des adultes subissent un *traitement psychologique d'urgence* destiné à améliorer leur sens des responsabilités.

Dès le début de cette période, une pression croissante va être appliquée aux responsables militaires : les vagues d'observations et la variété des vaisseaux décrits par les témoins vont donner l'impression que de véritables armadas pourraient être mobilisées en cas de besoin.

En **1962** et **1963**, les interventions au moment des vols d'essai de prototypes et la visite des premiers satellites confirment s'il en était besoin une *supériorité technologique écrasante*, (mais pas des moyens illimités).

En **1965**, les pannes de courant provoquées par des techniques inconnues finissent d'établir la complète vulnérabilité du pays le plus moderne du monde. Simultanément, des rencontres rapprochées soigneusement dosées font croire aux responsables que les extraterrestres n'hésiteront pas à rendre leur présence publique si les dirigeants ne cèdent pas sur l'essentiel : *le désarmement.*

En **1966**, l'étude civile, commencée par l'université du Colorado sous la direction du Dr Condon, est en fait une action de *désinformation du public,* renforçant la censure mise en place à la suite des décisions du Robertson Panel.

En **1969**, le lancement du programme Apollo et son déroulement sans anicroche ne peuvent qu'être le résultat d'un accord, d'un échange, entre les extraterrestres et les décideurs américains. Le prix à payer devait comporter l'*interdiction de toutes missions lunaires* jusqu'à la fin du siècle, et le *désarmement progressif* des superpuissances.

Dès **1973**, russes et américains entament une véritable coopération pour promouvoir un désarmement. S'ils sont prudents, ils font en sorte de *stériliser* leurs arsenaux afin de rendre impossible tout déclenchement accidentel d'une guerre nucléaire.

De **1975** à **1976**, les *visites des bases stratégiques* du nord des Etats-Unis pourraient être une vérification du fait que *toutes les sécurités fonctionnent.* Des actions identiques se déroulent probablement en Union Soviétique, en Angleterre et en France.

En **1980** au plus tard, la Chine entrera sans difficulté dans le club des nations connaissant la réalité d'une présence extraterrestre.

Nous comprenons mieux la raison de ces événements historiques incroyables : la fin de l'affrontement est ouest, symbolisée par cette image de Georges Bush et Mikhaïl Gorbatchev, s'opposant ensemble à l'aggression d'un minuscule pays par un voisin ambitieux; la destruction du mur de Berlin; la renaissance de la Russie et d'une partie de l'Europe, et leurs transformations profondes, sans trop de violence; cet autre symbole enfin, en septembre 1993, d'une poignée de main entre le chef historique de l'OLP et celui de l'Etat Hébreu.

Nous n'avons pas l'illusion d'avoir tout compris et tout expliqué grâce à l'hypothèse d'une présence « extraterrestre », ou si l'on préfère inconnue, près de l'humanité. Faute d'informations que les responsables nous cachent, nous ne savons même pas sous quelles conditions nous pourrions être admis à rencontrer, à visages découverts, nos énigmatiques visiteurs. Nous ne connaissons rien des conséquences, du prix, des contraintes futures qu'une telle rencontre nous imposerait. Nous savons seulement que nos gouvernants nous estiment collectivement trop infantiles pour que nous puissions décider librement de la voie que nous suivrons, si tant est qu'un choix nous soit laissé. Leur seule excuse est sans doute qu'il ressentent une totale impuissance devant une situation qu'ils n'avaient pas prévue et qu'ils ne maîtrisent pas. Eux, les puissants de ce monde, comment pourraient-ils imaginer que nous puissions faire mieux ?

CHAPITRE 12

VERS QUEL AVENIR ?

Nous disposons, comme tous les chercheurs civils, d'éléments suffisants pour tenter de construire une hypothèse qui tienne compte de tous les faits connus. Nous avons essayé d'effectuer un bilan complet de ce que l'on peut savoir, ou raisonnablement déduire, de cet ensemble complexe. Nous ne chercherons pas à démontrer la validité de nos suppositions, ce qui transformerait ce modeste travail en thèse historique. Nous souhaitons simplement proposer à la sagacité des lecteurs un passionnant sujet de réflexion.

La question cruciale que nous pose la possibilité d'une présence inconnue dans notre environnement, discrète, étrangère à l'histoire officielle de l'humanité, est aussi celle d'une recherche de l'image que nous avons de nous-mêmes. Cette image brouillée, contradictoire, peut prendre un relief très différent selon le point de vue que l'on adopte. Les nouveaux pouvoirs que la science et la technique nous ont donnés impliquent des responsabilités nouvelles, et nous exposent à des dangers considérables. Nous le sentons confusément, mais il est possible que notre sens individuel des devoirs que nous impose la mutation actuelle soit défaillant. Nous avons laissé trop longtemps des fonctionnaires anonymes, des hommes politiques et des « autorités » mal définies s'acquitter tant bien que mal et sans contrôle des tâches de réflexion et de décision qui nous incombaient. Nous serions prêts demain, si la réalité d'une présence extraterrestre devenait évidente, à déléguer aux nouveaux venus les prises de décision que nous refusons d'assumer.

Ce rejet de la responsabilité individuelle est peut-être le signe d'un comportement collectif adolescent. La difficulté de voir clairement les données des problèmes qui nous assaillent nous pousse à leur tourner le dos, à les oublier, dans une forme d'amnésie sélective qui ne doit rien aux armes secrètes des entités grises. Heureusement, cette attitude générale ne semble pas satisfaire nos visiteurs. Ils attendent semble-t-il autre chose de nous, et les détails de l'hypothèse que nous allons finalement proposer nous aideront peut-être à saisir la nature de la mutation qu'ils espèrent.

HYPOTHÈSE

- **La vie est apparue à plusieurs reprises dans l'univers et dans notre galaxie.** Elle a évolué lentement vers des formes complexes, puis conscientes, et finalement intelligentes. Si la Terre est un modèle valide, cette première phase s'est déroulée en 4 à 5 milliards d'années (soit le tiers de la durée d'existence de l'univers). Durant cette longue période, la vie a pu naître un nombre indéterminé de fois, et le processus se répéter de façon plus ou moins similaire.

- **Au moins une espèce vivante intelligente* s'est tournée vers l'exploration spatiale**, en utilisant peut-être initialement un procédé semblable à celui imaginé par Von Neuman. Avec des astronefs se déplaçant à une vitesse égale au centième de celle de la lumière et pouvant être copiés en 1000 ans par leurs utilisateurs, chaque système solaire de la galaxie peut avoir été visité au cours d'une période inférieure à 20 millions d'années.

- **Dès ce moment, une diffusion interstellaire artificielle de la vie a pu se substituer à l'évolution naturelle**. Si l'on considère un ordre de grandeur d'un à deux milliards d'années avant l'apparition spontanée de la vie sur une planète remplissant les conditions climatiques voulues, le transport d'espèces vivantes d'une extrémité à l'autre de la galaxie, par le moyen le plus primitif que nous puissions envisager, ne prendrait que 20 millions d'années. Ce procédé serait donc cinquante à cent fois plus rapide.

- **Dans tous les systèmes stellaires, les planètes pouvant abriter la vie sont peuplées,** tous les accidents entraînant des destructions d'espèces sont éventuellement réparés, toutes les formes de vie ont une chance de prospérer.

- **Entre les systèmes proches**, peuplés d'espèces suffisamment développées, des alliances se font et se défont, des tensions se créent

* N'ayant pour l'instant aucune définition précise ce concept d'intelligence sera pris dans son acceptation la plus générale ou la plus vague.

et se résolvent, et logiquement, **la coopération doit l'emporter sur les conflits.**

- **Les espèces conscientes intelligentes sont protégées** tant que leur degré d'évolution ne leur permet pas de participer sur un pied d'égalité aux organisations locales ou intragalactiques. Les expériences auxquelles elles peuvent être soumises sont règlementées, **leur évolution est de préférence laissée libre d'interventions extérieures** afin d'assurer une variété aussi grande que possible de solutions originales.

- **Notre Terre est une planète particulièrement riche en espèces vivantes.** Leur variété, leur nombre et leur adaptation à des conditions physiques très différentes en font un sujet d'étude inépuisable.

- **Les espèces conscientes qui la peuplaient il y a trois millions d'années se sont révélées incapables de progresser spontanément vers des comportements intelligents**. La technologie des pré-hominiens n'a montré aucune évolution sensible en deux millions d'années. Après une phase d'adaptation rapide aux conditions extérieures, une totale stagnation s'installait dans tous les cas.

- **Des mutations provoquées ont donné finalement naissance** (il y a environ 60.000 ans) **à l'espèce actuelle**. Tout aussi incapable de progresser que ses prédécesseurs, dès que ses besoins vitaux étaient satisfaits, l'homo sapiens-sapiens a dû être constamment stimulé pour entrer dans une phase réelle de progrès. Ni la culture des céréales, ni le travail des métaux, ni l'écriture ne sont des inventions indigènes; **des interventions d'initiateurs n'appartenant pas à l'humanité ont été nécessaires**.

- **L'être humain sous sa forme actuelle est loin d'avoir réalisé tout son potentiel**. Ses limites ne sont pas connues. La richesse et la complexité de ses émotions, jointes à l'ampleur de son génie artistique, en font déjà un sujet d'étude fascinant. Capable des comportements les plus destructeurs comme les plus altruistes, **il peut atteindre des états de conscience qui transcendent complètement les limitations de sa nature humaine.**

- **En 1945, l'accession de l'humanité à des formes d'énergie dangereuses pour la survie de la planète a créé une situation de crise.** L'utilisation contre des populations civiles de l'arme nucléaire et la constitution rapide d'arsenaux et de vecteurs à longue portée ont confirmé les pires inquiétudes.

- **Les groupes de scientifiques extraterrestres présents**

dans le système solaire ont décidé de révéler leur existence aux seules autorités responsables de la crise. Sans alerter les populations, en utilisant de préférence des méthodes de persuasion, ils réussirent à empêcher le choc frontal qui se préparait entre les Etats-Unis et l'Union Soviétique, puis à persuader les gouvernements terrestres de l'inanité d'une confrontation nucléaire globale.

- **L'annonce publique de l'existence d'un contact limité entre les êtres humains et les représentants d'organisations et de nations étrangères à la Terre** est une conséquence prévisible de la prise de conscience qui se produit actuellement.

- **Cet évènement n'impliquera pas notre entrée de plein droit dans une organisation rassemblant des espèces civilisées**. La partie des conditions la plus difficile à remplir pour nous est certainement l'adoption d'un comportement responsable. Actuellement, nos actions individuelles et collectives sont trop souvent encore celles de brutes primitives, égoïstes et superstitieuses.

- **Notre statut actuel ne nous donne aucun droit.**

Même si notre intelligence est reconnue (comme nous reconnaissons celle des dauphins), il n'existe aucun tribunal devant lequel nous pourrions présenter un recours en cas d'exactions dont nous serions victimes. Nous ne pouvons compter que sur la bonne volonté des « autres »*.

- **Une crise de confiance menace la plupart des structures politiques de notre planète**.Si aucun effort de préparation et d'explication n'est tenté par les gouvernements de la Terre, certains risquent d'être durement secoués par la réaction de leurs administrés, outrés par l'ampleur et la gravité de la dissimulation perpétrée.

C'est tout.

La prudence voudrait qu'après cet énoncé le silence se fasse et que la réflexion commence. S'il existe la moindre chance pour que nos suppositions soient exactes, la quasi totalité de nos convictions et de nos certitudes doit, d'une manière ou d'une autre, être remise en question.

La réaction la plus immédiate que nous pourrions avoir devant un tel bouleversement, peut-être aussi la plus saine, serait de nous demander ce *qu'il faut faire*. Mais bien entendu d'autres questions se pressent :

---

* Souvenons nous du traitement que recevaient les «sauvages » d'Afrique de la part des explorateurs de l'époque victorienne, ou du sort réservé aux indiens d'Amérique par la cavalerie US.

Que veulent- «ils» de nous ? Pourquoi avoir choisi les militaires comme interlocuteurs privilégiés ? Que va-t-il nous arriver ? Que vont- «ils» nous donner ? Que vont-«ils» exiger en échange ? Comment nos gouvernements ont-ils pu nous mentir de cette façon depuis près de cinquante ans ? Que sont devenus notre démocratie, nos « droits imprescriptibles » et nos Lois ? Quelles compromissions inavouables cache le lourd silence des autorités civiles ? Celui des autorités religieuses est-il plus justifié que celui des autres ?

Cependant, les réactions spontanées ne sont pas toujours les plus appropriées. Une analyse précise de la situation dans laquelle nous nous trouvons, si l'hypothèse extraterrestre est exacte, doit être tentée. Certaines des conséquences d'une prise de conscience collective de l'étendue et de la gravité du problème posé, peuvent être imaginées. Beaucoup plus difficilement, et avec une importante marge d'erreur, nous pourrions essayer de faire ensemble l'inventaire des moyens d'action qui sont, peut-être, à notre disposition.

L'analyse de la situation et ses conséquences, de même que la recherche de moyens d'action, devraient constituer un domaine prioritaire pour les quelques humains capables de le faire. Même envisagée d'un point de vue purement théorique, une étude prospective du problème posé par un éventuel contact avec des entités non humaines serait un excellent exercice pour des étudiants en science politique ou en psychologie. Il est tout à fait regrettable que la « démission des scientifiques » dans ce domaine laisse le champ libre à des amateurs, comme l'auteur de ses lignes, dont la bonne volonté ne saurait remplacer une compétence insuffisante.

CONSÉQUENCES D'UN CONTACT OFFICIEL

Il est possible que les craintes manifestées par les autorités, n'aient pas été très sincères. Jung remarquait déjà en 1954, précisément en évoquant la possibilité que les « soucoupes volantes » soient d'origine extraterrestre :

« Ce qui m'étonne le plus, c'est que l'Air Force américaine, malgré toutes les informations dont elle dispose et sa soi-disant crainte de provoquer la panique, semble oeuvrer systématiquement pour la créer... »

« S'il est vrai que l'Armée de l'Air ou le gouvernement dissimulent des faits révélateurs, alors, la seule chose que l'on puisse dire c'est qu'il s'agit de la politique la moins psychologique et la plus stupide que l'on puisse inventer... Il est difficile d'imaginer un plus grand choc que celui de l'existence de la bombe à hydrogène, pourtant tout le monde est au courant et personne ne s'est évanoui. »

Si nos suppositions sont exactes, nous sommes dans une situation très particulière. Les « autorités » sont au courant des faits essentiels, et depuis des années, des spécialistes discrets ont évalué tous les scénarios possibles et toutes leurs conséquences. Or, les responsables de nos pays se taisent. Cherchent-ils à nous éviter un choc culturel important ? Craignent-ils des représailles de la part de nos « surveillants » ? Ceux-ci ne font pourtant pas preuve d'une discrétion exemplaire et semblent même par leurs actions massives, comme en Belgique pendant deux ans, ou en France le 5 novembre 1990, tout faire pour accoutumer le public à la réalité de leur présence. L'égoïsme étant par ailleurs la motivation humaine la plus courante, faut-il envisager une explication plus banale ? Le pesant silence des responsables de tout poil n'aurait-il finalement pour but que la préservation de leurs « avantages acquis » ?

Si cela était le cas, nous aurions découvert un début d'explication beaucoup moins inquiétant que les hypothèses de John Lear, sur l'existence d'un abominable marché entre des instances gouvernementales ivres de pouvoir, prêtes à échanger les vies d'un certain nombre de bovins et de citoyens américains contre le secret de l'antigravitation, et des entités grises bien évidemment inhumaines et sinistres !

Nous pouvons tirer de cet état de chose des conclusions très intéressantes. Les études réalisées pour les gouvernements doivent envisager des modifications importantes d'un certain nombre de structures de pouvoir, dans le cas d'un contact public plus complet. Si les effets prévus ne menaçaient pas l'organisation de nos sociétés ou l'existence même de certains groupes de pression, il est probable que la nécessité d'une censure aussi totale aurait été moins évidente.

Sans grand risque de nous tromper, nous pouvons supposer qu'un certain nombre de religions organisées pourraient voir leurs bases historiques profondément transformées ou même balayées par des archives extraterrestres précises. Quand on sait le trouble profond causé par la découverte de la bibliothèque gnostique de Nag Hamadi ou par la traduction de certains manuscrits de Qûmran, on imagine l'effet que pourrait produire sur les religions révélées des découvertes inattendues contraires aux dogmes ou aux légendes en vigueur. Ce ne sont plus des parchemins en mauvais état ou des textes obscurs difficiles à interpréter qui risquent d'apparaître au grand jour mais des films en relief, des enregistrements sonores, des compte-rendus scientifiques précis. Leurs effets cataclysmiques risquent de remettre en cause la légitimité de quelques églises, mais aussi d'envoyer aux oubliettes nombre de certitudes scientifiques, en ethnologie par exemple. En philosophie même, une connaissance plus exacte des hommes pourrait bien jeter une lumière inattendue sur leurs oeuvres.

Une autre grande organisation risque de voir son existence remise en cause, ou tout au moins ses moyens considérablement diminués : il s'agit bien évidemment de l'armée.

Muette, aux ordres de la nation, elle gère depuis longtemps déjà des sommes considérables qu'elle utilise essentiellement pour exécuter ses multiples tâches. Ses dépenses font vivre des pans importants de l'industrie moderne. Elles permettent aux études aéronautiques et spatiales civiles de bénéficier des recherches effectuées pour répondre à ses besoins. Si l'une des conditions requises pour la réalisation d'un contact officiel durable était un désarmement plus poussé encore que celui qui se réalise actuellement, les conséquences seraient importantes pour l'économie de tous les pays modernes.

Bien plus encore, si la technologie utilisée par les visiteurs de la Terre prouvait sans le moindre doute que notre science est partiellement erronée, la recherche et le développement actuels seraient paralysés. Pourquoi, en effet, fonder nos missions spatiales, notre transport aérien et notre production d'énergie sur des techniques archaïques et coûteuses alors que d'autres, plus économiques, plus sûres et plus élégantes existent ? La tentation de renvoyer nos scientifiques à l'école serait grande, sans la moindre garantie qu'ils soient capables de suivre. Nous connaissons des exemples multiples de ce processus inéluctable. A chaque contact avec une civilisation technologiquement plus avancée, la plupart des industries indigènes disparaissent, sans la moindre chance de renaître, au profit de celles des conquérants, et dans ce domaine, les conquêtes pacifiques ne sont pas les moins dangereuses. Dans ce genre de rencontre, la production artistique a quelques chances de survivre, au moins pour la consommation locale. C'est bien peu, et la transition vers une acquisition des techniques nouvelles, quand elle est possible, ne se fait pas sans mal.

Une partie au moins des structures politiques terrestres risque de faire les frais d'un contact. Essayons d'imaginer lesquelles.

Les théocraties, qui fondent leur légitimité sur une révélation religieuse, subiront le sort des dogmes sur lesquels elles reposent. S'ils sont démontrés faux, leur légitimité disparaît; si la force remplace la ferveur et la foi, elles deviennent alors des dictatures banales, heureusement menacées de disparition par l'évolution actuelle des concepts.

Les structures répressives utilisent souvent le risque, réel ou imaginaire, d'une invasion par un pays voisin pour maintenir au pouvoir des « chefs historiques » soutenus par l'armée. Avec l'établissement d'une paix générale, qui pourrait bien être l'une des conditions exigées pour qu'un contact officiel ait lieu, les prétentions de certains tyrans ne pèseront pas bien lourd. Toutefois, tant que des hommes accepteront ou rechercheront un état de soumission à une autorité, quelle qu'elle soit, la tyrannie gardera ses chances.

Certains concepts philosophiques et quelques certitudes devront probablement céder la place à d'autres. Depuis le 18ème siècle en France, des conceptions humanistes avaient progressivement remplacé l'enseignement de l'Eglise, déjà mis à mal par la révolution copernicienne. Si l'émergence de l'homme puis son évolution ont été provoquées de l'extérieur par des entités non-humaines, mais finalement assez peu différentes de nous, nous ne sommes plus ni les purs produits d'une divine providence, ni le résultat d'une évolution naturelle, mais en quelque sorte les résultats d'expériences hybrides, plus ou moins réussies. Pour un croyant, la remise en cause n'a aucune raison d'être catastrophique. Un intermédiaire se sera interposé entre la création de l'univers et celle de l'homme, sans pour autant remettre en cause notre statut de créature voulue par Dieu.

Quant aux intégristes qui refusent aussi bien la théorie de l'évolution que la réalité des fossiles ou même de la géologie, pour la seule raison qu'ils ne respectent pas la chronologie biblique, un rejet de plus ne devrait pas leur poser de problème insurmontable.

Pour tous les autres, à l'exception des bouddhistes qui savent déjà que les « dévas » existent, seule une blessure d'amour propre pourrait résulter de la révélation d'une origine de l'homme ne devant rien au hasard et tout à une nécessité artificielle. En dehors de notre émergence en tant qu'espèce intelligente et capable de progrès, qui peut avoir demandé un sérieux coup de pouce, il est possible que les interventions de nos pères putatifs soient restées discrètes, et qu'une partie des réalisations dont nous sommes fiers ne soit due qu'à nos efforts. Plus importante peut-être que les conséquences d'un contact, dont nous pourrons probablement atténuer les heurts, est la difficile question des intentions réelles de nos visiteurs.

EXIGENCES DES EXTRATERRESTRES

Tout d'abord, ils n'en ont peut-être à proprement parler aucune. Ils est tout à fait possible qu'ils soient beaucoup plus patients que nous, et capables d'attendre sans intervenir qu'une évolution prévisible se déroule à son rythme et nous permette un jour d'accéder à une forme de partenariat avec eux. Il existe toutefois un obstacle majeur à cette vision idyllique : si nous continuons à suivre le chemin dans lequel nous sommes engagés, nous réaliserons en quelques dizaines d'années, grâce à la pollution industrielle et à notre démographie insensée, ce que nous avons manqué de faire avec nos bombes atomiques. Nous y mettrons le temps qu'il faudra, mais nous transformerons la Terre entière en un désert empoisonné où toute forme de vie aura cessé d'exister.

Nous devons donc, volens nolens, réaliser l'étendue des problèmes que pose une gestion convenable de notre planète, acquérir un sens des responsabilités qui nous fait défaut, et agir afin de réaliser ce qui doit l'être autrement qu'en parole. Il est bien évident que cet aspect des choses est un obstacle que nous devrons de toute façon franchir si nous voulons survivre. Si nous échouons, il ne restera plus à nos visiteurs qu'à conserver quelques spécimens d'humanité et les archives de la fin du monde afin de servir de leçon aux enfants de leurs écoles. Mais l'approche que nous avons suggérée est peut-être, collectivement, hors de notre portée. Une somme d'égoïsmes ne s'est jamais transformée en coopération internationale, et la plus grande difficulté rencontrée par les humains n'a jamais été l'analyse de leurs erreurs mais la capacité de les éviter.

C'est peut-être dans le domaine bien particulier de la nature humaine que les extraterrestres espèrent voir se réaliser une mutation profonde. Nous avons brièvement survolé quelques conceptions surprenantes que semblent partager mystiques chrétiens et sages orientaux. Certains lecteurs auront remarqué combien les idées transmises par ces textes sont proches de ce que l'on regroupe parfois sous le terme un peu vague de Tradition ou d'Esotérisme. En fait, il s'agit bien d'un enseignement caché, gardé secret pour une raison très banale : il a toujours menacé les pouvoirs religieux et temporels établis. Il inquiète toujours autant qu'il le faisait jadis, car il représente un moyen de connaissance qui transcende toute révélation et n'a nul besoin de la caution d'une autorité : il s'agit de l'expérience personnelle, indiscutable, intransmissible et irremplaçable. C'est d'elle et d'elle seule que les mystiques et les saints tirent leurs certitudes, par elle que nous progressons tous, plus ou moins consciemment, sur le chemin de la vie.

Grâce à une longue pratique de l'enseignement, puisque j'ai été instructeur pilote de ligne et que je suis depuis un quart de siècle responsable d'une école d'Aïkido, j'ai découvert, comme tous mes pairs, la réalité de notre impuissance. Aucun maître d'armes, aucun professeur, aucun parent, ne peut transmettre à ses élèves ou à ses enfants, la seule chose qui soit importante à ses yeux : son expérience. Cette impossibilité de communiquer l'essentiel est connue depuis des millénaires; Lao tseu comme Tchouang tseu y font expressément référence; pourtant, cette illusion de pouvoir transmettre verbalement l'intégralité des choses se perpétue au travers des siècles. Elle entraîne derrière elle un cortège de souffrances, d'incompréhension, de condamnations sans appel et de regrets poignants. Cette confusion entre le mot et l'objet, la théorie et la réalité, est la source ou l'excuse de toutes les formes d'intolérance.

Avant d'exprimer un dédain amusé devant les « niaiseries » débitées par les « entités supérieures » durant les communications que reçoivent les « contactés », nous pourrions nous risquer à une hypothèse, une de plus ! Nous croyons avoir affaire à un enseignement didactique ou moral, alors que les mots employés se contentent de suggérer ou d'évoquer des états mentaux.Très souvent, l'accent est mis sur la nécessité d'un travail personnel, d'une réalisation individuelle dans le présent, et d'une utilisation du coeur ou de l'intuition autant que de la raison. Les exhortations, quand il y en a, sont de ce fait très éloignées des enseignements dogmatiques dispensés par les sectes. Qu'on en juge :

> « L'homme est conditionné dans sa propre enveloppe de chair et la clairvoyance de ses actes se perd dans son inconscience à toujours se fondre dans ses propres limites. »
> « Quand l'être en prend conscience au plus profond de lui-même, l'instant présent lui fait découvrir son vrai domaine. »
> « Pour aller vers la lumière, il faut passer par l'amour divin, la tolérance et la sagesse. Sans cela, il sera difficile d'y accéder sans embuches »
> « Il faut continuer à façonner l'esprit dans la matière pour créer sa propre raison de vivre, sa propre finalité, c'est-à-dire découvrir son harmonie dans l'être tout entier. »
> « Point de place pour la suffisance, la bêtise, l'envie, la jalousie,... Soyez les dignes enfants de la lumière, porteurs d'espérance, d'efficacité, de paix et d'amour... »

La ressemblance est grande avec des disciplines tournées vers la recherche de l'illumination et de la sagesse, comme le bouddhisme ou les formes de Yoga mentionnées dans la Bhagavad Gîtâ (cf page 148). Ces Voies traditionnelles donnent une direction, une impulsion à l'étudiant, définissent une progression, mais se gardent bien de proposer la moindre réponse aux questions qu'il se pose. L'intérêt ne réside pas dans la substance de ces extraits mais plutôt dans l'impression qui s'en dégage et dans les recommandations de tolérance et de sagesse que l'on y découvre.

J'y retrouve aussi, avec nostalgie, la double notion d'harmonie et d'amour qui n'était jamais absente bien longtemps de l'enseignement de Maître Morihei Ueshiba, créateur de l'Aïkido.

Reste qu'il serait bien imprudent de fonder une opinion définitive sur un ensemble de données aussi fragiles. Les communications sont généralement obtenues par l'intermédiaire d'un médium, qui a l'impression d'entendre « dans sa tête » les phrases qu'il écrit ou qu'il dicte. Ici, aucune régression hypnotique ne vient confirmer la bonne foi ou la véracité du seul témoin, lui-même se demande parfois s'il n'invente pas ce qu'il croit recevoir et s'il n'a pas fabriqué de toutes pièces, sans en avoir conscience, l'entité qui lui parle.

Finalement, cette remarque n'est pas très importante. Il est tout à fait possible qu'un nombre indéterminé de personnes, qui n'ont jamais eu la moindre impression de dialoguer avec un interlocuteur, ait reçu de façon subliminale des concepts, des idées ou même des ordres, venus d'ailleurs. Nous avons tous, à certains moments, l'impression de faire des découvertes, ou de comprendre quelque chose qui nous échappait jusque là. Ce que nous attribuons à notre intuition, c'est-à-dire à un mécanisme essentiellement inconnu, apparaît brusquement dans notre conscience. Nous n'avons aucun moyen d'en déterminer l'origine ou d'en comprendre le fonctionnement. Une telle remarque ne devrait pas nous entraîner trop loin. L'étudiant à cours de raisonnements, qui « sèche » sur un problème de mathématique et n'a plus la moindre idée de la marche à suivre, s'inquiète assez peu de l'origine de son intuition quand soudainement, la solution lui apparaît.

C'est seulement après une évaluation pragmatique, objective, que nous pourrons attribuer une valeur quelconque aux communications de ce genre. Nous découvrirons peut-être une base de références dans certaines sociétés initiatiques modernes. Leurs méthodes anciennes de travail en commun, n'ont pas d'équivalent dans les techniques de communication actuelles ou dans les « activités de groupe » à la mode.

PRATIQUES ET TRADITIONS INITIATIQUES

Il serait imprudent de leur attribuer un âge précis, mais il semble bien, que sous une forme ou une autre, elles aient été bien vivantes plusieurs siècles avant notre ère. Leur origine, plus légendaire qu'historique, est souvent attribuée à des êtres d'exception, des grands « initiés » ou des « maîtres inconnus ». Dans l'optique de l'hypothèse extraterrestre, il est acceptable de penser que certains des principes et des techniques utilisés par les sociétés initiatiques de l'antiquité leur avaient été enseignés par des groupes d'entités non-humaines.

En dehors de l'expérience vécue pendant l'initiation, incommunicable par nature, l'insistance est mise sur la réalisation personnelle, la recherche individuelle, et le respect que se doivent les chercheurs qui suivent le même chemin. La tolérance, marque et conséquence du respect, n'est pas l'acceptation de n'importe quoi mais plutôt la réalisation d'un fait d'expérience, qui semble échapper à la compréhension courante: quand deux personnes décrivent différemment le même objet, il n'est jamais certain que l'une ou l'autre se trompe. Si elles sont toutes les deux lucides et de bonne foi, il y a fort à parier qu'elles ont toutes les deux raison, et que chacune a saisi un aspect différent d'une même réalité. Appliquée à un groupe d'initiés, cette méthode permet d'enrichir la vision de tous, par la simple vertu du respect porté à la facette particulière que chacun perçoit.

Pourquoi le rejet violent de la description de l'autre, dès lors qu'elle diffère un peu de ce que l'on observe soi-même, est-il systématiquement préféré ? C'est un mystère et une calamité. C'est en tout cas la source évidente de conflits inutiles et d'un dualisme qui occulte une réalité qui est à la fois plus complexe et plus riche que les carcans conceptuels dans lesquels on cherche à l'enfermer. Il est évident que les dogmes, les principes définitifs, ou les révélations, sont incompatibles avec la libre recherche personnelle. Toute certitude est une forme de paralysie, un arrêt de la pensée et une suspension du sens critique, au moins dans un domaine déterminé. Il est facile d'observer que les objections les plus vives à la liberté de pensée viennent des groupes constitués les plus intolérants, ceux dont le seul ciment est l'adhésion aveugle à des dogmes rigides. Quant au malheureux bardé de certitudes, il est comme une tasse pleine : impossible d'y mettre une goutte de thé supplémentaire, ou la moindre idée nouvelle !

Le rapport avec le sujet qui nous occupe n'échappera à personne.

Devant une situation aussi originale que l'éventuelle présence, proche de nous, de groupes extraterrestres; devant la possibilité d'un contact public imminent, la qualité la plus appropriée serait la souplesse, l'adaptabilité aux circonstances, l'abnégation aussi, car les exigences du « moi » sont tout à fait incompatibles avec la disponibilité mentale nécessaire. L'idéal des initiés, comme celui des chevaliers, chrétiens ou orientaux, serait certainement plus proche de l'attitude requise que la fuite vers des concepts familliers, qui n'est bien souvent rien d'autre qu'un rejet de la réalité.

Sait-on que les officiers de la marine impériale japonaise pratiquaient la méditation assise, ou « zazen », comme partie intégrante de leur entraînement au combat ? Qu'un samouraï éprouvé, comme Yagyû Munenori, maître d'arme du shogun, recevait avec respect l'enseignement du moine Zen Takuan Soho comme complément indispensable à l'art du sabre ? La voie de la vigilance, du détachement et de l'action est irremplaçable pour faire face à l'imprévu, que ce soit aux commandes d'un avion, pendant une course en haute montagne, ou devant la possibilité que l'hypothèse extraterrestre soit exacte.

HYPOTHESE OU CERTITUDE ?

Il serait hypocrite de prétendre ne pas remarquer combien la balance penche en faveur de l'hypothèse extraterrestre. Aucune théorie la rejetant complètement ne supporte l'épreuve des faits, et ces faits ne sont pas seulement des témoignages mais aussi et surtout des documents incontestables et des conclusions de spécialistes, comme celles du général Twining, qui disposait des moyens techniques les plus sophistiqués du monde au moment où il avait rédigé les documents que nous connaissons.

Il serait futile de refuser l'évidence au nom d'une rigueur scientifique, très largement mythique. Oui, des groupes d'extraterrestres sont très probablement présents, en ce moment même, dans notre environnement immédiat. Oui, tous les indices convergents que nous venons d'examiner rendent cette conclusion pratiquement inéluctable. Oui, à moins de remettre en cause toute notre approche habituelle du réel et de rejeter désormais toute forme de témoignage, nous ne pouvons plus éviter l'insupportable conclusion : nous ne sommes pas seuls, nous ne sommes pas les meilleurs, et nous avons encore un long chemin à faire. Quels que puissent être les critères exigés, il y a peu de chance pour que nous puissions être considérés pour l'instant comme une espèce intelligente et civilisée.

Il serait cependant malsain de confondre une forte probabilité avec une certitude. Nous savons très bien que la seule preuve acceptable, indiscutable, de la présence de nos visiteurs serait la possibilité des les rencontrer à visages découverts, de toucher leurs machines et de les entendre répondre à nos questions. Nous n'en sommes pas là. En attendant, il est plus sage d'en rester au stade d'une simple hypothèse, qui peut être modifiée dans ses détails ou complétée à la demande. Une thèse plus élaborée devrait être démontrée avec rigueur, ce qui alourdirait l'exposé et n'apporterait rien de plus au débat. Notre démarche n'est pas à proprement parler scientifique mais pratique.

Si la situation est telle que nous le supposons, nous devons nous entraîner mentalement à des révélations, qui seront d'autant plus acceptables que nous les aurons prévues. Si, pour de multiples raisons, rien d'apparent ne se passait, il n'aura pas été malsain de réfléchir un peu à nos limitations, à notre destin et aux responsabilités qui nous incombent si nous voulons transmettre à nos descendants un monde moins inhumain.

LE COMPLOT DES AUTORITES

Il est infiniment probable que ce complot est bien tel que nous l'avons imaginé et peut-être plus grave encore dans certains de ses détails. Si l'on donne à un groupe d'hommes un pouvoir sans contrôle et des fonds abondants, il serait insensé d'imaginer qu'ils n'en abuseront pas. Le peu de ce que l'on connaît de « l'Irangate » est à cet égard assez révélateur.

Toutefois, il faut bien noter que la situation à laquelle se sont trouvés confrontés les responsables américains en 1947 était imprévisible, irrésistible et inévitable, ce qui caractérise, en droit français, un cas de force majeure. Le seul point sur lequel il est possible d'épiloguer est celui du secret. Fallait-il ou non révéler au monde l'incroyable découverte, fournir les preuves d'une présence venue d'ailleurs, dont on ne savait même pas si elle était hostile ou indifférente ? Les tensions internationales entre l'est et l'ouest justifiaient-elles une main-mise aussi totale de l'armée sur toutes les informations concernant les mystérieux visiteurs ? L'histoire répondra peut-être un jour à ces questions, devenues avec le temps passablement théoriques.

La suite l'est beaucoup moins, dans la mesure où elle nous concerne encore directement. Faut-il continuer à copier aveuglément ce qui se fait outre-Atlantique ? Faut-il au contraire adopter une position originale, ce qu'ont tenté de faire quelques responsables comme U-Thant, secrétaire générale des Nations Unies ou le président Carter ? Là encore, une partie des données reste dans l'ombre, et il faudra attendre une hypothétique révélation pour en connaître le détail et juger de l'opportunité du silence officiel.

Une situation d'exception, comme celle qui perdure depuis bientôt un demi-siècle, aurait été rendue plus insupportable encore, pour le public, par l'attente d'un contact officiel indéfiniment retardé, ou par la découverte de conditions inacceptables ou irréalistes. Il faudrait ajouter à ce tableau contrasté la probabilité d'une instabilité sociale, une désorganisation prévisible de la recherche scientifique et l'abandon inévitable de certains projets industriels, le tout dans un climat de guerre froide et de méfiance internationale. Il importait peut-être d'attendre, de réfléchir, et de réaliser avec prudence ce qui était certainement la plus urgente des priorités, le désarmement progressif de la planète et la disparition sans effusion de sang des deux blocs antagonistes.

Si l'unique raison du silence officiel a toujours été le souci de préserver ce qui existe, c'est-à-dire des institutions imparfaites mais qui ne fonctionnent pas trop mal, qui oserait condamner les responsables ? De plus, même s'il est seulement implicite, un consensus existe entre les visiteurs et les gouvernements pour nous cacher la réalité d'une présence étrangère, dont nous pouvons seulement soupçonner l'existence.

Nous devons toutefois envisager une éventualité dont il est difficile d'apprécier les conséquences. Il est théoriquement possible que le silence officiel masque une situation grave. Il se peut en effet que l'espèce humaine soit considérée dans son ensemble comme ne pouvant pas bénéficier, pour l'instant, d'un statut protégeant ses individus. Nous avons fait allusion aux dauphins, qui possèdent sans le moindre doute une intelligence, un sens de l'humour, un langage complexe, et des dispositions pacifiques à notre égard. Ces êtres sont considérés comme des animaux, ils ne bénéficient d'aucune protection légale, et quand les pêcheurs japonais en massacrent quelques milliers, nous n'avons aucun moyen de les en empêcher. Rien n'interdit de penser que nous puissions nous trouver, à quelques détails près, dans une situation identique.

Si c'était le cas, même si la grande majorité des êtres qui nous visitent savent nous respecter, et pourquoi pas nous aimer ou faire preuve d'un peu de compassion à notre égard, il suffirait qu'une race indifférente refuse de nous considérer comme autre chose que des animaux de laboratoire intéressants pour que toute notre construction optimiste bascule. Souvenons-nous de quelle façon les explorateurs de l'époque victorienne traitaient les « indigènes », sans parler des expériences scientifiques menées sur des enfants par le bon docteur Mengele, et des horreurs qui se poursuivent aujourd'hui même en Europe et ailleurs. Si nous acceptons lâchement que des représentants de notre espèce se conduisent comme ne le feraient pas des animaux, si nous hésitons à soigner ou à mettre hors d'état de nuire nos malades mentaux et nos sauvages, méritons nous vraiment plus d'égards que ceux dont font preuve les entités responsables des enlèvements ? Et nos gouvernements, ou plutôt les petits groupes de fonctionnaires anonymes qui sont dans le secret, ne pourraient rien faire d'autre, si l'éventualité que nous évoquons était exacte, que de constater leur totale impuissance.

Pour insupportable qu'elle soit, cette situation ne serait pas nécessairement désespérée ni permanente. Devrait-elle nous être révélée sans attendre, serait-il au contraire moins dérangeant pour l'ensemble des populations d'être tenu dans l'ignorance de la situation réelle ? Tout dépendrait je pense des possibilités de résistance, active ou passive, dont nous pourrions faire preuve.

Faute d'informations plus complètes, il est pratiquement impossible pour un chercheur civil de savoir dans quelle mesure l'hypothèse que nous venons d'évoquer est correcte. De ce fait, il est indispensable d'en savoir plus et le risque couru est tel que la politique de l'autruche est bien la plus stupide que l'on puisse imaginer. Si les craintes, manifestées sur des registres différents par Jimmy Guieu et par quelques autres chercheurs, ne sont pas fondées, alors ceux qui en détiennent la preuve devraient la fournir sans attendre. S'ils se taisent, leur silence risque d'être considéré comme une confirmation du pire.

--~:~:~-

Il n'est pas nécessaire, en principe, d'ajouter une conclusion à l'exposé d'une hypothèse détaillée. Il vaut mieux au contraire laisser la sagacité du lecteur s'exercer, chercher les imperfections ou les erreurs flagrantes, et déceler des failles dans les raisonnements les moins clairs. Si la construction résiste, si des faits nouveaux la soutiennent, alors, il est permis d'espérer que des étudiants en feront un jour le sujet d'une thèse. Pourtant, mon intérêt pour ce problème n'a jamais été académique. S'il mérite plus qu'un autre une approche lucide et une rigueur particulière, c'est qu'il touche aux racines de nos conceptions les plus importantes, de nos interrogations les plus graves.

Sommes-nous seuls dans l'univers, ou seulement enfermés par l'énormité des distances interstellaires, pour l'heure infranchissables ? Sommes-nous les seuls possesseurs d'une conscience ? Les seuls êtres créés à l'image de Dieu, ou, selon d'autres conceptions, simplement l'aboutissement naturel de toute une évolution ? Faut-il craindre pour l'avenir des rencontres dangereuses ? Redouter une forme de colonisation ? Se demander s'il vaut mieux être le dernier de la classe, ou ne pas être admis du tout à l'école ?

Malgré toutes les incertitudes et tous les dangers, j'avoue cèder à un immense espoir, à l'idée que l'univers que nous imaginions vide et glacial est peut-être aussi foisonnant de vie qu'une forêt tropicale, une barrière de corail ou un jardin au printemps. L'univers ne prend véritablement un sens que si des yeux le regardent, des consciences s'émerveillent à son contact, et la vie le remplit.

Si tout est vrai, si des visiteurs sont ici, invisibles et proches à la fois, leur présence témoigne de la réalité de nos hypothèses. Il est alors bien probable que nous soyons en quarantaine, autant pour nous protéger que pour mettre le cosmos à l'abri de notre ignorance, de notre brutalité, de notre égoïsme, en un mot de notre jeunesse. Si la durée d'existence d'une espèce vivante est de quelques millions d'années, l'homo sapiens moderne, avec ses soixante mille ans est littéralement dans l'enfance. Comparée à la vie d'un homme, l'humanité marche à peine : elle a peut-être deux ans. Voyez ce que cet infernal bambin a déjà réussi à faire comme bêtises et comme créations géniales,... pour son âge ! Il est cruel, adorable, désobéissant; il salit encore ses couches, ou sa planète, il pense que le monde a été créé pour lui seul, et que Dieu, s'il existe, n'a rien de mieux à faire que de jouer avec lui, accourir quand il l'appelle, réparer ses sottises et lui servir son biberon à heure fixe ! J'exagère à peine et je me considère comme un expert en la matière ; en trois mots, je suis grand'père.

Si nous sommes encore dans l'enfance, loin d'une maturité dont nous ne soupçonnons même pas les grandeurs et les obligations, nous manifestons cependant quelques unes des caractéristiques les plus déplaisantes de l'adolescence, et ce qui nous attend n'arrangera certainement pas notre amour-propre. Nous sommes déjà capables de joindre à une complète irresponsabilité un désir de posséder, tout de suite et sans contrepartie aucune, le moindre colifichet qui frappe notre regard ou stimule notre imagination. Accuser les publicistes de cet état de chose serait oublier que la soif de posséder était aussi forte qu'aujourd'hui, il y a deux millénaires et demi, quand le bouddha Gautama enseignait sa doctrine.

Je me demande parfois si nous n'avons pas reçu, depuis longtemps déjà, les moyens de notre progrès. En relisant les passages de la Bhagavad Gîtâ qui illustrent le chapitre 8, j'ai l'impression que ce texte contient, dans les techniques qu'il décrit, le moyen de nous arracher définitivement aux ténèbres de l'ignorance. Chaque Soutra bouddhique nous redit comment nous détacher de l'illusion ; quant au sermon sur la montagne et tant d'autres passages des évangiles, comment ne pas y entendre les mots d'un enseignement largement incompris ? Il y a quelques années, à Jérusalem, en regardant le Mont des Oliviers depuis la tour de David, j'ai été submergé par une sorte de tristesse irrésistible, par une indicible émotion, en réalisant combien nous avions pendant deux mille ans gâché les chances qui nous avaient été données. Ce n'était pas un crime, nous n'étions tout simplement pas prêts, et avec de rares exceptions nous ne le sommes toujours pas. C'est un véritable crève-coeur que de savoir qu'il ne faudrait presque rien pour que la réalisation se produise, pour que la fleur s'ouvre, pour que la guérison s'accomplisse, et pourtant ce miracle est si rare !

Rien n'interdit de croire, comme le font les bouddhistes, que les Dévas, ou les extraterrestres, puissent autant que nous être prisonniers des apparences, attachés à notre monde sensible, faute d'avoir atteint l'éclair de compréhension que les japonais nomment « satori ». La seule supériorité technique, indiscutable, que nos visiteurs possèdent, n'implique aucune équivalence dans les domaines de l'éthique et de la culture. Certains paraissent indifférents aux angoisses qu'ils génèrent chez leurs victimes, d'autres manipulent ou provoquent nos émotions les plus secrètes, aucun n'est, probablement, l'inventeur ou le constructeur des machines qu'il utilise. Mais qu'importe, s'il sont comme nous prisonniers d'un même univers, ne méritent-ils pas comme nous, une profonde compassion ?

Dans un domaine beaucoup plus concret, je pense très souvent aux groupes de visiteurs qui pourraient bien, si nos hypothèses se confirment, vivre depuis fort longtemps près de nous. Si leur niveau d'évolution n'est pas trop différent du nôtre, leur organisation sur le terrain doit ressembler à celle des missions scientifiques humaines de longue durée. J'ai eu la chance de connaître en Afrique l'ambiance studieuse de ce genre d'entreprise. Il m'est même arrivé, en Mozambique, d'être chef d'une mission de prospection minière, en l'absence d'un géologue en titre. Les contraintes indiscutables imposées par ce genre d'expédition sont largement compensées par le fait que chacun est un spécialiste, connaissant bien son travail et que le groupe tout entier est conscient du but à atteindre. Les voyages du capitaine Cook duraient des années, et devaient être pour beaucoup des voyages sans retour. Les missions françaises en Terre Adélie s'effectuent dans des conditions très difficiles et durent en général deux ans. Il n'est pas inconcevable que celles des « extraterrestres » puissent s'accomplir suivant des schémas identiques. Nous mêmes, dans un futur proche, avons prévu des voyages extraterrestres qui seront d'origine purement humaine. Ils ne manqueront pas de volontaires ! De façon toute personnelle, il m'est très difficile de ne pas ressentir, à l'égard de nos visiteurs si discrets, cette sorte de fraternité et de respect qui unit les alpinistes, les pilotes, les soldats ou les missionnaires, même s'ils ne se connaissent pas.

Toute réflexion nous ramène devant un miroir où nous retrouvons, inévitablement, une image qui devrait être familière et qui ne l'est jamais : la nôtre. La seule possibilité d'une présence étrangère inconnue dans « notre » univers nous inquiète, ce qui est raisonnable, et nous oblige à jeter sur nos réalisations collectives un regard sans complaisance. L'idée que des êtres différents, que nous imaginons plus impartiaux que nous et probablement moins stupides, puissent poser sur nos oeuvres un regard sans passion, pénétrant, ne laissant dans l'ombre aucune de nos faiblesses, nous oblige à modifier notre propre vision. Il est probable que nous sommes alors beaucoup plus sévères pour nous-mêmes que ne le sont nos hypothétiques visiteurs ou gardiens. Nous devons je crois éviter le zèle du néophyte, et sa hâte à détruire ce qu'il adorait la veille de sa conversion.Il n'existe aujourd'hui aucune raison valable de brûler les étapes et de jeter aux orties ce qui faisait notre fierté.

Nous sommes engagés, en cette fin de millénaire, dans une gigantesque entreprise de remise en cause de nos croyances les mieux établies. La guerre commence à nous apparaître comme une insupportable barbarie, comme une honte et une insulte à nos convictions les plus chères. Pourtant, c'était tout juste hier, ce fléau nous semblait inévitable et pour quelques cyniques, il représentait un moyen comme un autre, plutôt satisfaisant, de contrôler les excédents de population. La télévision ose déranger nos repas en nous montrant les insupportables images des petites filles abattues dans les rues de Sarajevo ou des bébés amputés sans anesthésie. Qui sait si un jour nos troubles digestifs n'affecteront pas notre conscience et si nous ne finirons pas par agir pour supprimer ces horreurs ?

Contrairement à Aragon, je ne veux pas « désespérer de mes frères humains ». Nous venons de très loin. Nous avons tous beaucoup souffert pendant le voyage, la plupart du temps sans espoir, et ce n'est pas fini. Pourtant, nous portons tous en nous une sorte de lueur qui soutient notre marche, reflet d'une réalisation future ou souvenir d'un paradis perdu. C'est peut-être cette poignante obstination qui constitue, depuis le plus lointain passé, notre qualité la plus touchante et la plus sûre. A elle seule, elle ne nous permettra pourtant pas d'accéder à notre héritage.

Nous avons certainement quelque part dans nos traditions, nos consciences et nos chromosomes, les moyens de notre accomplissement. Si une communauté d'entités évoluées existe autour de nous, nous n'y aurons de place qu'après une transformation sévère de nos concepts et de nos habitudes. Même si cette communauté devait à jamais rester mythique ou hors de notre portée, puissions nous avoir le courage de poursuivre la tâche que nous avons entreprise. Il est à craindre que notre survie en tant qu'espèce ne soit à ce prix.

FIN

HYPOTHÈSE DE VON NEUMAN - CALCULS

Principe : exploration de notre galaxie par des astronefs, pilotés par des robots auto-reproductibles, capables de construire une réplique de leur appareil et d'eux mêmes en utilisant des matériaux provenant des systèmes stellaires visités.

Galaxie : diamètre = 100.000 al (années lumière)
épaisseur = 5.000 al
noyau central = 30.000 al
nombre d'étoiles = 100 milliards (1.10^{11})

Exploration : un seul astronef quitte la planète d'origine avec un seul équipage de robots à son bord. Il contient du matériel biologique primitif, bactéries, lichen etc. pour ensemencer les planètes stériles. Ses performances sont : vitesse moyenne = c/100 (1/100 ème de la vitesse de la lumière), intégrant accélérations et décélérations.

Système de communication avec les modules d'exploration les plus proches (portée minimum 10 al).

Durée maximum de la copie de l'astronef et de la production d'un second équipage : 1000 ans. Distance moyenne entre étoiles voisines =10 al. Temps de parcours moyen = 1000 ans. *Période moyenne d'exploration : 2000 ans*, (entre le départ d'une planète et celui de la suivante avec deux aéronefs).

Nombre d'astronefs : Il croît (en première approximation) suivant une progression géométrique de période égale à 2000 ans.

périodes	nombre
1	2
2	4
10	1000
20	1.000.000
30	1 milliard

37 sup à 100 milliards en 37 x 2000 = 54.000 ans, le nombre d'astronefs engagés devient supérieur au nombre de systèmes solaires galactiques à explorer.

Durée de l'exploration : nombre d'étapes = 100.000 / 10 = 10.000
temps total des arrêts : 10.000 x 1000 ans = 10 millions d'années
temps total en vol : 100.000 al x 100 = + 10 millions d'années
Durée totale de l'exploration = 20 millions d'années

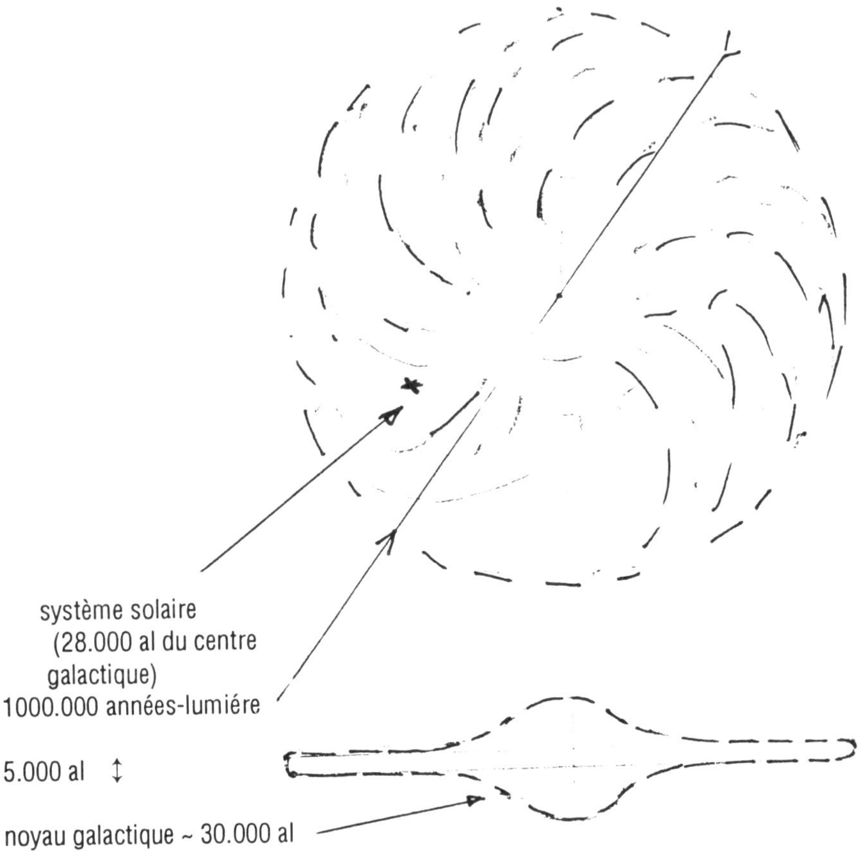

<u>Systèmes stellaires voisins*</u> : nombre dans un rayon de 16 al = 47
développement possible de la vie = 22
espèces technologiquement plus développées # 11

formule pour rayons supérieurs à 16 al : $S = 22 (r / 16)''$

nbre. d'espèces techn. plus développées $= S / 2$

* Evaluation provenant du rapport Condon p. 847 appendix D.

REMARQUES

Si l'âge de l'univers est évalué à 15 milliards d'année, et celui de la Terre à 5 milliards d'années, nous pouvons estimer que les premières apparitions d'une compétence technologique suffisante pour entreprendre ce type d'exploration remontent à plusieurs milliards d'années avant la formation du système solaire.

Si le type d'exploration automatique envisagé par Von Neuman s'est effectivement déroulé, sa durée est extrêmement brève par rapport au développement de la vie sur notre planète : 20 millions d'années au lieu de 2 milliards d'années environ pour l'apparition des premières bactéries. A titre de comparaison, les dynosaures ont peuplé la Terre pendant 165 millions d'années. Pendant ce temps, l'exploration entière de la Galaxie aurait pu se dérouler 8 fois !

Une exportation de la vie par ce moyen serait 50 à 100 fois plus rapide que le mécanisme naturel de l'évolution. Si la méthode envisagée par Von Neumann avait été conservée ou s'était généralisée par la suite, elle se produirait très souvent, à chaque fois qu'une espèce intelligente en aurait les moyens, et la multiplication géométrique des astronefs finirait par devenir catastrophique. De plus, elle laisserait des traces. Il est donc probable que :

1/ le processus n'a jamais été utilisé

OU

2/ il a été abandonné depuis très longtemps au profit d'une technologie plus performante.

Toutefois, rien n'interdit de penser qu'un ensemencement artificiel et/ou des manipulations génétiques de temps à autre puissent compléter les mécanismes naturels d'apparition de la vie et de son évolution.

Le raisonnement valable pour l'exportation de la vie l'est aussi pour celle des technologies de pointe. Il suffit qu'une espèce mette au point une méthode plus performante de voyage interstellaire pour que ses voisins puissent en bénéficier, (sous certaines conditions que nous ne semblons pas remplir pour l'instant). Si les formules de la page précédente sont correctes, 11 espèces issues de systèmes stellaires différents (dans un rayon de 16 al autour de la Terre) pourraient coopérer pour surveiller notre développement.

APPENDIX R: Letter from General N. F. Twining to Commanding General, Army Air Forces 23 September 1947

(COPY)

23 September 1947

SUBJECT: AMC Opinion Concerning "Flying Discs"

TO: Commanding General
Army Air Forces
Washington 25, D. C.

ATTENTION: Brig. General George Schulgen
AC/AS-2

1. As requested by AC/AS-2 there is presented below the considered opinion of this Command concerning the so-called "Flying Discs." This opinion is based on interrogation report data furnished by AC/AS-2 and preliminary studies by personnel of T-2 and Aircraft Laboratory, Engineering Division T-3. This opinion was arrived at in a conference between personnel from the Air Institute of Technology, Intelligence T-2, Office, Chief of Engineering Division, and the Aircraft, Power Plant and Propeller Laboratories of Engineering Division T-3.

2. It is the opinion that:

a. The phenomenon reported is something real and not visionary or fictitious.

b. There are objects probably approximating the shape of a disc, of such appreciable size as to appear to be as large as man-made aircraft.

c. There is a possibility that some of the incidents may be caused by natural phenomena, such as meteors.

d. The reported operating characteristics such as extreme rates of climb, maneuverability (particularly in roll), and action which must be considered evasive when sighted or contacted by friendly aircraft and radar, lend belief to the possibility that some of the objects are controlled either manually, automatically or remotely.

e. The apparent common description of the objects is as follows:

(1) Metallic or light reflecting surface.

(2) Absence of trail, except in a few instances when the object apparently was operating under high performance conditions.

(3) Circular or elliptical in shape, flat on bottom and domed on top.

894

(4) Several reports of well kept formation flights varying from three to nine objects.

(5) Normally no associated sound, except in three instances a substantial rumbling roar was noted.

(6) Level flight speeds normally above 300 knots are estimated.

f. It is possible within the present U.S. knowledge—provided extensive detailed development is undertaken—to construct a piloted aircraft which has the general description of the object in subparagraph (e) above which would be capable of an approximate range of 7000 miles at subsonic speeds.

g. Any developments in this country along the lines indicated would be extremely expensive, time consuming and at the considerable expense of current projects and therefore, if directed, should be set up independently of existing projects.

h. Due consideration must be given the following:

(1) The possibility that these objects are of domestic origin—the product of some high security project not known to AC/AS-2 or this Command.

(2) The lack of physical evidence in the shape of crash recovered exhibits which would undeniably prove the existence of these objects.

(3) The possibility that some foreign nation has a form of propulsion possibly nuclear, which is outside of our domestic knowledge.

3. It is recommended that:

a. Headquarters, Army Air Forces issue a directive assigning a priority, security classification and Code Name for a detailed study of this matter to include the preparation of complete sets of all available and pertinent data which will then be made available to the Army, Navy, Atomic Energy Commission, JRDB, the Air Force Scientific Advisory Group, NACA, and the RAND and NEPA projects for comments and recommendations, with a preliminary report to be forwarded within 15 days of receipt of the data and a detailed report thereafter every 30 days as the investigation develops. A complete interchange of data should be effected.

4. Awaiting a specific directive AMC will continue the investigation within its current resources in order to more closely define the nature of the phenomenon. Detailed Essential Elements of Information will be formulated immediately for transmittal thru channels.

N. F. TWINING
Lieutenant General, U.S.A.
Commanding

895

(18)

Sept 15-1950

Notes on interview through Lt/C. Bremner with Dr. Robert I Sarbacher.

WBS: I am doing some work on the collapse of the earth's magnetic field as a source of energy, and I think our work may have a bearing on the flying saucers.

RIS What do you want to know.

WBS I have read Scully's book on the saucers and would like to know how much of it is true.

RIS The facts reported in the book are substantially correct.

WBS Then the saucers do exist?

RIS. Yes: they exist.

WBS Do they operate as Scully suggests on magnetic principles?

Actual reproduction of Wilbert B. Smith's handwritten notes on his interview with Dr. Robert I Sarbacher concerning the possibility of captured Flying Disc's in the hands of the United States Government.

Notes sur l'interview obtenu grâce à Brenner avec le Dr Robert Sarbacher .

WBS Je travaille sur l'effondrement du champ magnétique terrestre comme source d'énergie et je pense que notre travail peut avoir un rapport avec les soucoupes volantes

RIS Que désirez vous savoir ?

WBS J'ai lu le livre de Scully sur les soucoupes et j'aimerais savoir quelle proportion est exacte .

RIS Les faits rapportés dans ce livre sont en substance corrects .

WBS Alors les soucoupes existent vraiment ?

RIS Oui elles existent

WBS Est-ce qu'elles opèrent comme le suggère Scully sur des principes liés au magnétisme ?

(19)

R.I.S. We have not been able to duplicate their performance

W.B.S. Do they come from some other planet?

R.I.S. All we know is, we didn't make them, and it's pretty certain they didn't originate on the earth.

W.B.S. I understand the whole subject of saucers is classified

R.I.S. Yes it is classified two points higher even than the H-bomb. In fact it is the most highly classified subject in the US Government at the present time.

W.B.S. May I ask the reason for the classification?

R.I.S. You may ask, but I can't tell you

RIS Nous n'avons pas été capables de reproduire leurs performances

WBS Est-ce qu'elles viennent d'une autre planète ?

RIS Tout ce que nous savons, c'est que nous ne les avons pas fabriquées nous-même et qu'il est très probable que leur origine n'est pas terrestre .

WBS Je comprends que le sujet soit classifié

RIS Oui, il est même classifié deux points plus haut que la bombe à hydrogène . En fait, à cette date, c'est le sujet ayant la plus haute classification pour le gouvernement des Etats-Unis .

WBS Puis-je demander la raison de cette classification ?

RIS Vous pouvez, mais je ne peux pas vous répondre .

(20)

W.B.S. Is there any way in which I can get more information, particularly as it might fit in with our own work.

R.S. I suppose you could be cleared through your own Defense Department and I am pretty sure arrangements could be made to exchange information. If you have anything to contribute, we would be glad to talk it over, but I can't give you any more at the present time.

Note: The above is written out from memory following the interview. I have tried to keep it as nearly verbatim as possible.

WBS Existe-t-il un moyen d'obtenir plus d'informations particulièrement dans la mesure où cela pourrait correspondre à nos propres recherches ?

RIS Je suppose que vous pourriez recevoir une habilitation par l'intermédiaire de votre propre ministre de la Défense et je suis raisonnablement certain que des arrangements pourraient intervenir pour échanger des informations . Si vous avez une contribution à apporter nous serions heureux d'en parler, mais je ne peux rien vous dire de plus pour l'instant .

Note : ce qui précède est écrit de mémoire à la suite de l'interview . J'ai essayé autant que possible de reproduire les termes exacts .

WASHINGTON INSTITUTE OF TECHNOLOGY

OCEANOGRAPHIC AND PHYSICAL SCIENCES

DR. ROBERT I. SARBACHER
PRESIDENT AND CHAIRMAN OF BOARD

November 29, 1983

Mr. William Steinman
15043 Rosalita Drive
La Mirada, California 90638

Dear Mr. Steinman:

I am sorry I have taken so long in answering your letters. However, I have moved my office and have had to make a number of extended trips.

To answer your last question in your letter of October 14, 1983, there is no particular reason I feel I shouldn't or couldn't answer any or all of your questions. I am delighted to answer all of them to the best of my ability.

You listed some of your questions in your letter of September 12th. I will attempt to answer them as you had listed them.

1. Relating to my own experience regarding recovered flying saucers, I had no association with any of the people involved in the recovery and have no knowledge regarding the dates of the recoveries. If I had I would send it to you.

2. Regarding verification that persons you list were involved, I can only say this:

John von Neuman was definitely involved. Dr. Vannever Bush was definitely involved, and I think Dr. Robert Oppenheimer also.

My association with the Research and Development Board under Doctor Compton during the Eisenhower administration was rather limited so that although I had been invited to participate in several discussions associated withthe reported recoveries, I could not personally attend the meetings. I am sure thatthey would have asked Dr. von Braun, and the others that you listed were probably asked and may or may not have attended. This is all I know for sure.

500 BRAZILIAN AVENUE PALM BEACH, FLORIDA 33480 305 833-1116

Dr. Robert I Sarbacher answers Steinman's letters and identifies three other scientists definitely involved in the crashed saucer study and research projects.

3. I did receive some official reports when I was in my office at the Pentagon but all of these were left there as at the time we were never supposed to take them out of the office.

4. I do not recall receiving any photographs such as you request so I am not in a position to answer.

5. I have to make the same reply as on No. 4.

I recall the interview with Dr. Brenner of the Canadian Embassy. I think the answers I gave him were the ones you listed. Naturally, I was more familiar with the subject matter under discussion, at that time. Actually, I would have been able to give more specific answers had I attended the meetings concerning the subject. You must understand that I took this assignment as a private contribution. We were called "dollar-a-year men." My first responsibility was the maintenance of my own business activity so that my participation was limited.

About the only thing I remember at this time is that certain materials reported to have come from flying saucer crashes were extremely light and very tough. I am sure our laboratories analyzed them very carefully.

There were reports that instruments or people operating these machines were also of very light weight, sufficient to withstand the tremendous deceleration and acceleration associated with their machinery. I remember in talking with some of the people at the office that I got the impression these "aliens" were constructed like certain insects we have observed on earth, wherein because of the low mass the inertial forces involved in operation of these instruments would be quite low.

I still do not know why the high order of classification has been given and why the denial of the existence of these devices.

I am sorry it has taken me so long to reply but I suggest you get in touch with the others who may be directly involved in this program.

Sincerely yours,

Dr. Robert I. Sarbacher

P. S. It occurs to me that Dr. Bush's name is inccorrect as you have it. Please check the spelling.

and as I [illegible] it

Dr. Sarbacher confirms recovery of material, instruments and occupants from the crashed discs.

On that basis a discussion of some of its contents is presented here.

Section 102a defines its scope in these words: "This publication is limited to the reporting of information of *vital importance* to the security of the United States of America and Canada and their forces, which in the opinion of the observer, requires very urgent defensive and/or investigative action by the U. S. and/or Canadian armed Forces."

Reports made from airborne or land-based sources are called CIRVIS report; those from waterborne sources, MERINT reports. The relevant section on security for CIRVIS reports is as follows:

> 208. *Military and Civilian.* Transmission of CIRVIS reports are subject to the U. S. Communications Act of 1934, as amended, and the Canadian Radio Act of 1938, as amended. Any person who violates the provisions of these acts may be liable to prosecution thereunder. These reports contain information affecting the national defense of the United States and Canada. Any person who makes an unauthorized transmission or disclosure of such a report may be liable to prosecution under Title 18 of the US Code, Chapter 37, or the Canadian Official Secrets Act of 1939, as amended. This should not be construed as requiring classification of CIRVIS messages. The purpose is to emphasize the necessity for the handling of such information within official channels only.

JANAP-146 lists the categories of sightings which are to be reported as CIRVIS reports as follows:

> (a) Hostile or unidentified single aircraft or formations of aircraft which appear to be directed against the United States or Canada or their forces.
>
> (b) Missiles.
>
> (c) Unidentified flying objects.
>
> (d) Hostile or unidentified submarines.
>
> (e) Hostile or unidentified group or groups of military surface vessels.
>
> (f) Individual surface vessels, submarines, or aircraft of unconventional design, or engaged in suspicious activity or observed in a location or in a course which may be interpreted as constituting a threat to the United States, Canada or their forces.
>
> (g) Any unexplained or unusual activity which may indicate a possible attack against or through Canada or the United States, including the presence of any unidentified or other suspicious ground parties in the Polar Region or other remote or sparsely populated areas.

Extrait d'un mémorandum de 4 pages adressé au général Walther Bedell Smith, Directeur de la CIA, par Marshall Chadwell, Directeur adjoint des services du renseignement scientifique, le 24 septembre 1954 (ref. Above Top Secret p 324). Ce rapport est d'autant plus intéressant qu'il est postérieur aux conclusions de la commission Robertson.

> 1. Recently an enquiry was conducted by the Office of Scientific Intelligence to determine whether there are security implications in the problem of "unidentified flying objects", i.e. flying saucers; whether adequate study and research is currently being directed to this problem in its relation to such national security implications; and what further investigation and research should be instituted, by whom, and under what aegis.
>
> 2. It was found that the only unit of government currently studying the problem is the Directorate of Intelligence, USAF, which has charged the Air Technical Intelligence Center (ATIC) with the responsibility for investigating the reports of sightings... A world wide reporting system has been instituted and major Air Force bases have been ordered to make interceptions of unidentified flying objects...
>
> 3. Since 1947, ATIC has received approximately 1500 official reports of sightings... During 1952 alone, official reports totalled 250. Of the 1500 reports, Air Force carries 20% as unexplained and of those received from January through July 1952 it carries 28% of unexplained...
>
> 4.... public concern with the phenomena... indicates that a fair proportion of our population is mentally conditionned to the acceptance of the incredible.
>
> 8.... In order to minimize the risk of panic, a national policy should be established as to what should be told the public regarding the phenomena...
>
> 11. I consider the problem of such importance that it should be brought to the attention of the National Security Council in order that a community wide coordinated effort towards its solution may be initiated.

MEMBRES DE LA COMMISSION ROBERTSON

Professeur H. P. Robertson Président de la commission, membre du California Institute of Technology. Membre du département de mathématiques de l'université de Princeton de 1928 à 1947, date à laquelle il rejoint «Cal Tech». Dans son travail universitaire il s'est distingué par ses recherches en cosmologie et sur la théorie de la relativité. Durant la guerre il fit d'importantes contributions à la recherche opérationnelle des Forces Alliées à Londres. Après la guerre, il fut de 1950 à 1952 directeur de recherche du groupe d'évaluation des systèmes d'armes pour le compte du Secrétariat d'Etat à la Défense et de 1954 a 1956 il fut conseiller scientifique du Haut Commandement Allié en Europe.

Professeur Samuel A. Goudsmit. Découvrit avec le professeur George Uhlenbeck le spin de l'électron alors qu'ils étaient de jeunes étudiants à Leiden en Hollande. Peu après, ils furent tous deux admis a l'université du Michigan ou ils mirent sur pied une importante école de recherches théoriques en physique qui contribua grandement au développement de ce domaine en Amérique.

En dehors des cercles universitaires, Samuel Goudsmit est plus connus comme chef scientifique de la mission Alsos vers la fin de la guerre. Cette mission fut constituée par un groupe de renseignement envoyé en Allemagne pour déterminer ce que les nazis avaient pu réaliser dans leurs essais de mise au point d'une bombe atomique. Pendant la plus grande partie de la période d'après guerre, il fut membre de l'encadrement de la section de physique du laboratoire national de Brookhaven à Long Island. Il resta jusqu'à la mort de celui-ci un proche d'Albert Einstein.

Luis Alvarez. Professeur de physique à l'université de Californie à Berkeley et vice-président de l'American Physical Society. Pendant la guerre il fut membre du laboratoire des radiations au Massachusetts Institute of Technology où il contribua grandement à la mise au point du système de guidage des avions grâce aux ondes millimétriques. Connu sous le nom de G.C.A. (Ground Controlled Approach) ce système permettant l'atterrissage par temps de brouillard fut d'une importance capitale pendant et après la guerre. Vers la fin de la guerre il travailla a Los Alamos sous les ordres de

Robert Oppenheimer dans l'équipe qui mis au point la première bombe atomique. Après la guerre il effectua des découvertes importantes dans le domaine des hautes énergies et reçu le prix Nobel de Physique en 1968.

Lloyd Berkner. Né en 1905, il fut ingénieur très jeune et participa à ce titre a l'expédition de l'amiral Byrd dans l'Antarctique. Avant la seconde guerre mondiale il fut physicien dans le groupe de recherche sur le magnétisme terrestre à l'Institution Carnegie à Washington. Au début de la guerre il devint chef de la section radar du Bureau d'aéronautique de la Marine américaine et fut vers la fin des hostilités secrétaire exécutif du Research and Development Board du Département de la Défense. (En 1947, il fut probablement choisi par Vannevar Bush pour faire partie du groupe d'étude ultra-secret qui cherchait a découvrir le mode de fonctionnement des disques volants récupérés par l'armée, le supposé Majestic 12). En 1949 il devient assistant spécial du Secrétaire d'Etat et directeur du programme d'assistance militaire à l'étranger. Il fut le concepteur de l'année géophysique internationale (1957-1958). Pendant son passage au Département d'État, il fut responsable de la décision de placer des attachés scientifiques dans toutes les ambassades américaines à l'étranger. En 1960, il organisa et dirigea à Dallas (Texas) le tout nouveau Graduate Research Center du sud-ouest. Il fut réserviste dans la Marine pendant une grande partie de sa vie et atteint le grade de vice-amiral.

Professeur Thornton Page. Professeur d'astronomie a la Wesleyan University à Middletown, Connecticutt, depuis 1958. Pendant la guerre il fut membre d'une équipe du Naval Ordnance Laboratory s'occupant essentiellement de recherche opérationnelle dans le domaine des armements et des sous-marins. En 1968 il était vice-président pour l'astronomie de l'American Association for the Advancement of Science. En astronomie sa spécialité était l'étude des spectres des nébuleuses planétaires.

Remarque

Tous les noms censurés sur le document publié en annexe du rapport Condon sont maintenant connus. Le document complet a été en effet déclassifié récemment en application du «Freedom of Information Act».

ANNEXES

AIR FORCE LETTER AFCIN- lE- O date : 3 November 1961

Extract, page 1 : «c. In addition to their staff duty assignments, intelligence team personnel have peacetime duty functions in support of such Air Force projects as Moondust, Bluefly, and UFO, and other AFCIN directed quick reaction projects which require intelligence team operational capabilities (see Definitions).»

Extract, page 2 : «f. Blue Fly : Operation Blue Fly has been established to facilitate expeditious delivery to FTD of Moondust or other items of great technical intelligence interest. AFCIN SOP for Blue Fly operations, February 1960, provides for 1127th participation.»

«g. Moon Dust : As a specialized aspect of its over-all material exploitation program, Headquarters USAF has established Project Moon Dust to locate, recover and deliver descended foreign space vehicules. ICGL #4, 25 April 1961, delineates collection responsibilities.»

Extract, page 3 : «c. Peacetime employment of AFCIN intelligence team capability is provided for in UFO investigations (AFR 200-2) and in support of Air Force Systems Command (AFSC) Foreign Technology Division (FTD) Projects Moon Dust and Blue Fly. These three peacetime projects all involve a potential for employment of qualified field intelligence personnel on a quick reaction basis to recover or perform field exploitation of unidentified flying objects, or known Soviet/Block aerospace vehicules, weapon systems, and/or residual components of such equipment. The intelligence team capability to gain rapid access, regardless of location, to recover or perform field exploitation, to communicate and provide intelligence reports is the only such collection capability available to AFCIN, and it is vitally necessary in view of current gaps concerning Soviet/Bloc technological capabilities.

MEMORANDUM DU 13 janvier 1969

« The undersigned (Richard M. Schulherr) visited the Foreign Technology Division of the Air Force Systems Command, Wright-Patterson AFB, Ohio, 9 Jan. 1969. The purpose of this trip was to identify specific items of space debris which had been forwarded to NASA and to reestablish personnal liaison with newly assigned FTD Moondust personnel.»

Traduction des documents:

extrait page 1 : «c. En plus des tâches normales résultant de leurs affectations, les équipes de renseignement ont en temps de paix des fonctions d'assistance des Projets de l'Air Force tels que Moondust, Bluefly, et OVNI ainsi que d'autres, d'intervention rapide, nécessitant des équipes spéciales opérationnelles dirigées par le Commandement des Réseaux de Renseignement .»

extrait page 2 : «f. Blue Fly (mouche bleue) : l'opération Blue Fly a été mise en oeuvre pour faciliter l'acheminement rapide vers le Département des Technologies Étrangères, des objets présentant un grand intérêt technique pour le renseignement. Les Procédures Opérationnelles Spéciales du Commandement des Réseaux de Renseignement pour les opérations Blue Fly prévoient la participation du 1127ème (escadron). »

«g. Moon Dust (poussière de Lune): dans le cadre de son programme global d'exploitation du matériel, l'US Air Force a établi le Projet Moon Dust afin de localiser récupérer et transporter les véhicules spatiaux descendus (sur Terre). La directive ICGL #4 détermine les responsabilités en ce qui concerne la prise en charge.»

Extrait, page 3: «c. L'utilisation en temps de paix des équipes de renseignement des Réseaux de l'US Air Force est prévue pour les enquêtes concernant les OVNI (Règlement 200-2) et comme support des projets Moon Dust et Blue Fly, Division des Technologies Étrangères, Commandement des Systèmes (?) de l'Air Force. Ces trois projets de temps de paix nécessitent une utilisation de personnel qualifié dans le renseignement, capable de réactions rapides, afin de récupérer ou d'exploiter sur place des objets volants non-identifiés, des véhicules aérospatiaux, ou des systèmes d'arme appartenant au Bloc de l'Est, et/ou des composants résiduels de tels équipements. La capacité des équipes de renseignement d'obtenir un accès rapide, indépendamment de la localisation, de récupérer ou d'effectuer une exploitation sur place, de communiquer et de rédiger des rapports d'évaluation, en font, pour le Commandement des Réseaux de Renseignement, les seules organisations utilisables. Elles représentent une nécessité vitale au regard des lacunes actuelles (que comporte nos informations) sur les possibilités techniques du Bloc de l'Est.

MEMORANDUM du 13 janvier 1969

« Le soussigné (Richard M Schulherr) a rendu visite à la Division des Technologies Étrangères du Commandement de L'Air Force, Base Aérienne de Wright-Patterson, Ohio, le 9 janvier 1969.

Le but de ce déplacement était d'identifier des éléments spécifiques de débris spatiaux qui avaient été transmis à la NASA, et de rétablir un contact personnel avec du personnel nouvellement affecté a Moondust. »

La teneur de tels documents met évidemment en lumière l'importance donnée aux ovnis par les services de renseignement de l'US Air Force, ainsi que la collaboration de la NASA, attestée par le mémorandum du 13 janvier 1969. Les conclusions du Robertson Panel et les décisions de désinformation active du public américain prises à la suite de ses recommandations prennent un relief tout particulier. Les conclusions du rapport Condon s'inscrivent dans la droite ligne de cette politique de pieux mensonges destinés a rassurer les contribuables.

DEPARTMENT OF THE AIR FORCE

Washington

OFFICE OF THE SECRETARY

MEMORANDUM FOR MILITARY DIRECTOR, SCIENTIFIC ADVISORY BOARD

SUBJECT: Unidentified Flying Objects (UFOs)

In keeping with its air defense role, the Air Force has the responsibility for the investigation of unidentified flying objects reported over the United States. The name of this project is Blue Book (Attachment 1). Procedures for conducting this program are established by Air Force Regulation 200-2 (Attachment 2).

The Air Force has conducted Project Blue Book since 1948. As of 30 June 1965, a total of 9267 reports had been investigated by the Air Force. Of these 9267 reports, 663 cannot be explained.

It has been determined by the Assistant Deputy Chief of Staff/Plans and Operations that Project Blue Book is a worthwhile program which deserves the support of all staff agencies and major commands and that the Air Force should continue to investigate and analyze all UFO reports in order to assure that such objects do not present a threat to our national security. The Assistant Deputy Chief of Staff/Plans and Operations has determined also that the Foreign Technology Division (FTD) at Wright-Patterson Air Force Base should continue to exercise its presently assigned responsibilities concerning UFOs.

To date, the Air Force has found no evidence that any of the UFO reports reflect a threat to our national security. However, many of the reports that cannot be explained have come from intelligent and technically well qualified individuals whose integrity cannot be doubted. In addition, the reports received officially by the Air Force include only a fraction of the spectacular reports which are publicized by many private UFO organizations.

Accordingly, it is requested that a working scientific panel composed of both physical and social scientists be organized to review Project Blue Book—its resources, methods, and findings—and to advise the Air Force as to any improvements that should be made in the program in order to carry out the Air Force's assigned responsibility.

Doctor J. Allen Hynek who is the Chairman of the Dearborn Observatory at Northwestern University is the scientific consultant to Project Blue Book. He has indicated a willingness to work with such a panel in order to place this problem in its proper perspective.

Doctor Hynek has discussed this problem with Doctor Winston R. Markey, the former Air Force Chief Scientist.

/s/
E. B. LeBAILLY
Major General, USAF
Director of Information

2 Attachments
1. Blue Book Report
2. AFR 200-2

Ce document non daté, mais postérieur au 30 juin 1965, montre clairement que certains services discrets de l'US Air Force, comme la «Foreign Technology Division», Division des technologies étrangères, ne se contentaient pas d'étudier les techniques de pointe russes, mais était ampliataire des rapports les plus intéressant concernant les ovnis .

La fin du document, et surtout les trois derniers paragraphes, montre qu'une évaluation des ressources, méthodes, et conclusions du projet Blue Book est sérieusement envisagée .

La rédaction alambiquée de l'avant-dernier paragraphe page 816, dénote un embarras compréhensible . En effet, si «l'Air Force n'a trouvé aucune preuve qu'un seul rapport reflète une menace contre la sécurité nationale», il est permit de se demander :

1°/ ce qui constituerait une telle menace aux yeux des responsables de l'US Air Force, si les apparentes incursions d'objets volants inconnus dans l'espace aérien américain n'en font pas partie,

2°/ pourquoi, dans ce cas, la prestigieuse «Foreign Technology Division» gaspille-t-elle ses moyens pour étudier un ou des phénomènes ne présentant aucun danger pour la sécurité nationale ?

BIBLIOGRAPHIE

Condon Edward U. *Scientific Study of Unidentified Flying Objects*, New York, Bantam Books Inc., janvier 1969.

Eckhart, maître, *Sermons, volume 1*, Paris, Editions du Seuil, 1974.

Edwards Frank, *Flying Saucers - Serious Business*, New York, Lyle Stuart Inc., 1966.

Edwards Frank, *Flying Saucers - Here and Now*, New York, Lyle Stuart Inc., 1966.

Esnoul Anne-Marie & Lacombe Olivier, *La Bhagavad Gîtâ*, traduction du sanscrit, Paris, Arthème Fayard éditeur, 1972.

Fawcett Lawrence & Greenwood Barry, *The UFO Cover-up,* premier titre *Clear Intent*, New York, Prentice Hall, 1984.

Fiore Edith, Ph. D., *Encounters,* New York, Random House Inc. 1990.

Fowler Raymond E. *The Andreason Affair*, New York, Bantam Books Inc., 1980.

Fowler Raymond E. *The Andreason Affair - Phase Two*, Englewood Cliffs, NJ, Prentice Hall Inc., 1982.

Fowler Raymond E. *The Watchers*, New York, Bantam Books Inc., 1990.

Fuller John G. *The Interrupted journey*, New York, Dell Publishing Company, 1966.

Fuller John G. *Aliens in the Skies*, New York, G. P. Putnam's Sons, 1969.

Gautama Buddha, *Le Soutra du coeur*, adapté de l'anglais par Jean G. Greslé.

Good Thimothy, *Above Top Secret,* Londres, Random House Century Ltd. 1991.

Good Thimothy, *Alien Liaison*, Londres, Random Century Ltd., 1992.

Good Thimothy, *Alien Update*, Londres, Arrow Random House, 1993.

Greslé Jean G., *Objets volants non-identifiés... un pilote de ligne parle*, Paris, Guy Trédaniel éditeur, 1993.

Guieu Jimmy, *Les soucoupes volantes viennent d'un autre monde*, Paris, Editions du Fleuve Noir, 1954.

Guieu Jimmy, *Nos Maîtres les Extraterrestres*, Paris, Presses de la Cité, 1992.

Guieu Jimmy, vidéo-cassettes, série *Les Portes du Futur*.
Hopkins Budd, *Missing Time*, New York, Ballantine Books, Random House Inc. 1981.
Hokins Budd, *Intruders, the incredible visitations at Kopley Woods*, New York, Random House Inc. 1987.
Hynek Allen &Imbrogno Phillip, N*ight Siege, The Hudson Valley UFO Sightings,* New York, Ballantine Books, 1987.
Jacobs David M. Ph. d., *Secret Life*, New York, Simon & Schuster, 1992.
Keyhoe Donald E., major, *Les étrangers de l'espace*, Paris, Editions France Empire, 1975.
Keel John A., *UFO's Operation Trojan Horse*, Londres, Abacus Sphere Books Ltd., 1973.
Lao tseu, *Tao-Tö King*, Paris, traduction française Editions Gallimard, 1967.
Marie Frank, *OVNI Contact,* SRES diffusion, BP 41 9224, Bagneux Cedex, France 1993.
Méheust Bertrand, *Science fiction et soucoupes volantes*, Paris, Mercure de France, 1978.
Méheust Bertrand, *Soucoupes volantes et folklore*, Paris, Mercure de France, 1985.
Mesnard Joël, *Lumières dans la Nuit*, revue d'Ufologie, N⁻ 300 à 319, Edition, BP 3 77-123 Le Vaudoué.
Minazzoli Dante, *Perché gli extraterrestri non prendono contatto publicamente*, Milano, Editrice Nuovi Autori, 1989.
N.A.S.A., *Catalogue d'anomalies lunaires TR R-277*, Washington, 1968.
Randle Kevin & Smitt Donald, *UFO Crash at Roswell,* New York, Avon Books Inc. 1991.
Ring Kenneth, T*he Omega Project*, New York, William Morrow and Company Ltd. 1991.
Saint Jean de la Croix, *Oeuvres spirituelles*, Paris, Editions du Seuil, 1947.
S.O.B.E.P.S., *Vague d'ovnis sur la Belgique*, Bruxelles, Editions de la SOBEPS, 1991.
Steinman Williams S. & Stevens Wendelle, *UFO Crash at Aztec*, Tucson Ariz., publication privée, 1986.
Stringfield Leonard, *Situation Red*, New York, Doubleday & Company, 1977.
Sullivan Walther, *We are not alone*, New York, Mc Graw-Hill Book Company; 1964.
Thompson Keith, *Angels and Aliens, UFO and the mythic imagination*, New York, Addison-Wesley Publishing Cy. 1954.
Vallée Jacques, *Phénomènes insolites de l'espace*, Paris, Editions de la Table Ronde, 1966.

Table des matières

Achevé d'imprimer sur les presses de l'Imprimerie du Lion
90700 Châtenois les Forges - 1er trimestre 1994